LEAP

新商業模式

全球頂尖企業實現
量子跳躍式成長的法則

波士頓顧問公司〔BCG〕資深顧問
麥肯錫前資深合夥人
Nawa Takashi

名和高司——著

張嘉芬——譯

成長企業の法則
世界トップ100社に見る
21世紀型経営のセオリー

目　錄

前言

　　本書的主題是「跨國成長」,「成長」這個主題,一般多半是以新興國家為對象加以討論的;然而,**我個人覺得需要仔細、透徹地思考「成熟國家中的成長」**,一言以蔽之,它正是這次我撰寫這本書的動機。

英美、北歐:持續成長的成熟國家

　　首先,請看表1的**國別國內生產毛額（Gross Domestic Product,簡稱GDP）成長率**,這是國際貨幣基金（IMF）每年都會發布的各國GDP成長率排行。

　　很多人說美國的經濟發展即將進入「盤整區」,但2015年的成長率卻還有2.6%,呈現持續穩健的成長。曾被吹捧為金磚五國（BRICs）之一的巴西,成長率是−3.0%;連名列金鑽十一國（Next 11）而備受矚目的墨西哥,都只有2.3%,足見美國這個成熟國家的成長更為可觀。

　　不妨再把焦點轉到歐洲。

　　以60至70年代的英國為例,當時輿論稱英國罹患了「英國病」,經濟成長停滯不前,大家都認為英國就只能處於這樣的成熟狀態,無法再向上成長。然而,之後上任的首相柴契爾夫人（Margaret Hilda Thatcher）鼓吹自由市場主義,為英國擘劃出再次成長的軌跡,實現了2.5%這個極高的GDP成長率。

表1　**國別GDP成長率（％）**

排名	國名	2013	2014	2015
1	巴布亞紐幾內亞	5.5	8.5	12.3
2	衣索匹亞	9.8	10.3	8.7
3	土庫曼斯坦	10.2	10.3	8.5
4	緬甸	8.4	8.5	8.5
5	剛果民主共和國	8.5	9.2	8.4
6	象牙海岸	8.7	7.9	8.2
7	不丹	4.9	6.4	7.7
8	寮國	8.0	7.4	7.5
9	印度	6.9	7.3	7.3
10	莫三比克	7.4	7.4	7.0
11	柬埔寨	7.4	7.0	7.0
12	查德	5.7	6.9	6.9
13	坦尚尼亞	7.3	7.0	6.9
14	中國	7.7	7.3	6.8
15	烏茲別克	8.0	8.1	6.8
16	孟加拉	6.0	6.3	6.5
17	肯亞	5.7	5.3	6.5
18	吉布地	5.0	6.0	6.5
19	越南	5.4	6.0	6.5
20	斯里蘭卡	7.3	7.4	6.5
23	菲律賓	7.1	6.1	6.0
36	愛爾蘭	1.4	5.2	4.8
37	冰島	3.9	1.8	4.8
40	馬來西亞	4.7	6.0	4.7
43	印尼	5.6	5.0	4.7
84	西班牙	−1.2	1.4	3.1

排名	國名	2013	2014	2015
85	土耳其	4.2	2.9	3.0
95	瑞典	1.3	2.3	2.8
98	韓國	2.9	3.3	2.7
101	美國	1.5	2.4	2.6
103	以色列	3.3	2.6	2.5
104	香港	3.1	2.5	2.5
105	英國	1.7	3.0	2.5
109	泰國	2.8	0.9	2.5
114	墨西哥	1.4	2.1	2.3
117	台灣	2.2	3.8	2.2
120	新加坡	4.4	2.9	2.2
130	史瓦濟蘭	2.9	2.5	1.9
131	荷蘭	−0.5	1.0	1.8
135	丹麥	−0.5	1.1	1.6
136	葡萄牙	−1.6	0.9	1.6
137	德國	0.4	1.6	1.5
145	法國	0.7	0.2	1.2
157	伊朗	−1.9	4.3	0.8
159	義大利	−1.7	−0.4	0.8
161	日本	1.6	−0.1	0.6
173	希臘	−3.9	0.8	−2.3
174	巴西	2.7	0.1	−3.0
176	俄羅斯	1.3	0.6	−3.8
180	烏克蘭	0.0	−6.8	−9.0
181	委內瑞拉	1.3	−4.0	−10.0
182	幾內亞	−6.5	−0.3	−10.2
183	獅子山	20.1	7.1	−23.9
184	葉門	4.8	−0.2	−28.1

放眼南歐，這裡就連每兩人就有一人處於失業狀態的西班牙，都達到了3.1%的成長。而北歐更是充滿活力，冰島的GDP成長率達4.8%，瑞典則有2.8%，穩穩地搭上了成長氣旋。

換言之，成熟國家是否就不再成長了呢？這種說法是無稽之談，**必須要完全打破「成熟國家不會成長」的迷思**——這是本書的第一個重點。

強化獲利能力：以追求日本的再次成長

在這份排名上找找日本的位置，會發現它在一百八十四國當中排名第一百六十一。景氣在安倍經濟學的加持下已回溫之類的說法雖然時有所聞，但日本2014年的GDP是負成長，2015年也僅成長0.6%。現在的日本，宛如昔日那個處於成熟狀態的英國，令人憂心是否沒有邁向成長的出路。

安倍經濟學被期待要有「異次元成長」，而這樣的期待是否會成真呢？實際上，這一波「異次元金融寬鬆」應該是在破釜沉舟的決心下實施的，然而實施之後，日本是否朝向真正的成長邁進，才是重要的關鍵。

在本書當中，我會用「LEAP」這個架構，來整理跨國成長的條件。所謂的LEAP，在英文中是指「跳躍」的意思，它應該也可以用來代換「異次元成長」這個說詞。將來，日本必須摒除金融寬鬆這個前提條件，實質達成「異次元成長＝LEAP」。

安倍經濟學在射出「第一支箭＝金融政策」、「第二支箭＝財政政策」後，緊接而來的「第三支箭＝成長策略」備受各方期待。在這項政策方針當中，「改革岩盤管制」與「實現全球頂尖水準的就業環境」受到相當廣泛的討論。

我個人並不否定這些論點，但改革管制規範與就業環境，都只是前提

條件，充其量只能說是缺乏這些條件就無法啟動成長。最重要的，應該是他們在討論過程中也提到的「強化獲利能力」才對。若能紮紮實實地強化獲利能力，「異次元成長」甚至還有望看到實現的可能。

那麼，所謂的「強化獲利能力」，具體內容究竟是什麼呢？若不好好地充實它的內涵，就不會有真正的成長——我個人是這麼認為的。這次，**我想在這本書當中談談「獲利能力是什麼」的這個議題。**

2020年已確定舉辦東京奧運，「奧運特需」等題材似乎讓日本樂得有些飄飄然。然而，日本應該把這場奧運當作是一個成長的**契機**，而非成長的**終點**。倘若我們無法從「該如何增添彈升力道，才能迎接下一波成長」的角度來思考，奧運過後的未來，堪稱可怕。

此外，現在日本致力於推動「地方創生」¹這件事，我認為是正確的觀點。日本完全沒有必要成為一個「東京一極集中」²的國家。然而，我在意的是：總會有人倡議要拿「自產自銷」來當作地方創生的方法。

自產自銷的問題，在於它會讓地方鄉鎮以「封閉經濟」為發展目標。**真正的地方創生，要以「從地方出發的全球化」為目標，才有解方。**

日本再生才剛開始，後續真的必須好好努力，為全球性的成長打造出「彈升力道」。

「如何在全球市場中成長」，針對這個問題，應該要先訂出方法，才能實現日本的下一波成長。因此，我認為所謂的「跨國成長」，是日本的國家課題，更是日本最該著力的一個主題。

---

¹　意即振興凋敝的地方城市，以改善人口外流，發展地區經濟，讓地方社區得以永續。
²　「東京一極集中」係指日本的政治、經濟、文化、人口及社會資源等均過度集中於東京及其周邊地區，造成生活品質惡化等問題。

向「失落的二十年」裡的勝利組學習

最近這二十年，日本為何無法成長呢？問題出在哪裡？而解答又會在什麼地方呢？

為找出這個問題的解答，我在舊作《「失落二十年裡的勝利組企業」百大企業成功法則——「X」經營的時代》（「失われた20年の勝ち組企業」100社の成功法則——「X」経営の時代）當中，篩選出了自1990年至2010年這二十年間崛起的百大企業。實際上，在「失落的二十年」籠罩下的日本，還是有企業大幅地成長，日本電產（Nidec Corporation）和迅銷（Fast Retailing）就是箇中翹楚。

我把觀察「失落的二十年」的日本勝利組百大企業所看到的共通點，彙整成一個名叫「X經營」的模式，其基本結構就如圖1所示。這裡我得到的結論是：**成長中的企業，都具備了創新和行銷這兩具引擎。**

所謂的創新，是創建新事業的「商業模式建構力」；而所謂的行銷，則是創造新市場的「市場開拓力」。「失落的二十年」之中的企業勝利組，就是憑藉著這兩股推進力道而成長的企業。

本書主題「跨國成長」，也與日本的這些企業勝利組有關。所謂的「跨國」即是「市場開拓」；而所謂的「成長」，由於帶有「這次成長不同於以往」的意味，故可用「商業模式的建構」來代換。

我認為日本企業今後的發展關鍵，終究還是會回歸到「如何創造出全球性的市場」，同時還要看企業「如何革新商業模式」。

實際上，在「失落的二十年」百大成長企業金榜中排名第一的日本電產，以及不在榜上但排名相當於榜首的迅銷（由於該公司股票於1997上市，故不列入排名，但實際上為第一名），它們能大幅成長的理由，都在於「跨國成長」。

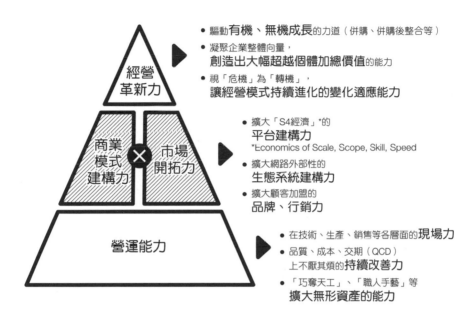

圖1　驅動下一輪成長的X經營模式

- 驅動**有機、無機成長**的力道（併購、併購後整合等）
- 凝聚企業整體向量，
  創造出大幅超越個體加總價值的能力
- 視「危機」為「轉機」，
  讓經營模式持續進化的變化適應能力

- 擴大「S4經濟」*的
  平台建構力
  *Economics of Scale, Scope, Skill, Speed
- 擴大網路外部性的
  生態系統建構力
- 擴大顧客加盟的
  品牌、行銷力

- 在技術、生產、銷售等各層面的**現場力**
- 品質、成本、交期（QCD）
  上不厭其煩的**持續改善力**
- 「巧奪天工」、「職人手藝」等
  擴大無形資產的能力

經營
革新力

商業
模式
建構力　Ⓧ　市場
開拓力

營運能力

全球首創！評選「21世紀全球勝利組」百大企業

在舊作當中的排名僅設限於「日本的百大企業」，我認為可供學習之處或許略偏不足。

因此，在本書中我試著評定出「全球百大企業」，目的是要篩選出那些在進入21世紀後仍持續成長的企業。我很自豪本書能成為發表「全球首份21世紀成長企業排行榜」的平台。

在此我想先簡單整理出排名的前提條件。

- **排除受管制產業、受保護產業、金融類企業**。因為這些企業的成長關鍵因素當中，創新與行銷等企業所做的努力，影響遠不及其他

因素。

- 排除在2014年時營收未滿1兆日圓的企業。因為就某種層面而言，小型企業會蓬勃成長是很理所當然的，而這份名單的排名，則以大企業是否更壯大為條件。

- ①營收成長率②企業價值（股價）成長率③平均獲利率——以這三項的得分加總，訂出企業排名先後。配分佔比依序為40%、40%、20%。獲利率的佔比較低，是因為要它是零、或甚至是負值，皆可恣意人為操作。此外，越是成長中的企業，經營態度上越會傾向加碼投資以降低獲利數字，而非衝高獲利數字來繳稅，因此我調低了獲利表現的評分佔比。

以這樣的條件為企業排名之後，蘋果（Apple）成了無與倫比的龍頭。此外，在百大企業當中，有四十一家是美國企業。可見即使進入21世紀之後，美國企業仍是獨霸全球的勝利組。

國別進榜數排名第二的，是有十家企業進榜的日本。儘管這個第二名與榜首美國之間的距離望塵莫及，但相較於德國、英國和法國，日本還是以些微之差險勝。麥肯錫（McKinsey & Company）經常發表「日本企業氣數已盡」之類的言論，但其實並非如此，還是有十家日本企業榮登榜上。

然而，搶進前二十名的日本企業，就只有第二十名的迅銷，其他甚至沒有任何一家擠進前五十名，落點全都集中在排行的後段班。

再者，搶進百大的這十家日本企業當中，就有五家是汽車或零件等與汽車相關的企業。有人說日本的產業結構是由汽車撐起的「金雞獨立打法」，即使言過其實，但進榜的日本企業當中，就有50%是汽車相關產業。附帶一提，日產汽車（Nissan）排名一百零一名，以些微之差而未能

入榜。

　　有幾家企業雖是值得矚目的跨國成長型企業，卻因這次的評選方式而成為榜上遺珠。具體來說，像是Google、阿里巴巴（Alibaba）、瑞可利控股公司（Recruit，下稱瑞可利）這些在2000年以後首次公開發行（IPO）的企業，由於無法計測公開發行當時的企業價值，故被排除於本次評選對象之外。不過，當評比這些企業的「成長幅度」（從IPO之後的股價所推測出來的企業價值成長率）時，它們的落點究竟會在榜上第幾名？在本書中將以「未列入評比，相當於第XX名」的方式介紹。

　　舉例來說，Google就是「未列入評比，相當於第二名」。可見即使是以數字來衡量蘋果、Google，它們仍呈現飛躍性的成長。而來自日本的企業，則有瑞可利是「未列入評比，相當於第三十四名」。在日本企業當中，實質上它的排名是緊接在迅銷之後的榜眼。

　　阿里巴巴是在2014年辦理首次公開發行，因此無法對它多作評論，但就成長曲線而言，阿里巴巴也有著足以緊追在蘋果之後的成長率。

　　諸如此類的資訊科技（IT）類企業，其中有不少是在2000年以後辦理首次公開發行且擁有高成長率的公司，但這次擠進百大排行的，就只有德國的SAP（第二十一名）這一家而已。

　　此外，未上市的企業由於沒有股價數字，無法測定企業價值，因此也未列入評比對象。舉凡銷售家具的宜家家居（IKEA，瑞典）、汽車零件供應商勞勃‧博世（Robert Bosch Gmb，下稱博世，德國），以及日本的三得利控股（Suntory，下稱三得利）等企業，只要成為上市公司，應該極有可能上榜。

　　在日本企業當中，這次很可惜並未進榜的是日本電產。它的營業額在2015年突破了1兆日圓（約新台幣2,740億）大關，但由於這份排行榜是以「2014年達1兆日圓以上」為評選標準，因此未能列入評比。日本電產

的永守重信（Nagamori Sigenobu）社長既已公開宣示要「以營收10兆日圓為目標」，日本電產很可能會在不久後的將來進榜。

另外，雖然只計算20%，評分佔比偏低，但在這次的排名指標當中，還是採計了平均獲利率。因此，以投資為優先、不保留獲利的企業，很難擠進榜上。其中最具代表性的例子就是亞馬遜（Amazon）。

再者，想透過裁員來改善企業體質、化臃腫為精實的企業，就數字上看起來會呈現停止成長的狀態，例如通用電氣（General Electric Company，簡稱GE，下稱奇異）、IBM、日立製作所（Hitachi，下稱日立）等，營收或獲利都暫有下降。這些企業只要能正確地推動裁員，下次應該很有可能進榜。

例如日立目前正致力於推動「智慧轉型」（Smart Transformation）這項結構改革，因此將部分事業分拆出去，導致營收下滑，但這是在準備創造下一波成長的過程中所出現的減損，所以是暫時性的萎縮，想必幾年後就會再重回榜上。

百大跨國成長型企業的共通點為何？

這次選出的百大跨國成長型企業，我將它們命名為G企業。原本我是用跨國成長型巨人（Global Growth Giants）、或跨國成長型歌利亞（Global Growth Goliath）的縮寫，稱它們為G^3（G立方）企業，後來決定更進一步縮減將它們稱為G企業。

本書會用LEAP這個架構，來分析這些G企業的共通點。詳細內容會於第一章之後說明，這裡僅先做部分摘要。

從G企業當中，可粗略匯整出兩個共通要素。

第一個共通要素，是「堅韌性」、「堅毅不拔」、「堅定不移」等靜態

（static）特質。G企業都在自己的腳下深耕，根基相當穩固。

第二個共通要素，是「變幻性」、「輕盈」、「無拘無束」等動態（dynamic）特質。如果第一個要素是「深化」，那麼這項要素應該可用「新化」來詮釋。

這兩項共通要素是自相矛盾的。然而，在G企業當中，都具備這兩項要素，而自相矛盾的要素奇妙地兼容並存，竟成了這些企業的成長動能。

IBM的前執行長路易士‧葛斯納（Louis V. Gerstner），曾撰寫《誰說大象不會跳舞？：葛斯納親撰IBM成功關鍵》（*Who Says Elephants Can't Dance?: Leading a Great Enterprise through Dramatic Change*）一書，並因此一炮而紅。正如這本書名所言，能賺得逾1兆日圓的營收，又能持續成長的G企業，兼具「大象」般的堅固，與「跳舞」般的輕盈。附帶一提，這次IBM非常可惜，並未進入百大金榜。它們目前正在如火如荼地進行裁員。

「大象」若只是偶爾跳個舞，成長就無法延續，所以必須要持續舞動才行。如果能再趁著舞動之勢，像呆寶[3]一樣展現出有如飛上青天的輕盈，就能成為貨真價實的成長企業。

我再強調一次，關鍵在於如何兼具靜態的「堅固」與動態的「輕盈」這兩項要素。帶著這樣的觀點，再更進一步仔細觀察G企業，就會發現：

①商業模式層面
②核心競爭力層面
③企業DNA層面
④（作為企業根柢的）抱負層面

---

[3] 迪士尼卡通《小飛象》當中的主角 Dumbo。

　　它們都在這四個層面上，各自兼具相互矛盾的不同要素。換言之，G企業的結構就像俄羅斯娃娃一樣，以巢狀結構內包靜態與動態、自相矛盾的要素，這就是本書在LEAP架構下所整理出的結論。

日本企業需要什麼才能「跳躍」

　　此次撰著本書最大的理由，就是因為在跨國成長的局面下，日本企業處於對海外企業瞠乎其後的現況之中，而我期盼它們能運用這套LEAP理論向上躍起。

　　日本企業在靜態的「堅固」這項特質上，具有相當強大的優勢。實際上，的確有很多固若金湯的企業至今仍存活於世，還成為營業額逾1兆日圓的企業。

　　然而，若要再更高高躍起，恐怕有許多日本企業的腳步是太過沉重了一些。這些企業缺乏「輕盈」這項動態要素，所以無法自行求新求變。

　　換句話說，**要兼具靜態的「深化」以及動態的「新化」，才能成為不斷「伸化」的組織**。

　　其實我在本書中想談的，就是這個「伸化」。掌握跨國成長的關鍵，不是深入耕耘的「深化」，也不是追捧新事物的「新化」，而是挪移自己現有專長的「伸化」，感覺上就像是一種橫向開展。

　　日本企業對追捧新事物極不擅長。然而，若採取「謹記自身優勢，再逐步挪移」的切入方式，日本企業應該也能導入新事物，進而創造下一波飛躍性的成長。這正是貫穿全書的一則訊息。

＊　　＊　　＊

前言的最後，我想介紹在寫作本書之際，對我備加關照的各方人士。

首先是策劃本書的Discover 21社長干場弓子女士。這次是干場社長向我勸進，問我「寫一本這樣的書如何？」起初我覺得「真是累人」，但越寫越覺得有趣，是一樁很不錯的「勸進」。在實際編務工作上，則是承蒙編輯部原典宏先生、松石悠先生的協助。

此外，本書精髓——百大排行榜的製作方面，則是承蒙波士頓顧問公司（Boston Consulting Group）的八木洋子小姐及長谷川紀子小姐的鼎力協助。這份透過各項條件篩選而成的排行榜，一定讓她們編製得相當辛苦。

接著，我還要向在本書當中登場的各大企業相關人員，致上深深的感謝。本書的原始資訊並非來自文獻，而是我實際訪談而來的內容。謹此向願意接受訪談的各位致謝。

最後，我想向翻閱本書的各位讀者說的是：「日本企業不是應該再次昂首闊步、迎向世界嗎？」「讓我們共同描繪出翱翔世界的未來吧！」

「拋開書本上街去」這是寺山修司所寫的散文集書名，我個人非常喜歡。不過，希望您別拋開這本書，而是將它當作一本指南，放在懷中帶上街，並試著多方探索。衷心期盼本書能成為這樣的一本導覽。

2016年2月寫於波士頓
名和高司

第一章

為什麼現在要談
跨國成長？

Global
Growth
Giants

不是成長就是滅亡：不成長的企業就會墮落沉淪

在這個國度裡，不持續奔跑就會被拋棄。

——出自《鏡中奇緣》（路易斯‧卡洛爾）紅皇后

「不是成長就是滅亡」這句話，是從迅銷董事長柳井正（Tadashi Yanai）先生的「不是變化就是滅亡」變化而來。

柳井董事長近來常說「企業只要不成長就完了」。企業必須隨時變化，而這裡所謂的變化，正是迎向成長契機的變化，因此這句話也意味著企業若不持續成長，便失去意義。

再者，他也說過「對企業而言，變化並不特別，而是個常態」、「變化沒有成為常態的企業將會被拋棄」。

「究竟為什麼需要追求成長」這個話題，在2015年的國會當中也廣受討論。此外，暢銷書《21世紀資本論》（*Le Capital au XXIe siècle*）的作者托瑪‧皮凱提（Thomas Piketty）也主張「分配重於成長」。

然而，**光是分配，財富並不會因此而增加。在分配之前，更應該要先思考「如何創造財富」才是**。

為了創造更多財富，應該要有創新與企業的創業精神當引擎。光是分配而不創造財富，那只不過是一種社會主義。

既然是資本主義社會，「追求成長，創造財富，再投資」就是個理所當然的機制。而企業既然在這個機制下運作，我們就不得不說：在資本主義當中，不成長的企業是會被拋棄的一種存在。

我在一橋大學的同事楠木建（Kusunoki Ken）[1]最近都以「機會型企

---

[1] 楠木建為一橋大學國際企業策略研究所教授，專長領域為企業競爭策略及創新。

業」和「品質型企業」的說法來談企業論。所謂的機會型企業，是以「找出成長機會，並緊咬不放」為行動準則的企業。以日本的企業而言，軟體銀行（SoftBank）或許就算是典型的機會型企業。而相對地，品質型企業則是對公司本身獨特的耀眼特質懷有堅持的一群企業。

楠木教授肯定那些在利基市場發光發熱的品質型企業，但我卻認為**這些著眼利基市場的小眾企業若只維持一貫作風，是沒有意義的**。因為它們若不邁向成長，那充其量也只不過就是無法對社會帶來任何影響、光求自我滿足的企業罷了。

既然已讓股票上市，並在資本主義的遊戲規則下運作，企業就不能說「我們是品質型企業，所以就算沒有貪求成長，也不能責怪我們」，因為只要加入了資本市場，企業就會被要求成長。

如果企業主為了要能隨心所欲地擺布公司，而讓公司下市，或甚至是從頭到尾都不讓公司上市，那麼企業要選擇「不成長」，當然也無妨。

我很喜歡的一家戶外用品公司叫Patagonia，它就不以成長為前提，而是以依循公司獨到的哲學來經營為優先。市場上固然也有像它們這樣與資本市場背道而馳、認為「雖不成長，但也沒人能說三道四」的生存方式，但**就履行社會責任的層面來看，一般的企業還是應該要進入資本市場，在不光憑一己之私的形態下，追求企業成長**。

這次我評選出了世界百大企業。在這份排行榜當中，我以上市公司作為篩選條件，所以未上市的公司都沒有進榜。

失去成長動能而沒落的跨國企業

實際上，因為失去成長動能而沒落的企業不勝枚舉。

早期的**西爾斯百貨（Sears）**就是一例。由於百貨公司這個業態，後

來被以沃爾瑪（Walmart）等通路為首的零售業取代，導致西爾斯沒落。

　　而在成衣業界當中，**班尼頓**（Benetton）也曾叱吒風雲、風光一時，但後來完全被ZARA、H&M、優衣庫（Uniqlo）等品牌取代，如今已淪為毫不酷炫的品牌。

　　其他還有破產的柯達（Kodak）、出售旗下事業的諾基亞（Nokia）等企業，都是在三年左右就一敗塗地。收購了諾基亞的微軟（Microsoft），目前也萎靡不振。正當世人以為這種現象只出現在高科技產業時，食品業界的麥當勞（McDonald's）聲勢也崩跌重挫。

　　因著有《基業長青》（*Built to Last*）而聲名大噪的吉姆・柯林斯（Jim Collins），在這套系列作品的第三部曲《為什麼A+巨人也會倒下》（*How the Mighty Fall: And Why Some Companies Never Give In*）當中，寫下了「所有企業都會滅亡」。而我在這本書中想表達的是：「**在中規中矩的經營下，所有企業都會衰敗沒落。若非念茲在茲地追求成長，企業將很難存續下去。**」

日本的夢魘：「失落的二十年」

　　從90年代起的這段「失落的二十年」期間，日本企業紛紛萎靡沒落。原本高度成長的經濟環境，變得極為不連續。日本企業在面臨套用昔日做法已無法成長的情況下，竟還不能為追求成長而承擔風險。**面對環境的變化，日本企業沒有任何作為，只是茫然呆立在原地，這就是造成「失落的二十年」最重要的因素。**

　　其他當然還有諸多原因，例如日本人自己失去了渴求成功的精神，也是造成失落的原因之一。然而，最關鍵的主因，還是由於在多變的世界裡，日本人不願讓自己承擔率先改變的風險所致。

在此之前，日本有許多在世界上舉足輕重的企業。然而，經過這二十年之後，從全球化的觀點來看，這些企業都已成了「聊備一格的公司」、「沒有話題的公司」。縱然有人認為「至少這些企業都還屹立至今，這不就夠了嗎？」但我想對這樣的看法發出警訊，因為不具「存在理由」的企業，遲早都會消失。

競爭環境今非昔比！三個改變賽局的關鍵

雖說「環境今非昔比」，但具體而言，究竟有了什麼轉變？我認為有「三個改變賽局的關鍵」，改變了企業的競爭環境。

⊙第一個改變賽局的關鍵：萬物聯網（Internet of Everything）

第一個是網路革命。

現在是一切都以網路為媒介的時代，若不主動出擊，與各種對象合作，尋求獲得運用的機會，無論如何空談自己「提供很好的服務」、「做的東西很棒」，都已不會再有人回頭一顧。

再者，網路讓消費者掌握了權力。這麼一來，若無法在網路上成為消費者談論的話題，任何東西都會頹敗沒落。換言之，「只要提供好的東西，顧客就會買單」的這種期待，已是明日黃花。**在茫茫網海中，企業只要無法與顧客、或與其他市場參與者建立關係，就會形成「孤島」。**這是競爭環境的第一個變化。

⊙第二個改變賽局的關鍵：南高北低

所謂的南高北低，指的是南方日益壯大。

瑞姆・夏蘭（Ram Charan）[2]近期的著作當中，有本名叫《大移轉》（*Global Tilt*）的暢銷書。這本書的書名，蘊涵著「世界的軸心已傾斜，轉以南方＝新興國家為中心」的意味。

然而，在巴西、俄羅斯和中國紛紛面臨經濟重挫之際，不久前還是新興國家代名詞的金磚五國，如今已成為死語。而下一波備受矚目的成長潛力股——緬甸和非洲各國，究竟是否能成為蓬勃發展的市場，還是個未知數。

日本企業也拚命想搭上這波浪潮，但已建立起成功模式者，卻寥寥無幾。

⊙第三個改變賽局的關鍵：創新的質變

在日本，有不少人都將創新誤解為「技術革新」。其實創新原本就是一種「革新」，因此並不侷限於技術層面，企業更應期許自己針對事業本身來進行革新。

以臉書（Facebook）和Google為例，這些企業並沒有值得一看的革新技術。而**商業模式的創新，才是企業成長的引擎**。

日本企業總容易流於技術至上主義式的發想，卻缺乏在擁有技術之後所必須懂得「如何收益化」的聰明才智。拘泥於過去的成功模式，持續追求技術革新，對商業模式的創新消極以對，正是日本企業在全球競爭中敗北的原因之一。

---

[2] 瑞姆・夏蘭，哈佛大學博士，曾任哈佛商學院、華頓商學院教授，現為著名的企業管理顧問。他與賴瑞・包熙迪（Larry Bossidy）合著的《執行力》一書，在紐約時報暢銷書排行榜蟬聯多時，於全球各地亦創下銷售佳績。

該向「全球勝利組」學習的三大重點

　　所謂的「全球勝利組」，指的就是這次選出的全球百大企業。從這一百家企業當中，可以看出一些共通的特質，而我認為這些特質在今後的企業經營上，將會是相當重要的關鍵。在此，我試著將它們彙整成三點。

⊙關鍵一：聰明精省（smart lean）革命

　　所謂的聰明精省，換句話說就是「好東西（＝smart）便宜（＝lean）賣」，是極為理所當然的事。雖是理所當然，但要做到卻很困難。好東西身價高貴，而便宜沒好貨──這才是一般常態。然而，這次選出的百大企業，都做到讓「好東西便宜賣」。

　　為什麼「好東西」和「便宜」不能只取其中之一呢？

　　若「好東西」的價格太貴，顧客數量便不會大幅增加，所以就無法衝高銷售量；反之，「便宜」或許可以增加客源，但光是這樣做，獲利並不會上揚。這次全球最大的企業體──沃爾瑪沒能擠進百大企業，就是因為它的獲利率太低。

　　企業要銷售對顧客而言具有高附加價值的「好東西」，否則就算銷售量再高，獲利率還是偏低。這裡所謂的「附加價值」，在行銷術語上稱為願付價格（Willingness to Pay，簡稱WTP），也就是消費者願意對該項商品付出多少錢。要讓這個金額達到有獲利的水準，就必須要聰明（＝好東西）。

　　目前全日本獲利率最高的公司叫基恩斯（Keyence），是一家生產感測器的企業。這次由於百大排行只以2014年時營收逾1兆日圓的企業為評選對象，所以基恩斯並未進榜，但就獲利率而言，它的確是日本第一的企業。

　　基恩斯說獲利率是「對客戶的有益程度」。該公司創辦人瀧崎武光（Takizawa Takemitsu）先生說：「客戶樂意付款，就是我們對客戶有益的證據。所以獲利率低的商品，是派不上用場的。」

　　以豐田汽車（Toyota）為例，不論是冠樂拉（Corolla）或凌志（Lexus），相對於付出的對價，消費者感受到的價值（value for money）是高的。而優衣庫更是最標準的聰明精省企業。「高價值，低成本」——**這就是企業立足的黃金定位**。這次獲選全球百大的許多企業，都已在市場上取得了這樣的黃金定位。

⊙關鍵二：三A策略2.0

　　在全球化策略的領域當中有個重要的學說，叫做「三A策略」。它是由曾任教於哈佛商學院、後來轉往西班牙IESE講學的葛馬瓦（Pankaj Ghemawat）教授所提出的理論。

　　這裡我稍微離題一下。葛馬瓦是我個人於哈佛商學院求學時，在經營策略論方面的恩師。我在他的指導下，撰寫了「紐可鋼鐵（Nucor Corporation）[3]的軌跡」這份個案，是很經典的破壞式創新個案。

　　葛馬瓦在2007年發表了〈三A全球化策略〉〔刊登在《哈佛商業評論》（*Harvard Business Review*）〕這篇論文。所謂的三A，是從「套利（arbitrage）、順應（adapt）、集結（aggregate）」這三個字的字首截取而成的字彙。

　　第一個A的套利（arbitrage），意指**「有效運用區域差異」**。其中最具代表性的手法，就是將生產據點轉移到低工資的地區。例如先搬到中國，再擴大生產據點，變成「China Plus」（除了中國之外，再另設一個據

---

[3]　紐可鋼鐵是美國的大型鋼鐵廠，粗鋼產量在美國僅次於美國鋼鐵公司，為全美第二名。

點）。這樣的動作就是最基本的套利。

第二個A的順應（adapt），意思是「**在地化**」。換句話說，就是要盡可能切合當地需求、呈現當地特色，以期達到商品的高附加價值化。

第三個A的集結（aggregate），指的是「**標準化**」。若為迎合各地市場而推動各項紛歧的事業，生產力就無法提升，成本也會因而高漲。「為求降低成本而盡量整齊劃一」的動作，就是集結。

尤其在第二個A的「順應」與第三個A的「集結」呈現相互對立的情況下，「如何讓這三個A所組成的金三角順利運作？」「如何解決三難之間的取捨？」正是全球化策略的關鍵——這就是葛馬瓦的學說。

我認為葛馬瓦的這個學說，可以說是「三A1.0」。在此，我想為超越葛馬瓦學說的「三A1.0」下定義。因為我認為，葛馬瓦的學說在20世紀的確是對的，但到了21世紀，應該重新作一番詮釋。

第一個A的「套利」，葛馬瓦著眼的差異，是像薪資這種看得到的資產，我思考的則是「看不見的資產異類結合」。

例如日本企業對品質有很高的堅持，生產的是完成度極高的東西。反觀中國則對品質馬馬虎虎，但速度就是快。各國都有著諸如此類的特質。

我在思考的是，**串連各國之間不同的民族性、DNA，是否就能出現新的創新**。換言之，我認為或許該把這個A，想成是該如何「**善用異質性的智慧**」。

稍後還會介紹到大金工業（Daikin，下稱大金）在中國的空調事業，在此就先以它為例來說明。

大金運用變頻等技術所生產的高性能產品，早已廣受好評。日本人特有的製造能力，在這裡大放異彩。然而，光是這樣，就算能在富裕階層的市場攻城掠地，在可望大幅成長的中間階層的市場當中，大金根本不是其

他品牌的對手。

　　因此，大金毅然決定，與握有全球家用空調市場最高佔有率的中國廠商格力電器（Gree）合作，以期能活用中國人特有的低價製造能力、以及去化大量商品的銷售力。如此結合日本人與中國人的智慧，並且運用它們來套利（智慧的異類結合），讓大金在中國的事業大幅成長。

　　第二個A的「順應」，葛馬瓦將它定義為「在地化」（也就是「順應在地」），換言之，就是著重在空間上的順應。

　　針對這一點，我認為時間上的順應更為重要。

　　所謂「時間上的順應」，指的是「面對多變的世界，能提早改變自己去適應」。要懂得因應周圍的變化，自律地改造自己，在這個變化劇烈的時代裡是一種必備的能力。

　　我把這種能力稱為「適應力」（adaptivity），代表「適應變化的能力」之意。

　　而第三個A的「集結」，若只是**推動拙劣的標準化，將使企業變成單調一致的世界**，不會有任何創新。例如現在的IBM，其實就是一家這樣的企業。

　　現在的IBM，打著全球化的名義，試圖以美國IBM的做法，來統一整個企業。這麼做的確會讓企業很有效率，但問題是從此就不會再有任何在地化的創新。這句話也可用來形容麥肯錫的顧問諮詢服務——為追求效率而在全球各地採用同一套做法，使得麥肯錫很難產出創新的想法。

　　解決這個問題的，是野中郁次郎（Nonaka Ikujiro）[4]先生的學說「創造性慣例」（creativity routine）。

---

[4]　野中郁次郎為加州大學柏克萊分校企管博士、一橋大學榮譽教授、日本學士院會員（相當於台灣的中研院院士），以「知識創造理論之父」聞名。

創造性（creativity）和例行公事、日常作業（routine），兩者雖然相互抵觸，但**創造性慣例，卻是「創造出全新慣例的例行公事」**的意思。

或許有人會認為這只是把兩個字彙湊在一起的「文字遊戲」，但這個學說其實傳達了非常重要的概念。因為唯有透過「**打造一個機制，讓誕生於某處的創新做法，落實成為整個企業組織的慣例**」，才能超脫順應（adapt）與集結（aggregate）之間的相互矛盾。

後續我會再詳細說明這個部分，而這也正是目前星巴克（Starbucks）所致力推動的工作。在全球化的過程中，星巴克的店面變得很一致。為了解決這個問題，邁向新的發展階段，星巴克便開始致力於推動創造性慣例。

具體做法是讓各單店自由地執行新嘗試。若光是這樣做，只會讓星巴克旗下各分店變得雜亂無章，而星巴克卻打算把在單店成功的新嘗試化為慣例，並推廣到全球各門市。

像這種「重視個體，並將其精髓標準化」的作業，在野中博士所提倡的知識管理當中，是很重要的元素。

簡而言之，單純只是把工作化為例行公事，企業並不會因此進步，所以要打造成帶有創造性的慣例，企業才能隨時進化。若不建立起「**一致性隨時都在進化**」的模式，**企業就會停止進步。IBM、微軟和麥肯錫的聲勢會重挫，我認為原因就是出在這裡。**

葛馬瓦的三A是一個靜態而平面的模式。依我下的定義，將這個模式改以時間軸來詮釋，並把它的深度從有形資產延伸到無形資產，就可以看到隱藏在葛馬瓦這套模式裡的重要關鍵——而這就是我所倡議的三A2.0。我尚未把這套理論告訴葛馬瓦，但我打算這樣向他報告：「我讓老師的理論又再進化了一點」。

⊙關鍵三：學習優勢的經營

最後要介紹的，是我自己也常用的字眼。

英文的「學習優勢」裡有Familiarity一字，意思是指熟悉某件事。前所未有的創舉一定會有風險，但願意承擔風險、親自嘗試之後，才能得到收穫。

親自嘗試之後，才能將以往陌生（unfamiliar）的領域化為熟悉（familiar）的世界。 三得利向來很重視創辦人鳥井信治郎（Torii Sinjiro）「去試試看！」的這句名言。的確就像這句話所說的，勇於嘗試且再三失敗，還能為我們累積許多智慧結晶。

在這個充滿高度不確定性的時代，誰也無法隨時正確地預知未來，到頭來終究還是唯有一試。勇於嘗試，能比別人更早累積智慧，所以絕對能帶來領先優勢。

與其佇足不前、思而不行，不如投身其中、親自體驗來得更快，想勤學用功地「跟著老師依樣畫葫蘆」是行不通的。企業經營沒有指南或教科書，唯有自己親自下海。

軟體銀行的孫正義董事長標榜時光機式經營。然而，光靠模仿先行案例的這種方法，無法孕育出新事物。**要親自投身未知的世界，歷經勞神苦思之後，才能織就出新事物。而這就是真正的全球勝利組經營者所做的事。**

對此，許多日本企業都抱持著「先觀望到有什麼新事物出現再說」的想法，所以茫然呆立了二十年。當時沒有佇足停留，不斷向前奔跑的人大獲全勝，觀望者只能瞠乎其後、望塵莫及，現今的日本應該可以說就是陷入了這樣的局面。

現在正是化危機為轉機的時候

那麼，日本企業已經一無是處了嗎？那可不一定。我認為現在正好能化危機為轉機。

事到如今，日本企業已沒有什麼可以再失去的了。我想只要妥善地挪移長處，日本企業仍有足以超越全球勝利組的實力。

為此，我想列舉出三項提示。

⊙給日本企業的提示一：從封閉型的系列邁向開放型的生態系統

歐美企業很擅長「獨贏」。相形之下，日本在傳統上比較擅長與眾人協調。最能代表這項特質的，就是「系列」[5]這種機制。然而，就某種層面而言，「系列」是封閉型的生態系統，或也可以說是一種只聚集自己人的「井底之蛙系統」。

將「系列」改變成為開放型的生態系統，讓更多市場參與者加入，應該就能讓整個業界的格局更大。若能善加運用日本企業特有的協調性，甚至還有可能與世界上其他異質的市場參與者共同創造雙贏。

⊙給日本企業的提示二：從島國蛻變為海洋國家

日本基本上就是個島國，不擅於對外交流，在日文中甚至還有「島國性格」[6]一詞。

---

[5] 日本企業界當中有所謂的「企業系列」，指的是企業之間除了交易之外，另在資金、生產製造等方面相互結盟合作。這種做法包括大企業之間的橫向系列，以及大企業透過對中小企業持股、派任經營幹部、提供資金、技術指導、出借設備等方式，所組成的縱向系列。

[6] 原文為「島国根性」，意指島國的國民較缺乏與其他國家之間的交流，因此性格與思維容易流於封閉、狹隘。

　　然而，從歷史上來看，**日本人其實好像就只有江戶時代，才顯得充滿島國性格**。實際上，在其他時代裡，日本人都紛紛遠渡重洋、向外發展，日本儼然就是個海洋國家。這些人也就是所謂的和僑。

　　中國大陸的騎馬民族或中東的遊牧民族，都會不斷地遷徙。換言之，他們都是把能從腳下這塊土地上取得的東西都拿走之後，再遷移到下一處，就像火耕農業一樣。

　　然而，日本人卻是在土地上牢牢地紮根，在腳下的這片大地上認真地種下農業和工業，為它發展出區域型產業。時至今日，在越南和柬埔寨等地，仍有因為江戶時期實行鎖國政策而無法回國的日本人墳塚。這些人當年所做的事情，就是親自深入當地，讓自己的技術在當地生根發芽。

　　目前在泰國等地都還有和僑會。它是由許多拋棄日本、打定主意要在泰國終老的日本人組成的團體。

　　換言之，海洋國家才是日本真正的面貌，而江戶時代的那兩百年是例外。期盼日本人能重新體認到：我們其實原本就是會向外發展的國民。

⊙給日本企業的提示三：從品質轉型為QoX

　　日本人對品質的感受很敏銳，講究得很徹底。過度講究所造成的品質過剩固然不妥，但**對品質的堅持，就是日本人的優勢**。

　　若能將這份對品質的堅持，從製造業及待客服務（款待）等狹隘的世界當中解放出來，這個日本人特有的優勢，應能成為一股讓日本企業更大幅成長的原動力。

　　我把這件事稱為QoX，它是「Quality of X」的縮寫，帶有「優質化」（提高品質）的意涵。X可以是各種詞彙，例如「Quality of Life」就是「提高生活品質」的意思。

　　講求一切事物的品質，是日本的看家本領。在日本，追求品質已太過

理所當然，使得以往日本人自己一直都沒察覺到這件事可以成為創新的泉源。實際上，**有不少日本產品在品質上的革新，是透過外國人發現的**。

在咖啡的世界裡，有種稱為「第三波」（third wave）的咖啡館近來蔚為風潮。在咖啡館領域當中的龍頭企業星巴克，已被視為是「第二波」，消費者開始覺得它「不管走到世界各地，門市都一模一樣，令人厭膩」。

在第三波咖啡浪潮中最著名的是藍瓶咖啡（Blue Bottle Coffee）。它雖然是連鎖店，每家門市卻都獨具個性，也不以義式咖啡機供應咖啡，而是提供濾掛式手沖或虹吸式咖啡，所以很花時間。換句話說，它既非速食、也不是慢食。店裡會為顧客慢慢地準備一杯咖啡，而顧客就趁這段時間好好地享受咖啡館的空間。藍瓶咖啡就是一家這樣的咖啡館。

藍瓶咖啡在舊金山和紐約開了十三家門市之後，選擇了日本的東京作為它的下一個展店據點。於是在2015年，日本最早的兩家藍瓶咖啡，分別在清澄白河與青山開幕了。

現在咖啡業界最受矚目的藍瓶咖啡，會選擇日本作為第一個海外展店據點，是有原因的。因為藍瓶咖啡的創始人詹姆斯・費里曼（James Freeman）當初就是從日本的老派咖啡廳[7]找到這個事業靈感的。

很多日本的老派咖啡廳裡，都會有個很講究的老闆，用很好的咖啡豆，為顧客沖出最好喝的咖啡。像日本的老派咖啡廳這種各具特色，甚至於有點古怪的店裡，才能品嚐到咖啡真正的滋味——費里曼就是從日本的老派咖啡廳裡得到了這個靈感，因此他想再次到訪日本，便選擇在日本展店。

就像藍瓶咖啡創辦人所找到的靈感一樣，日本擁有講求品質的傳統好

---

[7]　日文為「喫茶店」，充滿懷舊氣氛的咖啡館，客層多為閱讀書報的年長者，或消磨空檔的業務員。

物。除了咖啡之外，應該還有許多值得推廣到全世界的QoX。

　　迅銷將優衣庫定義為「服適人生」（LifeWear）。透過這個詞彙，它們想追求的是能提高生活品質的服飾。

　　「品質」這個元素，並不如設計那麼光鮮。而優衣庫或無印良品（MUJI）和那些席捲時尚圈的設計師品牌不同，它們要追求的，是在這個「Quality of Life」的世界裡，不斷提升品質。

　　不僅是穿著，吃的、住的、交通工具……所有東西都可與QoX產生連結。從這個角度來思考，就會覺得應該**還有許多源於日本的價值，可以向全世界訴求**。

以量子跳躍為目標

　　就品質而言，日本企業絕對是全球頂尖水準，但在「成長」方面，卻表現得略顯遜色。日文當中有「知足」的說法，日本人也很容易就覺得「這樣就很夠了」、「這樣就好」，真的非常可惜。

　　迅銷的柳井董事長，在營業額達到1,000億日圓（約新台幣274億）之際，便公開宣示要「以1兆日圓為目標」；在達到5,000億日圓（約新台幣1,370億）時，又宣布要「以5兆日圓為目標」。公司就要像這樣，**隨時都以十倍以上的數字為目標，否則會很難成長**。

　　大和房屋工業（Daiwa House Industry）雖然並未擠進這次的百大企業，但在樋口武男（Higuchi Takeo）董事長的帶領下，正以驚人之勢迅速成長。目前集團營收已逾2兆日圓（約新台幣5,480億），但樋口董事長滿腔熱血地表示「要在2035年達到10兆日圓」。

　　若只追求穩當的成長，會讓人誤以為只要延續現在的作為，應該就能

達成目標。雖然企業經營和安倍經濟學是兩碼子事，但唯有在以「異次元成長」為目標的當下，企業經營者才會開始萌生否定現狀與常識的決心。

在物理學的世界裡，有個現象叫做「量子跳躍」（Quantum Leap）。它是指原子內的一個電子從某種量子狀態，不連續地轉變為其他不同狀態的現象。若以非連續成長為目標，就非得要引發這種量子跳躍才行。

當企業想達到異次元成長時，各種困難就會排山倒海地一併襲來。為了要渡過這些難關，創新才會應運而生。然而，要有創新，並不是只要挑戰這些不連續的機會，還要有主軸來作為創新的基礎才行。全球百大企業就是像這樣拉大成長角度，不斷挑戰陌生世界，並以公司固有優勢為基軸，持續進化不懈的一家家企業，所組成的群體。

本書當中為各位介紹的「LEAP」這個架構，就是驅動量子跳躍發動的引擎。而在LEAP的正中央，埋藏著「P」（Purpose，意志、決心）這個基軸。它是一份「使命感」，也是想改變社會的一種「抱負」。

昔日許多日本企業的創辦人，都懷抱著很高的使命感。舉凡松下電器的松下幸之助（Matsushita Kōnosuke）、本田技研（Honda，下稱本田）的本田宗一郎（Honda Sōichirō），以及日立的小平浪平（Namihei Odaira）……他們都有著「改變國家社稷」、「竭盡所能貢獻社會」的抱負。

近來的經營者當中，則有迅銷的柳井正董事長，以「改變服裝、改變常識、改變世界」為企業理念。柳井董事長可不是在畫大餅，而是認真地打算推動執行。倘若真的想要實現這個企業理念，迅銷就必須要進化成一家在世界上具有存在意義的企業。

這樣的企業可以不必光鮮耀眼，當然也可以當個幕後英雄。打開市售的產品，瞧瞧它的內部，發現整個產品都是由日本的零配件廠商撐起，

這種「Japan Inside」[8]的模式，正是如此。實際上，剝開蘋果和三星電子（Samsung，下稱三星）產品的外殼，就能讓人重新體認到日本零配件製造廠的深厚內力。

　　沒有任何一家企業的創辦人會說：「我的公司只想在日本默默地生存下去。」基本上，大家都是想「設法改變世界」，才會毅然創業。但曾幾何時，這些人的視線朦朧了起來，心態才會淪為「算了，這樣就好」。

　　現在，企業不是最有必要重新退回到本質性的問題，思考「我們想怎麼改變世界」嗎？

---

[8] 日本推動製造業發展的國家策略願景。除了深化過去的「Made in Japan」品牌之外，也注重「Japan Inside」（內建日本零配件），以建立零配件大國的地位。

第二章

首度公開！
全球百大企業

Global
Growth
Giants

G企業的評選條件：
營收成長率、企業價值成長率、平均獲利率

首先，我想先談談這份全球百大G企業是如何評選出來的。

在「前言」當中也曾經談過，G企業是跨國成長型巨人的簡稱，原本我將它們稱為G³企業。簡而言之，這個名稱本身就是評選條件。

①**全球（Global）**：以國際統一標準評定出來的頂尖企業
②**成長（Growth）**：成長率極高的企業
③**巨人（Giants）**：大企業

請容我再稍作一些詳細的說明。

這次我評選的是21世紀的成長企業，因此會依據2000年到2014年這十五年間的數據，來評定全球的企業。我用接下來所說明的各種條件，過濾全球所有上市公司，篩選出了這份排行榜。

條件一 營收於2014年時達1兆日圓以上

條件二 （年平均）營收成長率達4%以上

首先用這兩個條件來篩選，找出「已經是大公司，卻還在大幅成長」的企業。

條件三 企業價值（股價）的（年平均）成長率達4.5%以上

所謂的「企業價值的成長率」，簡而言之就是股價。所以，有了這個條件之後，於2000年時股票還未上市的公司也會被剔除。Google等企業就是因為條件三的篩選，才沒有進榜。

條件四 平均獲利率（全年）達6%以上

為什麼會加入這項條件，是因為有些公司只有營業額成長，獲利卻沒有跟上腳步的緣故。以貿易公司為例，其中不乏營業額足以躍居榜首的企業，但由於沒有獲利，所以在這個篩選標準下，並無任何商社進榜。

此外，就獲利表現而言，特別值得關注的是亞馬遜。它是一家刻意捨棄獲利數字的公司。亞馬遜的創辦人傑夫·貝佐斯（Jeff Bezos）認為即使有再高的獲利，也只是被當稅金收走而已，所以他積極投資倉儲等物流基礎建設，讓公司獲利呈現赤字。

諸如此類的公司，也不會登上本次的排行榜。

條件五 排除屬於非自由競爭業界的公司

因為這項條件，使得**金融方面**的企業被排除在本次的評選名單之外。本次排名以「營收成長率」為最重要的一個評選指標，但金融業的營收多寡只不過是聊備一格，因此「營收成長」也無法以帳面數字來評定。

同樣地，**能源、材料方面**的企業因屬於受管制產業，且既得利益、利權佔極大優勢，故也排除在評選對象之外。

煤炭與鐵礦石的消費量，會隨著新興國家的發展而一口氣大幅增長。因此，在中國經濟成長的同時，煤炭和鐵礦石業界也同步大幅成長；相反地，中國經濟一感冒，煤炭和鐵礦石業界也都會停止成長。在這種業界裡，企業卓越的創意巧思，不太會有介入改善的空間。

以長遠來看，石油和瓦斯都會成為更稀有的資源，除了價格上升之外，這些企業的營收也會同步攀升。換言之，只要手握稀有資源的利權，當需求增溫時，這些企業的營收就很容易攀升，只要保護好利權，企業就能成長，不必任何智慧。

　　此外，能源和通訊是社會基礎建設的根基，因此掌握箇中利權的企業還是較佔優勢。能源消費與通訊量增長，這個業界就會隨之成長。

　　換言之，我們無法從受管制產業身上學到「跨國成長的法則」。因此，我將此類產業排除在本次的百大名單外。而實際上，這樣的企業只要碰上管制或既得利益的結構轉變，很快就會被市場淘汰。所以本次我會以「從自由競爭業界評選」，來作為排名的基本原則。

⊙三個判斷指標的佔比

　　我將本次排名的判斷指標佔比，化為以下的指數。結果評選出來的，就是各位所看到的百大企業。

指標一 營收成長率40%

指標二 企業價值成長率40%

指標三 平均獲利率20%

　　為了對社會帶來影響，企業需要有一定的分量。就算做的事情再好，「利基市場的好公司」是無法改變世界的。因此，我認為**大企業追求成長是非常重要的**。

　　光是極端地「犧牲獲利，以衝高營收」也是不行的，所以排名時也會衡量企業的獲利表現。只不過，獲利率這種東西，是可以操作出來的數字，因此需要特別留意。

　　沒有獲利，企業總有一天會破產。而帳上有獲利，卻不善用它來投資，將會陷入縮小均衡的局面。企業若想追求持續性的成長，該重視的並不是「有獲利」這個表象，而是要問「這些獲利如何使用」的內涵。因此，這次我將獲利率這個指標的佔比壓低到20%。

首度公開！全球百大企業

表2-1　**百大G企業**

排名	中文名稱	營收成長率（年平均）（%）	營收指標	企業價值成長率（年平均）（%）	企業價值指標	平均獲利率（全年）（%）	平均獲利率指數	指數總分	產業族群	國別
1	蘋果公司	24.90	100	51.60	100	16.70	45	89	科技、硬體與儀器	美國
2	西農集團（Wesfarmers Ltd.）	24.30	98	19.80	38	9.00	24	59	食品、日用品零售	澳洲
3	帝國菸草集團（Imperial Tobacco Group）	23.30	94	14.70	29	18.60	50	59	食品、飲料、香菸	英國
4	安海斯布希英博（Anheuser-Busch InBev）	15.30	61	21.10	41	22.00	59	53	食品、飲料、香菸	比利時
5	威騰電子（Western Digital Corporation）	15.60	63	30.40	59	7.50	20	53	科技、硬體與儀器	美國
6	梯瓦製藥工業（Teva Pharmaceutical Industries）	17.50	70	13.50	26	22.90	62	51	藥品	以色列
7	ACS建築集團（Actividades de Construccion y Servicios SA）	19.20	77	18.30	35	6.50	17	49	資本財	西班牙
8	諾和諾德（Novonordisk）	11.80	48	15.40	30	28.50	77	46	藥品	丹麥
9	嘉年華（Carnival）	13.60	55	19.30	37	16.60	45	46	消費性服務	英國
10	南非米勒（SABMiller）	11.20	45	20.40	40	20.40	55	45	食品、飲料、香菸	英國
11	TSMC／台灣積體電路製造	11.40	46	11.20	22	31.90	86	44	半導體	台灣
12	安進（Amgen）	12.40	50	4.90	10	37.00	100	44	藥品	美國

　　　　　　　　書中解說的外國企業　　　　　　書中解說的日本企業

＊「指數總分」未列出小數點以下數字，排名先後則為比較含小數點以下計算值之結果。

表2-1　**百大 G 企業**（續）

排名	中文名稱	營收成長率（年平均）（%）	營收指標	企業價值成長率（年平均）（%）	企業價值指標	平均獲利率（全年）（%）	平均獲利率指數	指數總分	產業族群	國別
13	海恩斯莫里斯（Hennes & Mauritz）	14.00	56	12.40	24	19.20	52	43	零售	瑞典
14	星巴克	15.50	62	14.80	29	11.00	30	42	消費性服務	美國
15	賽默飛世爾科技（Thermo Fisher Scientific）	13.50	54	17.30	34	11.50	31	41	藥品	美國
16	賽諾菲（Sanofi）	14.10	57	7.50	15	23.60	64	41	藥品	法國
17	阿斯特拉國際（Astra International）	11.90	48	20.10	39	10.50	28	40	汽車、汽車零件	印尼
18	康卡斯特（Comcast）	14.70	59	10.60	21	13.40	36	39	媒體	美國
19	丹納赫（Danaher）	12.10	49	12.70	25	15.90	43	38	資本財	美國
20	迅銷	13.20	53	9.40	18	15.80	43	37	零售	日本
21	SAP	9.30	37	10.40	20	25.40	69	37	軟體、服務	德國
22	FEMSA（Fomento Económico Mexicano）	9.80	39	16.70	32	14.00	38	36	食品、飲料、香菸	墨西哥
23	聯合健康集團（UnitedHealth Group）	13.30	53	12.30	24	8.60	23	36	醫療儀器、服務	美國
24	三星電子	12.20	49	12.30	24	11.60	31	35	科技、硬體與儀器	韓國
25	萬喜（Vinci SA）	8.80	36	21.60	42	7.80	21	35	資本財	法國
26	利潔時集團（Reckitt Benckiser Group）	7.90	32	13.40	26	21.50	58	35	家用品、個人用品	英國
27	馬牌（Continental AG）	10.30	41	17.60	34	8.30	22	35	汽車、汽車零件	德國
28	L-3通訊控股（L-3 Communications Holdings Inc.）	12.80	51	9.90	19	10.70	29	34	資本財	美國
29	萬能衛浴（Bed Bath & Beyond）	13.60	55	6.10	12	13.30	36	34	零售	美國
30	奧迪（Audi）	8.30	34	20.50	40	7.40	20	33	汽車、汽車零件	德國

表2-1　**百大Ｇ企業**（續）

排名	中文名稱	營收成長率（年平均）（%）	營收指標	企業價值成長率（年平均）（%）	企業價值指標	平均獲利率（全年）（%）	平均獲利率指數	指數總分	產業族群	國別
31	保樂力加（Pernod Ricard）	5.80	23	15.80	31	20.70	56	33	食品、飲料、香菸	法國
32	現代重工（Hyundai Heavy Industries）	13.80	55	7.60	15	7.20	20	32	資本財	韓國
33	史丹利百得（Stanley Black & Decker）	9.60	39	13.10	25	11.10	30	32	資本財	美國
34	羅氏控股（Roche Holding）	7.50	30	6.80	13	26.10	70	31	藥品	瑞士
35	羅薩奧蒂卡集團（Luxottica Group）	9.60	39	9.60	19	15.00	40	31	耐久消費財、服飾	義大利
36	漢瑞祥（Henry Schein）	9.80	40	14.80	29	6.50	18	31	醫療儀器、服務	美國
37	克魯特（Colruyt）	11.70	47	10.80	21	6.50	17	31	食品、日用品零售	比利時
38	海尼根控股（Heineken Holding）	7.70	31	14.70	29	12.60	34	31	食品、飲料、香菸	荷蘭
39	阿特拉斯科普柯（Atlas Copco）	6.10	24	15.20	30	16.80	45	31	資本財	瑞典
40	迪許網路公司（Dish Network）	11.50	46	7.60	15	11.50	31	31	媒體	美國
41	耐吉（Nike）	9.00	36	11.50	22	12.60	34	30	耐久消費財、服飾	美國
42	英國聯合食品（Associated British Foods）	8.50	34	15.80	31	7.70	21	30	食品、飲料、香菸	英國
43	通用磨坊（General Mills）	9.20	37	7.20	14	17.60	48	30	食品、飲料、香菸	美國
44	費森尤斯（Fresenius Medical Care）	8.90	36	8.90	17	14.90	40	29	醫療儀器、服務	德國
45	克麗絲汀・迪奧（Christian Dior）	8.40	34	6.90	13	18.10	49	29	耐久消費財、服飾	法國
46	嬌生（Johnson & Johnson）	6.80	27	4.70	9	25.70	70	29	藥品	美國

表2-1　**百大G企業**（續）

排名	中文名稱	營收成長率（年平均）（%）	營收指標	企業價值成長率（年平均）（%）	企業價值指標	平均獲利率（全年）（%）	平均獲利率指數	指數總分	產業族群	國別
47	TJX公司（TJX Companies）	8.50	34	12.50	24	8.90	24	28	零售	美國
48	LVMH酩悅・軒尼詩－路易・威登（LVMH Moët Hennessy Louis Vuitton SE）	8.30	33	5.90	12	18.70	51	28	耐久消費財、服飾	法國
49	WPP	9.30	37	8.10	16	12.10	33	28	媒體	英國
50	施耐德電機（Schneider Electric）	8.00	32	10.00	19	12.90	35	28	資本財	法國
51	康明斯（Cummins）	6.90	28	16.10	31	6.80	18	27	資本財	美國
52	現代汽車（Hyundai Motors Company）	7.80	31	14.20	28	6.40	17	27	汽車、汽車零件	韓國
53	諾華（Novartis）	6.50	26	5.60	11	22.70	61	27	藥品	瑞士
54	勞氏（Lowe's）	9.00	36	9.90	19	8.60	23	27	零售	美國
55	大金工業	9.60	39	9.40	18	7.30	20	27	資本財	日本
56	加拿大輪胎（Canadian Tire）	7.60	31	13.20	26	7.30	20	26	零售	加拿大
57	諾斯洛普・格魯曼（Northrop Grumman）	7.70	31	11.20	22	9.60	26	26	資本財	美國
58	安斯泰來製藥（Astellas Pharma）	6.90	28	5.30	10	19.90	54	26	藥品	日本
59	沃爾瑪墨西哥（Walmart de Mexico）	9.50	38	8.40	16	7.20	20	26	食品、日用品零售	墨西哥
60	VF	5.10	21	13.50	26	12.70	34	26	耐久消費財、服飾	美國
61	麥當勞	4.80	19	5.00	10	25.00	68	25	消費性服務	美國
62	百事（PepsiCo）	7.00	28	5.70	11	17.40	47	25	食品、飲料、香菸	美國
63	SKF	5.60	22	13.40	26	10.40	28	25	資本財	瑞典
64	阿爾法（Alpha）	7.90	32	9.70	19	8.30	22	25	資本財	墨西哥

表2-1　**百大Ｇ企業**（續）

排名	中文名稱	營收成長率（年平均）（％）	營收指標	企業價值成長率（年平均）（％）	企業價值指標	平均獲利率（全年）（％）	平均獲利率指數	指數總分	產業族群	國別
65	諾德斯特龍（Nordstrom）	6.60	27	11.70	23	9.30	25	25	零售	美國
66	通用電力（General Dynamics）	7.90	32	7.40	14	11.40	31	25	資本財	美國
67	伊頓（Eaton）	6.60	26	11.60	23	8.80	24	24	資本財	愛爾蘭
68	寶僑家品（Procter & Gamble）	5.80	23	6.20	12	18.80	51	24	家用品、個人用品	美國
69	愛迪達（Adidas）	8.10	33	8.30	16	8.10	22	24	耐久消費財、服飾	德國
70	全家一元（Family Dollar）	9.20	37	6.90	13	6.80	18	24	零售	美國
71	默克（Merck）	5.20	21	10.30	20	13.70	37	24	藥品	德國
72	BMW	6.80	28	10.90	21	7.40	20	24	汽車、汽車零件	德國
73	聯合技術（United Technologies）	6.50	26	7.90	15	12.80	34	23	資本財	美國
74	3M	4.70	19	5.70	11	21.10	57	23	資本財	美國
75	家樂氏（Kellogg）	5.70	23	6.40	12	16.80	45	23	食品、飲料、香菸	美國
76	迪爾公司（Deere & Company）	7.20	29	8.10	16	9.90	27	23	資本財	美國
77	聯邦快遞（FedEx）	7.20	29	9.90	19	7.20	19	23	運輸	美國
78	嘉士伯（Carlsberg）	5.70	23	10.50	20	10.50	28	23	食品、飲料、香菸	丹麥
79	派克漢尼汾（Parker Hannifin）	7.10	28	7.70	15	10.10	27	23	資本財	美國
80	開拓重工（Caterpillar）	7.30	29	7.80	15	9.40	25	23	資本財	美國
81	山特維克（Sandvik）	6.30	25	7.60	15	12.00	32	23	資本財	瑞典
82	本澤商貿（Bunzl PLC）	7.20	29	9.60	19	6.30	17	22	資本財	英國
83	勞斯萊斯控股（Rolls-Royce Holdings）	6.50	26	9.90	19	7.60	21	22	資本財	英國

表2-1　**百大G企業**（續）

排名	中文名稱	營收成長率（年平均）（%）	營收指標	企業價值成長率（年平均）（%）	企業價值指標	平均獲利率（全年）（%）	平均獲利率指數	指數總分	產業族群	國別
84	雅詩蘭黛（Estée Lauder）	6.40	26	7.00	14	11.80	32	22	家用品、個人用品	美國
85	帕卡（Paccar）	5.50	22	10.40	20	8.80	24	22	資本財	美國
86	華特迪士尼公司（Walt Disney）	4.60	18	6.70	13	16.00	43	21	媒體	美國
87	安泰（Aetna）	4.80	19	11.70	23	7.60	21	21	醫療儀器、服務	美國
88	小松製作所（Komatsu）	4.40	18	10.20	20	8.30	22	19	資本財	日本
89	雀巢（Nestlé）	4.00	16	7.10	14	13.10	35	19	食品、飲料、香菸	瑞士
90	拜耳（Bayer）	4.10	16	8.60	17	9.50	26	18	藥品	德國
91	史泰博公司（Staples）	6.70	27	4.80	9	6.40	17	18	零售	美國
92	達能（Danone）	4.30	17	5.10	10	13.20	36	18	食品、飲料、香菸	法國
93	朝日集團控股（Asahi）	5.10	21	5.40	11	9.20	25	17	食品、飲料、香菸	日本
94	洛克希德‧馬丁（Lockheed Martin）	4.50	18	6.90	13	8.50	23	17	資本財	美國
95	麒麟控股（Kirin）	4.90	20	5.50	11	7.70	21	16	食品、飲料、香菸	日本
96	普利司通（Bridgestone）	4.00	16	7.10	14	7.20	19	16	汽車、汽車零件	日本
97	電綜（Denso）	5.50	22	4.60	9	6.40	17	16	汽車、汽車零件	日本
98	梅西百貨（Macy's）	4.10	16	5.60	11	8.90	24	16	零售	美國
99	豐田汽車	4.90	20	5.40	11	6.10	16	15	汽車、汽車零件	日本
100	本田技研工業	4.70	19	5.50	11	6.50	17	15	汽車、汽車零件	日本

全球百大企業概述：什麼樣的企業雀屏中選？

於是，我以前面說明過的那些標準，評選出21世紀的全球百大企業。看看這些上榜的百大企業，會發現它們有著以下五項特質。

⊙概說①　君臨百大的網路企業群

請看第45到50頁的百大榜單。**蘋果遙遙領先，榮登榜首。**目前它在跨國成長型企業群當中，是顆璀璨耀眼的北極星。

除了蘋果以外，急速成長的IT類企業不勝枚舉，但這些企業多是在2000年以後才上市，所以並未擠進本次的榜單。

倘若試著把這個條件拿掉，那麼**臉書將會超越蘋果，奪得龍頭寶座，**2014年上市的阿里巴巴則是第二名，**蘋果屈居第三，**Google排名第四。

換言之，蘋果的龍頭地位，其實並沒有那麼穩固。此外，蘋果也有它的隱憂，稍後我會再詳細說明。它雖然在許多排行榜上都獲得了第一名的殊榮，但今後還要看它會如何繼續成長。

⊙概說②　飛揚跋扈的B to B企業群：生產財

請看將百大企業分類整理過後的圓餅圖，也就是圖2-1的這兩張統計圖。在業種別當中獨佔鰲頭的是生產財業界。具體而言，這些就是包括材料、零件、工廠自動化設備、測量儀器、建設機械與農機等的企業群。它們或許是一般人較不熟悉的企業，但卻是如同幕後功臣般的存在。在日本企業當中，也有屬於此領域的企業——大金和小松製作所（下稱小松）榜上有名。

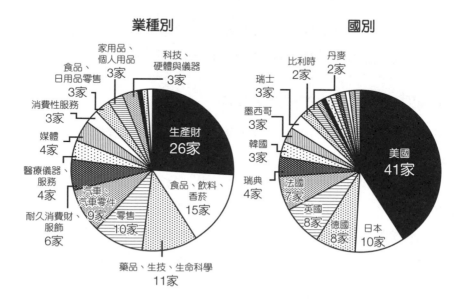

圖2-1　**全球百大企業 業種別、國別企業家數**

業種別

家用品、個人用品 3家
科技、硬體與儀器 3家
食品、日用品零售 3家
消費性服務 3家
媒體 4家
醫療儀器、服務 4家
汽車、汽車零件 9家
耐久消費財、服飾 6家
生產財 26家
食品、飲料、香菸 15家
零售 10家
藥品、生技、生命科學 11家

國別

比利時 2家
丹麥 2家
瑞士 3家
墨西哥 3家
韓國 3家
瑞典 4家
法國 7家
英國 8家
德國 8家
美國 41家
日本 10家

⊙概說③　依舊北高南低：美日德英法

第三個趨勢就是北高南低。

以國別來看，美國企業共有四十一家進榜，是橫掃整個排行榜的大贏家；日本則有十家上榜，排名第二；緊接在後的是八家進榜的德國和英國，以及搶下七席的法國。

我在麥肯錫任職期間的導師大前研一（Kenichi Ohmae）先生，曾將歐美日三邊命名為「三位一體」（triad）。後來，全球的成長重心已由這三位一體，大幅轉移至新興國家。然而，從全球百大企業的四分之三席次仍由這五個國家的企業攻佔的這個現實來看，三位一體的實力堪稱寶刀未老。但不容忽視的是，這些企業當中，有許多都是在新興國家市場取得成長後，才加速了它們的下一輪成長。

⊙概說④　崛起的新興國家勢力

在這份榜單當中，也有來自新興國家、別具特色的活力企業進榜。

例如擠進地十七名的印尼汽車公司阿斯特拉。這家企業是印尼的大財閥，與豐田、大發（Daihatsu）、[1] 本田、電綜等多家企業都有合作。它們搭上了印尼成長的順風車，因而得以順勢成長。

另一方面，中國企業則無任何一家進榜。其實中國有不少營收逾1兆日圓的大企業，但均屬於金融、石油、通訊等受管制產業，故不在本次評選範圍內。此外，像阿里巴巴這種急速成長的企業，由於股票是最近才上市，因此也被排除在評選對象外。日後，那幾家被稱為BAT的大型IT企業——也就是搜尋引擎巨擘的百度（Baidu）、電子商務業界的阿里巴巴（Alibaba），以及社群網站的騰訊（Tencent）——或是電子業界的華為技術（Huawei）和海爾集團（Haier）、小米（Xiaomi）等，都很有可能擠進全球百大企業排行榜。

⊙概說⑤　崛起的新興國家勢力

讓我們來看看日本企業的進榜名單。

迅銷（第二十名）、大金（第五十五名）、安斯泰來製藥（第五十八名）、小松（第八十八名）、朝日集團控股（下稱朝日，第九十三名）、麒麟控股（下稱麒麟，第九十五名）、普利司通（第九十六名）、電綜（第九十七名）、豐田汽車（第九十九名）、本田技研工業（第一百名）。

這十家企業當中，有多達四家與汽車相關。若再加上第一百零一名的日產汽車，就更能讓人再次體認到日本是個何等龐大的汽車王國了。

---

[1] 1907年創立，自1998年起成為豐田集團旗下子公司。

　　另一方面，日本過去曾以電子立國為目標，但電子業界卻無法將任何一家公司送進百大金榜。後續就要看日立和Panasonic[2]能復甦到何種程度，以及日本電產與歐姆龍（Omron）等零件大廠的營收會衝破1兆圓日幣大關、再向上成長到什麼地步了。

全球百大企業的兩個共通點

　　那麼，這一百家企業究竟有什麼共通的特點？

　　詳情會在下一章當中，依LEAP架構來檢驗。這裡我想先談兩個共通點就好。

共通點一　擁有專精一藝（定錨）

　　第一個共通點，就是這百大企業都擁有專精一藝，英文叫做「定錨」（anchoring）。

　　而與之相反的是什麼樣的企業呢？就是那些跨足很多事業的企業，例如大型複合企業（conglomerate）或綜合電子大廠等，就無法擠進百大企業。就結果來看，專精一個強項的企業，會比綜合大廠的成長更顯著。

共通點二　以X經營為目標

　　那麼，企業真的只要專精一藝就好嗎？事情並沒有這麼單純。其實還有另外一個條件，那就是「X經營」。更具體而言，企業需要有「三個X」。

---

[2]　Panasonic自2008年起逐漸統一品牌名稱，在全球大多數市場中，不再使用「松下電器」，改用Panasonic。作者亦以「松下時期」指稱更名前的公司，以資區別。

　　第一個X是擴張事業（Extension）。百大企業不只專精一藝，而是以這一藝為基礎，逐步挪移，拓展自相近似的分形（fractal），而這正是它們的共通之處。

　　第二個X是異質結合（Cross^3 Coupling）。過去熊彼得（Joseph Schumpeter）曾力陳「重新組合」帶來創新的說法，而這次上榜的百大企業，有許多正是因為與異業結合，而做到了創新。

　　第三個X是跨境（Trans^4 National）。許多入選百大的企業，都運用了所屬國家特有的優勢，並將之擴展到全球。

　　「專精一藝」能讓企業的主軸變得更為明確，腳步不再動搖踉蹌。這條路堪稱是擦亮企業「靜態DNA」的過程。

　　然而，光有一藝，無法將格局做大，也無法讓企業維持永續成長（sustainability）。要透過「X經營」讓這一藝變得多工多用，企業才能達到規模化的永續成長。這條路可說是驅動企業「動態DNA」的過程。正如同生物的DNA是由兩條單鏈組成一般，企業必須持續保有動、靜這兩個配套成對的DNA才行。

　　在進榜的十家日本企業當中，也有這兩項共通點。若再更放大範圍，進一步研究日本的百大企業，亦能發現它們呈現出相同的共通點。詳細內容請參閱拙作《「失落二十年裡的勝利組企業」百大企業成功法則──「X」經營的時代》。

　　其實不僅是這些勝利組企業，每一家日本企業都有它的絕活。若非如此，企業就會被淘汰，因此必定有它最專精的「一藝」。

　　日本企業的問題點，在於缺乏第二項的「X經營」。擁有「專精一

3　cross常縮寫為X。

4　trans常縮寫為X。

藝」是躋身百大金榜的必備條件，有了它就等於通過進榜初選，但由於部分企業缺乏「X經營」，因此在僅評比日本國內企業的初賽、甚至是在全球百大這場決賽當中，都無法留在榜上。

那麼，日本的頂尖企業和全球頂尖企業的差異又在哪裡呢？且讓我們用下一章之後的篇幅來探討。

第三章

G企業的經營模式：
LEAP

Global
Growth
Giants

是品質？還是機會？卓越企業的兩種類型

本章將針對在第二章當中介紹過的「全球百大企業的共通點為何？」再做更深入的探討。

首先，我想介紹的是楠木建教授所提倡的「品質（Q）型企業與機會（O）型企業」這個架構。楠木教授主張，在這個架構下，**「卓越企業」可分為「品質型企業」和「機會型企業」這兩種類型。**

所謂的品質型企業，名符其實就是「重視品質的企業」。它們擁有優質的產品或技術，但卻不採取急速成長式的經營手法。不擴大公司規模、重視傳統價值的老字號企業，就是典型的品質型企業。

相對地，機會型企業是指「掌握時代潮流脈動，提早搶佔先機的企業」，在IT類的新創企業當中很常見。以現今的日本而言，軟體銀行和樂天（Rakuten）就是很具代表性的機會型企業。它們並不拘泥高質感及傳統等事物，不斷地尋求更多成長機會，即使改變公司業態也在所不惜。

楠木教授就像這樣，將卓越企業分為「講究品質的品質型企業」以及「對機會義無反顧的機會型企業」這兩種類型。

我很能接受楠木教授的這套分類法。那麼，他究竟是如何分出這兩種類型的呢？仔細試想過後，我認為背景就蘊含在兩條軸線上。

我個人對楠木教授這套分類法的詮釋，就是這張圖3-1的矩陣。

縱軸是堅韌性（Resilience）。它呈現的是「鍥而不捨」、「講究堅持」，也就是品質型企業的特質。

而橫軸則是變幻性（Transformability）。它呈現的是機會型企業的特質，正如這些企業即使改變業態也在所不惜的「輕盈」、「無拘無束」。有了這兩條軸線，就能畫分出如圖3-1的四個象限。在兩條軸線上皆處於偏低水準的企業，就不足以稱為「卓越企業」。

圖3-1　何謂G企業？

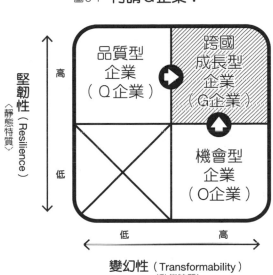

堪稱卓越企業的**品質型企業，都是堅韌性極強的企業**。它們是在結構上、或可說是在靜態特質上很有實力的企業，因此只要時代或環境不生變化，它們就不會受挫喪志。然而，一旦時代或環境出現變化，這些企業就不能繼續抱殘守缺。

另一種屬於卓越典型的**品質型企業**，則是**會不斷變化樣貌，讓人不禁猜想「真面目到底是什麼？」的企業**。這些企業並不拘泥自己的真實樣貌等事物，彷彿「鵺」[1]一般，積極尋求新的機會，並將之據為己有。

---

[1]　日本古代傳說中的神祕怪物，在古籍中對它的外貌有著不同的描述，有的說臉像猴、身如貉、手腳似虎、尾像蛇。

G企業：新的跨國成長模式

用矩陣整理過後，會發現右上角這個象限很令人好奇。

左上的品質型企業與右下的機會型企業，這兩個相互矛盾的分類，是很簡單明瞭的對比。然而，卓越企業真的就只能是這兩者其中之一嗎？

品質型企業維持故我，無法因應非連續性的變化；而機會型企業則沒有確切的主軸，無法建立起自己的資產——也就是企業獨有的強項。

真正卓越的企業，應該是位在矩陣右上象限，也就是兼具堅韌性與變幻性這兩種特質的企業。用楠木教授式的說法，就是兼具品質型企業和機會型企業特質的企業，應該才是真正的成長企業。我將這樣的企業稱為G企業。

G企業是「有很穩固的根基，又能不斷變幻的公司」、「持續成長的公司，就像蛇會脫換外皮一樣」。事實上，這次進榜的**「全球百大企業」，都具備G企業的這些特質**。

這次評選出來的名單，既是規模可觀的大企業，又能在十五年的時間過後，仍舊持續成長的企業。這些企業在具備堅韌性、並擁有結構性優勢的同時，變幻性也相當傑出，有著可以動態性地自我破壞，又能持續變幻的實力。

和我同世代的京都造形藝術大學研究所教授淺田彰（Akira Asada）先生，有一本非常暢銷的成名作——《結構與力量》（構造と力——記号論を超えて）。唯有兼具「結構（＝堅韌性）」與「力量（＝變幻性）」的企業，才能持續不斷地進化。

這次，托楠木教授的福，讓我能看清這些兼有品質型企業與機會型企業兩方的優點、並在全球大顯身手的卓越企業，所具備的本質。

定位與破壞式創新的交錯重複

　　品質型企業與機會型企業這兩條軸線的對比，與哈佛商學院兩大巨頭——麥可・波特（Michael E. Porter）[2]教授及克雷頓・克里斯汀生（Clayton M. Christensen）[3]教授的對比極為相似。

　　一言以蔽之，波特的主張是「佔到好定位的企業會獲勝」。只要擁有其他企業無法仿效的卓越結構，就能在競爭中得勝——這儼然就是品質型企業的生存方式。

　　在時局世道不變的時代裡，波特的理論大致上可說是正確的。然而，當時局世道劇變之際，出現的情況往往是：過去的定位不僅失去意義，甚至還會危害企業。

　　於是克里斯汀生的論調便在此時應運登場。他提倡「破壞式創新」這種思維。所謂的「破壞式創新」，意味著在出現巨大結構性變化的時代裡，能不惜自我否定以適應時代的企業，才能成為勝利組。克里斯汀生的主張，正是機會型企業的生存方式。

　　波特所主張的定位論，以及克里斯汀生所主張的創新論，究竟何者正確？其實兩者交錯重複才正確。

　　我們不妨以恐龍的歷史為例，來思考一下這個問題。數億年前，當恐龍還是陸上霸主的那個時代，地球由於氣候變遷而進入了冰河時期，無法適應環境的恐龍便因而絕種。接著，地球上就出現了可以適應「冰河時期」這個新環境的生物。倘若環境發生如此劇烈的轉變，生物就必須在新的環境當中重新取得自己的定位。

---

[2]　哈佛大學商學院教授麥可・波特是美國的管理學大師，以「競爭策略」的研究著稱。

[3]　哈佛商學院企管講座教授克雷頓・克里斯汀生曾於2011和2013年榮登全球最具影響力的「五十大思想家」（Thinkers50）名單榜首。

　　企業就像這樣，**要先適應變化，然後在新的結構當中，確實創造出自己的定位**。時代會變，但徒求適應時代，只會讓企業成為沒有實質內涵的變形蟲。

　　要成為持續跨國成長的企業，需要兼具品質型企業卓越的堅韌性（＝注重結構），以及機會型企業卓越的變幻性。就進化的歷史脈絡上來看，這個道理也是不證自明的。

變動的時代裡，日本企業該如何改變？

　　在第一章開頭，我引用了《鏡中奇緣》的句子。而現在的問題是：當世界就像「鏡中奇緣」，變化已成常態之際，企業應該如何自處。

　　根據楠木建教授的說法，**日本的優質企業幾乎都是品質型企業**，軟體銀行和樂天等機會型企業則是例外。然而，**品質型企業是變幻性偏弱的公司，因此在變化已成常態的環境中，無法發揮它們的實力**。日本會出現「失落的二十年」，原因可以說就是出在這裡。

　　在變化已成常態的時代裡，變幻性是企業必要的元素。倘若這個論點正確，變幻性偏弱的眾多日本企業，就應該多做努力，以提高變幻性。

　　然而，要超脫堅韌性與變幻性之間的相互矛盾，並不容易。所以，企業才會像楠木教授所指陳的，容易陷於其中一者的「形式」。那麼，能夠內化這個矛盾的企業，又具有什麼樣的特質呢？

「LEAP」模式：成為G企業的要件為何？

　　前面我已經提出「G企業」這個方案，作為超脫品質型企業與機會型企業的對立、兼容雙方特質的企業模式。而以G企業的這些要件所建立出

來的一個具體架構，就是LEAP模式。

所謂的LEAP，在英文裡是指「跳躍」的意思。我認為G企業具備四個要件，它們的第一個字母正好可用L、E、A、P來表示。

正如前面幾章所看到的，要成為G企業，必須兼具兩個相互矛盾的元素──堅韌性和變幻性。因此，我認為在LEAP這個架構當中的四個面向，也都必須具備相互矛盾的兩個特質。

四個面向，每個面向各有兩個特質──也就是平方，因此我也把這個架構稱為「LEAP方陣」（LEAP Square）。

請看圖3-2，圖中LEAP架構是由「三個圓圈」所組成的多重結構，三個圓圈及三者相交的中心處，共有四個區塊，分別用「L」、「E」、「A」、「P」來表示。

請容我逐一說明各個區塊。

最上方的L，呈現的是**「商業模式」方面的要件**。

第二個區塊是左下方的E，這裡是存在商業模式背後的一種組織實力──**「核心競爭力」方面的要件**。

第三個區域是右下方的A。企業核心競爭力的根基，就是**組織固有的「企業DNA」**。

接著，最後這個第四區域，是相當於三個圈中心位置的P。這個部分是比企業DNA更深層的、具哲學性和宗教性的要件。企業和人都需要**「為何而活」的「抱負」**（Aspiration）。少了它，DNA也會變得飄忽不定。抱負是企業DNA的歸宿（anchor），也是「讓每家公司表現得像自己的最深層根柢」的部分。

像這樣從四個面向來觀察一家公司時，每個面向都需要兩個相互矛盾的特質。換言之，我認為它們應該需要像生物DNA的特性一樣，呈「雙螺旋結構」。

圖3-2　LEAP：G企業的架構

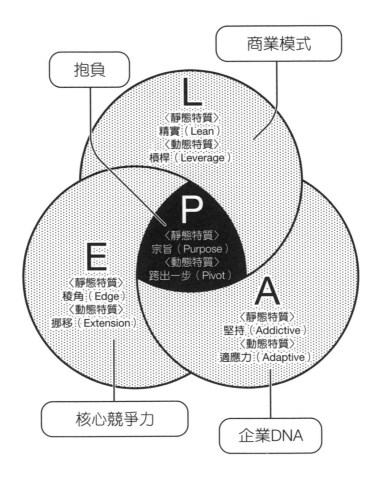

　　接著，讓我們來看看LEAP的四個面向，各需要哪些相互矛盾的特質。

①商業模式的要件：「精實」（Lean）×「槓桿」（Leverage）

　　開頭的L，呈現的是商業模式的兩個要件。

第一個L是「精實」（Lean），它帶有「結實」、「低成本體質」、「沒有浪費」的涵義。例如豐田汽車極具代表性的「精實生產」，就符合這項要件，並以源自日本的商業模式而聞名。

此外，最近還有一個廣為Google等矽谷企業採納的概念很受矚目，叫做「精實創業」（Lean Startup）。它是透過迅速地重複「建構假說、產品實作、修正軌道」的過程，持續快速改良，並將無謂的冤枉路控制在最低限度，以趨向成功的一種商業開發手法。

這裡的關鍵字是MVP。不過它指的並非最有價值選手（Most Valuable Player），而是要將最小可行產品（Minimum Viable Product，簡稱MVP）送到市面上，得到顧客的回饋之後，再將產品改版升級的一種精實開發手法。這種開發手法，掌握了精實創業的關鍵。

還有另一個以貫徹精實概念而克敵制勝的代表性案例，就是以色列的梯瓦製藥工業（下稱梯瓦，第六名）。身為全球學名藥（generic drugs）業界的龍頭企業，梯瓦以全球性的規模，追求徹底的精實。

在本次評選出來的百大企業當中，始終貫徹高級品牌路線的LVMH酩悅‧軒尼詩－路易‧威登（第四十八名），或許是唯一不走「精實」路線的例外。可是，同樣屬於高級品牌的BMW（第七十二名），卻貫徹執行精實生產。同樣地，榜上的其他九十八家企業，也都很落實推動精實的商業模式。

然而，我們無法期待沃爾瑪和麥當勞所代表的那些只純粹追求精實的企業，會有持續性的成長。因為「便宜」縱然是通貨緊縮時、或搶佔新興市場的一種利器，但光靠這一招，無法持續讓顧客獲得滿足。沃爾瑪墨西哥（第五十九名）這次雖然擠進了百大企業金榜，若只維持現狀，說不定就會被墨西哥今後急速發展的經濟給拋棄。同樣地，麥當勞（第六十一名）這次雖然也進榜，但它不僅是在日本，連在全球各國的成長都碰壁。

　　企業追求精實之際，同時也要具有能向顧客訴求便利性及感性的睿智（smart）之處。這套「聰明精省」的模式，才是成為全球百大企業的要件。

　　另外還有一個必要的元素是槓桿（Leverge）。

　　過度追求精實的結果，固然會讓企業體質變得很結實，但自有資產也會隨之縮減。既要貫徹精實，又要追求規模，關鍵就在於如何動員其他公司的資產，也就是**藉由「槓桿原理」來善加運用周遭資源**。

　　說穿了，「槓桿」指的就是運用他人的資本，在經濟活動中提升自有資本的獲利率。資本主義其實也可以說是取得他人資本，以求達到槓桿效果的一種機制。

　　然而，如果用來操作的資產對象只有金錢，槓桿就只會誘發金錢遊戲而已。金錢這種東西本身，只不過是個商品。企業若想達到非連續性的成長，決勝關鍵就在於如何善用其他公司所持有的、稀有價值高的資產，建構規模龐大的商業模式。越是體質結實的企業，越需要佈線，以便能隨心所欲地操控除了自己以外的其他企業，大幅轉動全局。

　　像這種透過「借力使力」來引發創新的商業模式，又稱為開放式創新（Open Innovation）。在本章之後還會再針對這種操作模式，進行更仔細的探討。

　　藉由「槓桿原理」來「耗盡周遭企業的體力，取得最後勝利」的公司，有個極具代表性的例子，那就是台灣的半導體製造業晶圓代工大廠台積電（Taiwan Semiconductor Manufacturing Company Limited，第十一名）。台積電在全球接單生產半導體，徹底追求「規模經濟」，建構精實的成本結構。然而，如果台積電只有這點能耐，那也只不過是個區區的外包廠商罷了。

　　台積電在本質上的優勢，是它和眾多專精設計與行銷的高科技企業，

也就是所謂的無廠半導體公司之間，有著虛擬的連結機制。雙方在台積電所提供的平台上，共同發展讓無廠半導體企業便於設計、且台積電也易於量產的產品。台積電毋須自行設計，就能和數十家無廠半導體企業的傑出IC設計工程師相互連結——這就是台積電在商業模式上的特色。台積電就像這樣，**把周邊相關人等全都放進自己的生產機制當中，讓自己不再只是個單純負責製造的公司，而是在一個席捲其他企業的生態系統當中，成為樞紐（核心）企業。**

　　在日本，運用槓桿原理的先行案例是迅銷（第二十名）。在企劃力及銷售力方面都有絕對優勢的迅銷，與擁有技術力的東麗（Toray）合作，開發出以吸濕發熱衣（HEATTECH）為首的暢銷商品。最近迅銷又與大和房屋工業合作建立大型物流據點，與埃森哲（Accenture）聯手跨足大數據運用等，將「槓桿力」（Leverage Power）發揮得淋漓盡致。

②核心競爭力的要件：「稜角」（Edge）×「挪移」（Extension）

　　E是核心競爭力方面的要件。

　　Edge是「突出」的意思，應該也可以代換成「卓越出眾之處」、「唯獨這一點絕不輸人的強項」。缺乏突出（Edge）之處的公司，在市場上是沒有存在感的。

　　在全球百大企業當中，看不到任何一家企業沒有稜角的。說穿了，不突出的公司既不能貢獻社會，也無法建立競爭優勢。「不突出就沒有資格生存」，換言之這樣的公司就只會是個「總有一天會消失的存在」。

　　麥肯錫將企業的這種稜角稱為分界點（Break Point）。**企業要創造足以技壓群雄的專長，換言之就是要有「特異點」、「突出力」。**

　　三星（第二十四名）是突出企業很具代表性的一個例子。它持續在半導體業界創造出讓其他同業瞠乎其後的優勢地位；在家電產品方面，三星

也不斷展示著它讓最先進產品殺到壓倒性低價的實力。然而，三星還不僅止於此，它的設計能力也很傑出。

例如在智慧型手機的世界裡，一般人往往認為iPhone才夠酷，但其實目前最先進的三星手機Galaxy，在設計上更為洗練。品牌不如蘋果那麼耀眼是Galaxy的悲哀，但在設計上堪稱比iPhone更前衛。三星在設計面上的卓越能力，早已遠遠超越了日本企業，可說是「聰明精省」的代表性企業。

從日本企業當中，我想選朝日（第九十三名）作為一個代表性的案例。或許各位對它的印象，是一家不起眼的公司，但它在保鮮供應鏈方面做得非常出色。搭配朝日啤酒在Super Dry品牌上優於競品的「清爽後味」這項特色，卓越出眾的鮮度便成了朝日啤酒的王牌。

啤酒是一種品質會隨時間下降的商品，因此，如何能讓消費者以最趨近剛出廠的狀態下飲用，是銷售的決勝關鍵。朝日啤酒對這一點有很強烈的堅持，遠勝同業。

像這樣擦亮自身的突出力，將成為企業在結構上的實力泉源。

磨出稜角固然重要，但若欠缺變化和多樣性，顧客就會厭倦煩膩。在英文當中會說這種市場參與者是「黔驢技窮」（one trick pony），直譯就是「只會一種把戲的小馬」。因為光是空有稜角，表示專業還不夠成熟。

除了稜角之外，還有一個必要的要件是擴張（Extension），意即「挪移力」、「自相近似（fractal）的自我增生能力」。企業要有**「挪移的技術」，換言之就是要有基軸，並加以應用，才能敏銳地因應局勢變化。**

高超操作「挪移」的企業典型，就是蘋果（第一名）。蘋果最初是以iPod確立了音樂播放器的「聰明精省」模式，接著再以iPhone這款電話、iPad這款平板電腦，以及Apple Watch等形式，將這個模式橫向複製到不同的產品或服務上。換句話說，**蘋果並不會持續做同一件事，而是以三年**

左右的週期，執行「挪移」。

在日本，高超操作「挪移」的企業，則有瑞可利（未列入評比，相當於第三十四名）。該公司創辦人江副浩正（Ezoe Hiromasa）先生曾說過要「持續追尋空白市場」，而瑞可利這家公司的精髓所在，正是不斷追尋市場上的空白地帶。

瑞可利有個基本商業模式，名叫「蝴蝶結模式」。這個模式是將需求方和供給方視為蝴蝶結的兩端，瑞可利自己則是那個結（＝市場），並打造出一個生態系統，讓供需雙方可以均衡地綻放。此外，瑞可利也不會在原地踏步，它會不斷地將這套蝴蝶結模式轉往下一個適用的市場。換言之，**瑞可利擁有「耕耘新土地」的農夫（農耕民族）強項，又具備「找尋新土地」的獵人（狩獵民族）能力。**

乍看之下，瑞可利是個狩獵民族型的企業，但與其說它是個拚命追趕獵物的狩獵民族，不如說它更像是遊牧民族。英文當中有遊牧者（nomad）這個字彙，兼具「定居能力」和「移動能力」這兩項資質的，才是遊牧者。他們會先找到一片新天地，在那裡落腳定居，接著再找到下一個新天地，轉往該處定居。

追根究柢，瑞可利其實可說是個遊牧民族。而全球百大企業也都兼具遊牧民族的這兩個要件——定居能力（＝稜角，Edge）和移動能力（＝挪移，Extension）。

③企業DNA的要件：「堅持」（Addictive）×「適應力」（Adaptive）

接下來談右下方的A，這個區域呈現的是企業的DNA。

這裡我用成癮（Addictive）這個字，來詮釋「堅持」這個字的細部語意。

說到成癮，或許會讓人很在意它帶有近似疾病的細部語意。但其實

可以把它和英特爾（Intel）前執行長安迪‧葛洛夫（Andy Grove）的名言「在矽谷，唯有偏執者得以倖存」當中的「偏執」（paranoia）解讀為相同語意。換言之，**像個偏執狂似的「堅持」**，就是這個要件的特質。

　　我想介紹諾和諾德（第八名）這家企業，來作為「堅持」的典型案例。諾和諾德是專精糖尿病治療照護的一家企業。目前糖尿病患者在全球持續擴增，而諾和諾德傾注全力，期能為患者治癒糖尿病。

　　日本的武田藥品（Takeda Pharma）也是一家以糖尿病治療藥物為主要獲利來源的企業。不過，武田藥品還從事許多糖尿病藥品以外的事業，所以無法只專注於對付糖尿病，會將目光焦點分散到阿茲海默症和癌症等多種疾病上。而諾和諾德堅持只對付糖尿病。

　　在日本企業當中，大金（第五十五名）是「堅持」的典型案例。大金基本上就只有空調產品。其他家電大廠還可以截長補短，認為「空調賣得不好，還有冰箱」，但大金一路走來，就只思考要如何靠空調在市場上生存下去。

　　這種執著於一件事、近乎偏執的堅持，在企業追求跳躍（LEAP）之際，極為重要。

　　然而，光是「堅持」，會使企業黔驢技窮。**要能堅持到底，又能因應時局變遷而進化，才能在競爭中倖存。**

　　前面在談核心競爭力的段落時，用Extension這個字談過「挪移」，其實企業在更深度的DNA，換言之就是企業體質的層面上，也必須主動追求進化。因為當世道時局轉變之際，企業若仍停留在原地，就會被世界遺棄。

　　在適應力（Adaptive）這個特質上，**適應的原動力來自「從實驗中學習」**（Test & Learn）。在日本，我們常說「嘗試錯誤」（Try & Error），但這種思維只會讓我們永無止境地失敗，最後成為一個「學不乖的人」。

實驗的本質，在於從錯誤中學習。要有「學習」，錯誤才有意義。

就這層涵義而言，一家企業是不是能做到「多方嘗試新事物，找出真正適合自己的項目」，至關重要。為了讓自己不僅止於是一家「堅持一藝的公司」，企業必須隨時懷疑自己目前置身之處，究竟是不是正確的位置，並且有能力到處移動、到處找尋適合自己的新事物。

Google（未列入評比，相當於第二名）的事業是以廣告為基礎，但「Google X」的做法，卻超越了廣告，對社會上的重大議題提出了極具Google風格的解答。而這正是追求大幅進化的一種DNA典型。

迅銷（第二十名）過去也曾嘗試進軍食品領域，結果在服飾以外的領域全都鎩羽而歸。然而，唯獨在服飾領域上，迅銷的商業模式是隨時都在進化的。

現在，優衣庫正準備由連鎖式經營轉向單店式經營，此外，也開始重新檢視過去在全球各地銷售共通商品的政策。它開始思考：在孟加拉接觸到當地傳統服飾之後，若將之推廣到全球各地，是否能開創出新的可能。從追求個性的門市，甚至開始銷售別具個性的商品，在在都讓人看到優衣庫往2.0版進化的企圖。

④抱負的要件：「宗旨」（Purpose）×「跨出一步」（Pivot）

最中間的P，呈現的是與抱負（Aspiration）有關的兩個要件。

第一個要件是目標（Purpose），也就是「宗旨」，亦可說它是企業成立的「目的」或「遠大抱負」。**不少日本公司都有諸如此類的創辦原點，**而放眼國外，本書中提到的這些百大企業，幾乎也都懷有很堅定的「抱負」、「宗旨」。

全食食品超市（Whole Foods Market，下稱全食超市，未列入評比，相當於第十七名）就是屬於這種企業的典型。它們以「讓世界上有更多吃

自然食品的人」為目標,所以懷抱著「讓光吃速食的美國人變健康」的大志。

日本的電綜(第九十七名)也是一家胸懷大志的企業。它們主張「善的循環」,而所謂的「善」,指的是「環境與安心」。

很多汽車製造商也打出同樣的主張,但個別車廠畢竟影響不了整個車市。相對地,供應零件給許多汽車大廠的電綜,就有望在全球各地,守護用路人的安全與地球環境。而電綜就從這裡,找到了自己的存在意義。

然而,光是恪守「宗旨」,就可能會一直重複做相同的事。**因此,企業必須做到「跨出一步」(Pivot,即軸轉)這個動作,也就是用單腳踩穩在宗旨之上,並用另一隻腳跨出一步**。這是抱負層面上的第二個要件。

所謂的軸轉,是指「軸心腳不動,用另一隻腳轉身」的一種籃球技巧。軸轉能在具備穩固軸心腳的同時,用另一隻腳完成新的進化。這當然也需要企業懷有持續尋找自身進化方向、不讓自己總是停留在原地的大志,才能做到。

星巴克(第十四名)是一家很擅長這種軸轉的企業。以往它的商業模式在於打造「第三空間」(Third Place)。而這個模式成立的背景,是由於星巴克有著「想提供以咖啡為基礎的新體驗」的宗旨。在這個宗旨之下,其實沒有必要拘泥於「第三空間」。因此不管是家裡也好,或在虛擬空間也罷,星巴克只要不斷地往消費者能得到「以咖啡為基礎的新體驗」的第四、第五時空進化即可。

日本企業小松(第八十八名)就是一個很好的例子。如果小松認為自己是個建設機械公司,那它就只會賣賣建設機械而已。然而,它持續在思考的是「如何讓顧客的資產,甚至是整個建築基礎建設都能順利運轉」。結果現在小松不只是賣建設機械,而是開始朝媒合供應鏈和需求鏈,也就是市場創造型的商業模式進化。

而這套商業模式的核心，就是用了全球衛星定位系統（GPS）的
KOMTRAX系統。[4]此外，最近小松還與奇異聯手，打算再朝新領域進化。
小松的專長在建設機械，奇異則參與發電廠、水處理、鐵道列車等基礎建
設事業領域，若兩家公司聯手，將創造出極富效率的商業系統。這樣的努
力，也讓小松從一家建設機械業者，蛻變成能為國家的社會基礎建設整建
貢獻心力的企業。

邁向G企業：挪移主軸的複雜式經營

到這裡為止，我們看到企業在L、E、A、P這四個開頭字母的面向
上，各需要哪些靜態的「結構性優勢」和動態的「破壞性作為」，而這兩
種優勢是互相矛盾的。

企業擁有越多優勢，越容易對它們有所拘泥。然而，面對非連續性的
變化，這些優勢可能隨時變為弱點。LEAP模式的重點，就是要企業以本
身的優勢為基礎，但也不吝惜否定自己。

那麼，企業該怎麼做，才能同時具備這些相互矛盾的要素呢？

想同時兼具靜態要素和動態要素，就會像傑奇（Jekyll）和海德
（Hyde）[5]一樣，最後性格崩壞。在現實中，精神分析學家葛雷格里・貝特
森（Gregory Bateson）將這種相互矛盾的狀態命名為「雙重束縛」（double

4　KOMTRAX是一套用來遠端監控建設機械的系統，由小松公司自行研發，可用在機械的
　　維修、管理、稼動狀況、位置確認等。這套系統自2001年起就陸續成為小松旗下建設機
　　具的標準配備，並將蒐集到的資訊免費提供給客戶。

5　羅勃・路易斯・史蒂文生（Robert Louis Stevenson）的小說《化身博士》的主角。小說講
　　述樂善好施的傑奇博士在喝下自己所調配的藥劑之後，就會化身為邪惡的海德先生，四處
　　犯案。最後傑奇博士因為控制不了日益壯大的心魔——海德先生，而選擇自盡。

bind），並指陳它就是造成思覺失調症（Schizophrenia）的主因。

　　的確，要從兩者當中取其一，遠比兩者兼備來得容易許多。據說在非洲長大的楠木建教授崇尚「簡單最好」（simple is best），或許就是因為這樣，所以他才會主張企業「必須在O和Q之間做出抉擇」。關於這一點，我這個人有點彆扭，我認為要成為真正健壯成長的公司，就要持續保有這兩個要素才行。而企業為了做到這一點，當然就必須挑戰如何解開動與靜相互矛盾的這個難題。

　　那麼，具體的辦法是什麼呢？

　　首先，第一個重點是要了解：**不可能突然成為G企業**。一開始要先從品質和機會當中擇一作為企業的主軸。選擇不同，起始點也會有所不同。

　　第二點是要**有一個穩固明確的事業主軸，同時還必須試著攻佔本身所不擅長的、和主軸相矛盾的領域**。我將這樣的經營手法稱為「複雜式經營」。要做到的確是不簡單，但它應可讓企業達到一種廣納百川的經營狀態。且讓我們依不同主軸分類，來看看進化為複雜式經營的企業案例。

⊙從品質型企業蛻變為G企業：蘋果、豐田

　　以講求品質為主軸的企業，原本其實很難有爆炸性的成長。然而，這種企業若能不滿足於自縛繭中，隨時不斷地嘗試蛻變，就有可能化身為G企業。

　　其中最具代表性的案例就是蘋果（第一名）。它看來或許很像新創圈特有的機會型企業，實際上卻是一家不斷追求品質極致的公司。我認為「追求至高完成度」，才是蘋果這家企業的靜態DNA。

　　相對於機會型企業「奮不顧身地撲向所有機會」，蘋果卻是很審慎地篩選自己要投入的領域。例如早已幾經評估的蘋果電視機，由於無法達到

蘋果所追求的至高完成度，最終只得放棄這項計畫。這個決定很符合品質型企業的作風，非常潔身自愛。

另一方面，蘋果公司有句極負盛名的廣告詞：「不同凡想」（Think Different）。而我很崇拜的史帝夫・賈伯斯（Steve Jobs）也有句名言是「衝破箱子（＝制約）！它們只不過是人工製造出來的東西罷了」（Get out of box which is just artificially made）。

蘋果就像這些名言錦句所說的，不原地踏步、隨時不斷地挑戰新事物。這就是蘋果的另一個DNA。而實際上，蘋果建立了一個「蘋果魔法傳說」，只要蘋果投入一個新的品類，就會像施展魔法似的在該品類掀起一波創新。

要兼顧「講求品質」這個靜態的DNA與「隨時挪移」這個動態的DNA，當然不是件容易的事。實際上，賈伯斯過世之後，蘋果在新上任的執行長提姆・庫克（Timothy Donald Cook）領軍之下，花了四年的時間才推出Apple Watch。正因為蘋果為自己設下了「要在新品類推出高品質產品」的這個高標準，它才能以跨國成長型企業之姿，持續成長至今。

而在日本企業當中較具代表性的案例，則是豐田汽車（第九十九名）。

豐田目前已成長為汽車業界最具規模的企業。然而它並不以此自滿，還想再繼續追求進化。

豐田是一家講求品質的公司，這一點毋庸置疑。它們不會推出未臻完整的產品，也不會做悖離豐田風格的東西。

但另一方面，在豐田汽車公司，大家都唸頌著「問五次為什麼」，就像在唸咒語似的。為什麼汽車要以這樣的型態和動力行走呢？為什麼生產線必須如此複雜而固定呢？豐田人就像這樣，反覆提出多達五次的質疑，不惜自我否定，才能更切中問題的本質。結果，這樣的做法讓豐田不論在

產品或製程上，都變得有能力掀起破壞性的創新。

　　奧田碩（Okuda Hiroshi）顧問出任執行長之後，為避免豐田汽車陷於自滿，隨即在全公司廣發「打倒豐田」的英雄帖。在那之後應運而生的，就是知名車款普銳斯（Prius）。此外，從奧田執行長開始一脈相承至今，推行長達二十年之久的事業革新（Business Reform，簡稱BR）運動，成了讓豐田常態性變化的起爆劑。

　　豐田就像這樣，隨時都在撼動自己。它用這個方式，把企業主軸放在品質的追求上，驅策自己成為持續邁向下一波成長的G企業。

　　正如我們在蘋果和豐田這兩家企業所見，**若想將企業主軸放在追求品質又要同時成長，就需要「持續挪移」、「否定自我」的這些反作用力。**如此一來，企業才能既是品質型企業，又能持續追求境界更高的品質。

⊙從機會型企業蛻變為G企業：Google、瑞可利

　　也有從機會型企業蛻變為G企業的情況發生。**其中最典型的發展脈絡，就是新創企業成長壯大後，進化成與以往稍微不同的「成熟企業」。**

　　而這種企業最具代表性的例子就是Google（未列入評比，相當於第二名）。

　　當年還在史丹佛大學求學的賴利・佩吉（Lawrence Edward "Larry" Page）和謝爾蓋・布林（Sergey Mikhaylovich Brin）成立了Google，當時它就像市場上其他常見的校園新創企業。然而，此後他們開始堅持「要用更大的格局來改變世界」，便因此搖身變成了大企業。

　　Google能有這樣的蛻變，契機是由於它延攬了幹練的經理人艾瑞克・施密特（Eric Schmidt）出任執行長。施密特面對焦點模糊不定，涉足多種領域的佩吉和布林，問了這個問題：「Google究竟是一家做什麼的公司？」換句話說，施密特為Google掛上了重錘，堪稱是為Google「定錨」。

此時的Google，在定義企業使命的同時，也用「不作惡」（Don't be evil）這句話，明確地定出「哪些事是Google碰不得的」。換言之，Google因為從「**什麼都做**」**的公司，變為一家不斷追求自己獨特價值觀的企業，才進化成為Google2.0。**

在日本企業當中的代表性案例，則是瑞可利（未列入評比，相當於第三十四名）。

瑞可利在由創辦人江副浩正經營的那段時期，也同樣是個典型的校園新創企業。公司內充斥著桀驁不馴的文化，認為一切「總之能贏就好」，也有足以貫徹這些事情的能量。

這樣的瑞可利，最近變成了一家會思考「我們的存在宗旨是什麼？」的企業。當瑞可利開始思考**「不能只回應顧客的需求，要將顧客導向正途」**之際，我便已感受到它有心想蛻變為成熟企業的念頭。

或許2014年的上市，是激發瑞可利開始思考轉型的原因，但我想應該不只是這樣。現在瑞可利正想憑著努力「蛹化蛻變」，讓自己不再單純只是一家粗枝大葉的商業開發公司。

其實，瑞可利的創辦人江副先生，也是個曾經思考過「瑞可利的存在宗旨為何？」的人。只不過曾幾何時，在企業日益壯大的過程中，這個企業經營的原點，存在感變得越來越薄弱。

回歸原點，而且還要持續進化——堪稱「瑞可立2.0」的第二幕戲碼，才剛開始上演。

傳統的品質型企業，絕不可能突變成機會型企業。因為它們追求品質，所以絕對無法「奮不顧身地撲向任何機會」。然而，**只要它們努力「為自己這份對品質的堅持，找到可以活用的新天地」，應該就能成長為G企業。**

　　另一方面，「嗜血的」機會型企業，只要稍微冷靜下來，**開始思考「自己的原點是什麼」，進化的過程便就此起動**。在原點拋下船錨，停止缺乏方向感的飄泊，並從原點展開「分形」式的版圖擴張，便可進化成G企業。

⊙地區型企業化身G企業：阿里巴巴、朝日啤酒

　　到這裡為止，我們看過了企業的兩種成長形態，但其實還有其他不同的形態，**第三種成長形態，是從地區型企業蛻變為跨國企業**。

　　阿里巴巴就是一個很典型的例子（未列入評比，相當於第二名）。它是一家只在中國進行商業活動的公司。阿里巴巴在連零售、物流、支付這些支撐近代化商流成立的基礎建設都尚未整建完成的中國，率先建立起一套能將貨物送到中國各地的基礎建設。

　　這套商業模式在中國以外的國家當然也都能暢行無阻。實際上，阿里巴巴的確打算在其他新興國家複製它們在中國的成功模式。

　　亞馬遜為了掀起一波「虛擬（電商）凌駕真實世界」的破壞性創新而積極布局。而阿里巴巴則是轉換思考角度，企圖將「以虛擬為基礎，並在這個基礎上建立真實」的模式複製到全世界。

　　因此，阿里巴巴的事業布局，其實已經跨出了亞馬遜所代表的電商企業領域。它企圖把商務活動與「支付寶」（alipay）所代表的金融服務和物流基礎建設綁在一起，打造一套次世代的社會基礎建設。從一家中國的地區型企業，力求以跨國企業之姿大幅進化的阿里巴巴，現在的樣貌就是如此。

　　而在日本企業當中，我想舉的例子是朝日（第九十三名）。

　　朝日在全球各地進行事業布局之際，皆與當地的名紳或有力企業合作，例如在印尼就是與該國極具代表性的華人財團三林集團（Salim

Group）旗下核心企業——印多福食品（Indofood Sukses Makmur）合作。朝日的主力產品是啤酒，但這項產品在回教盛行的印尼，並沒有太多人飲用，因此朝日就與當地的財團合作，銷售冷飲產品。

透過與當地有力人士結盟合作，將自身的優勢附加在當地夥伴身上，以從事雙贏的商業活動——活用自身優勢，並利用槓桿原理，力求讓企業蛻變成跨國企業的朝日，現在的樣貌正是如此。

從阿里巴巴和朝日身上，我們可以學到的是：**即使企業原本做的是內需事業，也不應將自己定義為狹隘的內需型企業。**反之，越是能在本國國內擦亮優勢的企業，越有可能將這份優勢再挪用到海外去。

相信自己的優勢在其他國家也能暢行無阻，便於國外企業合作，發展跨國事業——自嘲是這種「宛如內需企業」的企業，應該也能透過上述這樣的過程，在海外大顯身手。

⊙從中小企業蛻變為G企業：全食超市、迅銷

其實也有從中小企業茁壯成G企業的案例，這是第四種成長形態。

誰說中小企業就不能長成大樹？追根究柢，其實這次選出的百大企業，也多是從一家門市、一件商品開始起家的。

以全食超市（未列入評比，相當於第十七名）為例，這家公司好不容易開出的第一家門市因颶風而被沖走，只好從零開始再起步。

迅銷（第二十名）也是從一家門市開始做起。它最早是因為柳井正先生進入他父親所經營的「Men's Shop 小郡商事」任職，才開始發跡的一家公司。這家公司昔日曾因為柳井董事長的經營太過嚴謹，使得員工全都跑光，只剩下柳井董事長孤軍奮鬥，迅銷就是從這種谷底再爬起來的。而柳井正先生的原點，也是個不折不扣的中小企業大叔。

因此，別說「我這家公司是中小企業，跟G企業的這些討論沾不上

邊」。只要**胸懷大志，並擁有善用周邊資源的智慧**，中小企業也有可能幻化成巨人。就算只有一家門市，也一定有屬於自己的優勢。要有足夠的智慧，讓這份優勢變得更多、更廣，中小企業就能成長為 G 企業。

超脫相互矛盾的「經營創新」

到這裡為止，我們談過「從品質型企業蛻變成 G 企業」、「從機會型企業蛻變成 G 企業」、「從地區型企業及中小企業蛻變成 G 企業」該如何追求成長。

在 LEAP 的架構當中，充滿了 21 世紀經營的精髓。換言之，**LEAP 涵括了現代管理學者所提倡的先進經營管理模式。**

接下來，我要談談眾多先進管理學理論都想闡明的「經營創新」。

舉例來說，麥可·波特的基本策略是「成本領導或差異化」，他主張這兩者是「二選一」（trade-off），魚與熊掌都想要，就會「受困其中」（stuck in the middle）。波特那些被稱為「定位策略」的經營管理策略，是看得到吃不到的二律背反論。[6]

哥倫比亞大學的莉塔·麥奎斯（Rita Gunther McGrath）在《瞬時競爭策略：快經濟時代的新常態》（*The End of Competitive Advantage*）這本書中，反駁了波特的理論，認為「在當今世上，所謂的競爭優勢只不過是幻想」，並主張必須思考「在非連續性時代下的經營模式」。

看來，要突破以往在經營管理理論上的限制，必須想出超脫相互矛盾

---

[6] 二律背反（英文：antinomy；德文：antinomie）是德國哲學家康德（Immanuel Kant）在《純粹理性批判》（*Kritik der reinen Vernunft*）中提出的概念，意指對同一個現象或問題所形成的兩種理論或學說，雖然各自成立但卻又相互矛盾。

的模式才行。換言之，我們難道就不能想出一套經營管理模式，來活用相對立的兩個要素，而非兩者擇一？

⊙全面品質管制

活用相對立的兩個要素，這種管理模式其實在過去已有案例可循。其中，**全面品質管制（total quality control，簡稱TQC）**就是一個很好的例子。

在既有的常識思考下，企業會被迫做出「追求品質，還是追求成本？」的抉擇。選擇品質就代表著成本會墊高，選擇成本就表示要放棄品質——這是一個簡單的相互矛盾所造成的「放棄狀態」。

然而，**誕生於日本的全面品質管制，證明了品質和成本是可以兩全的**。在這個概念當中，時間軸會是一個關鍵。追求品質在短期內雖會導致成本上揚，但以長遠來看，這個決定會帶來良率提升等效果，可望減少浪費，因此是可以壓低整體成本的。正因為日本企業建立起了這個超脫相互矛盾的辯證法型管理模式，日本才會有人稱「日本第一」（Japan as Number One）[7]那段時期的堅強實力。

⊙聰明精省

我個人所提倡的「聰明精省」和「全面品質管制」，同樣是屬於辯證法型的經營管理模式。所謂的聰明（smart），指的是「顧客體驗到的品質（quality）」高低，而精省（lean）則是「對顧客所造成的負擔

---

[7] 哈佛大學教授傅高義（Ezra Vogel）於1979年出版了《日本第一：對美國的啟示》（*Japan as Number One: Lessons for America*）這本著作，分析日本經濟在二戰後呈現高度成長的主要原因，並大力推崇日本式的經營手法。

（cost）」多寡。當這兩者得以兼顧時，就會出現創新——我將它稱為聰明精省模式（Smart Lean Model），詳細內容請參閱拙作《學習優勢的經營——日本企業為何能從內改變》（学習優位の経営——日本企業はなぜ内部から変われるのか）。

正如「全面品質管制」曾向世人證明過的，兼顧高品質與低價位的兩全，以往曾是日本的看家本領。然而，近年來卻一直都由蘋果（第一名）和星巴克（第十四名）等海外企業，以「聰明精省」在市場上取得領先。這些企業超脫了「高品質」與「低價位」之間的相互矛盾，成功地掀起了一波爆炸性的創新。

⊙三 A 2.0

誠如在第一章當中所介紹過的，由西班牙 IESE 商學院葛馬瓦教授所提倡的三 A 模式，向來被認為是跨國經營模式當中最出色的一種類型。

在此簡單地複習一下：所謂的三 A，第一個 A 是順應（adapt），第二個 A 是集結（aggregate），第三個 A 則是套利（arbitrage）。

順應指的是「在地化」，集結代表「全球化」，**兩者向來被認為是相互矛盾的。而葛馬瓦教授在兩者之間加入了「套利」這第三個A，試圖為它們搭起一座橋樑。**

arbitrage 是「套利」的意思。而葛馬瓦所提倡的「套利」，是指企業進軍低成本地區，例如進軍中國，再利用「中國加一」（China plus one）進軍東協，透過這樣的方式，在「勞力成本上」套利；或者也可以進軍新加坡，從「稅務上」套利。這些非常簡單，是個任誰都會操作的套利方法。

在第一章當中曾經談過，我認為還有堪稱「套利2.0」的手法，那就是「**智慧套利**」。葛馬瓦談的其實就是「向低處流」的手法，而2.0是正

好完全相反的「往高處爬」。換句話說，就是妥善地橫向複製技術性事物，以提升企業整體的水準。

倡議三A概念的葛馬瓦，不曾提過這個2.0版的套利。然而，放眼順利推動全球化發展的公司，就可以看到它們都在進行這種2.0版的套利。**換言之，就是將在本地試過水溫、發展順利的事物，加以橫向複製，進而訂為標準——它們都把這件事操作得非常高明。**

和製英文[8]當中有一個代表超脫本地化與全球化對立的字彙，叫做全球在地化（Glocal）。這個字說起來非常容易，但做起來卻真的很費力。

然而，藉由這套2.0水準的套利（智慧套利），就能全球性地推展野中郁次郎所論述的知識管理。而這套方法，堪稱是今後全球化勝利組的成功模式。

它同時也是一個跳脫相互矛盾的模式。**現在，藉由超脫相互矛盾而取得爆炸性勝利、或帶來大幅成長的可能性，正開始四處綻放。**

超脫相互矛盾的「21世紀經營模式」

接下來，我們要來看幾個以邁向「21世紀經營」為目標的先進思維。

⊙共通價值的創造：麥可‧波特的「創造共享價值」

第一個是波特的「創造共享價值」（Creating Shared Value，簡稱CSV）。簡單來說，「創造共享價值」就是透過解決貧窮、環境汙染與疾病等社會上各式各樣的課題，以期提高收益（＝創造經濟價值）的一種經

8　日本人自行截取英文單字之部分或全部，並重新組合後自創的新字。這些新字乍看之下與
　　英文頗為神似，實際上卻只有日本人使用。

營模式。對這個議題有興趣的讀者，敬請參閱我的近作《CSV經營策略——用本業同時解決高收益與社會的課題》（CSV経営戦略——本業での高収益と、社会の課題を同時に解決する）。

正如前面所介紹過的，以往波特所提出的經營模式，都是很簡單的相互矛盾模式。然而，波特在這套創造共享價值的理論當中，卻大幅調整了他的立論宗旨。因為他在這套理論當中，主張同時創造一般認為相互矛盾的兩個價值——社會價值與經濟價值。

波特會調整立論宗旨，是因為單純只追求經濟價值的經營模式已經瓦解。雷曼風暴已血淋淋地證明了一件事：放任一味追求收益極大化的純粹資本主義自由發展，終將導致它失控暴走。「只求能贏就好」的競爭策略理論，也不再是持續成長的保證，就像微軟會從IT霸主轉瞬滾落顛峰一樣。

日本自古以來的「你好、我好、大家好」[9]和「一手論語一手算盤」[10]思維，向來都是企業經營理念的根基。這套透過對社會價值的追求，來創造經濟價值的「創造共享價值」模式，可說是呈現了一種可能——日本有望再度站出來，成為牽引全球成長的火車頭。

⊙超脫顧客取向：菲利浦‧科特勒《行銷3.0》

同樣地，在行銷的世界裡，「只要顧客開心買單就好」的思維也已瓦解。「行銷之神」菲利浦‧科特勒（Philip Kotler）很早就已開始倡導「社會行銷」（social marketing）的重要性。簡而言之，這種行銷手法，就是不僅要重視企業與顧客之間的聯繫，還要重視企業與社會之間的關係。

---

[9] 日文為「三方よし」，意指在作生意時要讓買賣雙方滿意，還要對社會有所貢獻，是古代近江（滋賀縣）商人的行事作風。

[10] 日文為「論語とそろばん」，是日本企業之父澀澤榮一（Shibusawa Eiichi）的一部名著，強調應該在著重倫理並兼顧利益的情況下發展經濟。

最近科特勒在提倡「行銷3.0」這種新的商業模式〔《行銷3.0：與消費者心靈共鳴》（*Marketing 3.0: From Products to Customers to the Human Spirit*）〕。「行銷1.0」是產品中心主義，「行銷2.0」是顧客導向，而「行銷3.0」是以創造社會價值目標。在社群媒體開始擁有龐大影響力的21世紀，企業應重新認知到「顧客背後有個社會」、「顧客是社會的一員」，並誠懇地面對「企業要如何提供價值給社群及社會」的這個問題。

有趣的是，日文當中的會社[11]和社會正好是相互顛倒的兩個字。然而，當今世界正再次要求企業勿將這兩者視為對立概念，並審視著企業如何邁向兩者共存。

⊙從「或」到「且」：石倉洋子《策略轉向》

把目光焦點轉回到日本。一橋大學榮譽教授石倉洋子（Ishikura Yoko）在《策略轉向》（戦略シフト）一書裡提出了她的主張，而這裡的關鍵字是「從或到且」。

所謂的「或」，是「擇一」的意思。具體而言，指的就是「成本或價值」，又或者是「成本或品質」這種典型的權衡取捨策略。

相對地，「且」則是以超脫這種**經典相互矛盾為目標的經營模式**。它可以說是透露了策略轉向即將發生的一種思維——從20世紀型的對立結構，轉向21世紀型的辯證法式協調結構。

⊙從「trade-off」到「trade-on」：彼得・彼德森《韌力企業》

近來源於日本的經營策略論當中，彼得・彼德森（Peter David Pedersen）的《韌力企業》（レジリエント・カンパニー：なぜあの企業は時代を超え

---

[11] 日文中的「会社」為公司之意，「社会」則為社會。

て勝ち残ったのか，原書名為 *Resilient Company*）相當受到矚目。

彼德森是丹麥人，卻是個已經在日本住了二十多年的日本通。這本書是透過他在國際研討會的企劃、營運，以及企業管理、企業諮詢顧問的經驗，匯集而成的真知灼見。

說穿了，韌力（Resilient）原本是個心理學上的字彙，帶有「復原力」、「持久力」的涵義。彼得‧彼德森先生將「韌力企業」定義為「**面對危機時具有極強的恢復力，能有彈性地因應經營環境的變化，再從這些壓力及不確定性當中，找到下一波發展的契機，找到社會整體的契機，並採取有助於社會整體健全運作的行動**」的企業。書中具體舉出了寶僑家品（P&G，下稱寶僑）、雀巢、奇異、聯合利華（Unilever）、IBM 等二十家跨國企業的案例。

接著，彼德森又在書中闡述「韌力企業」具備以下三個特質：

① **定錨（Anchoring）**——企業有「歸屬」，且具有足以吸引員工、顧客等多方利害關係人的魅力。

② **自我改革力（Adaptieness）**——打造一個能洞察經營環境的變化、並靈敏地將這些洞察反映在行動上的文化及組織。

③ **社會性（Alignment）**——社會的方向性與企業的策略及行動走向一致，且企業致力於從事能創造出企業與社會間之正向循環的行動。

彼德森將這三個 A 稱為「新三 A」。如將①代換成靜態 DNA，②代換為動態 DNA，而③代換為抱負，我想您應該就可以發現到，這三個特質與我的 LEAP 模式，著眼點是極為相通的。

此外，值得注意的是，彼德森在這本書中提出建言，希望企業採納「從 trade-off 到 trade-on」這種典範轉移（paradigm shift）。trade-off 是相互

矛盾的，要企業選擇一方立場，捨棄另一方；而所謂的trade-on，[12]則是「站在兩者的立場」。它應該可以說是一套超脫相互矛盾的經營模式。

⊙「創造性慣例」：野中郁次郎《知識創造經營》

接著，最值得一提的壓軸，就是經營管理理論的巨擘野中郁次郎先生。野中博士其實從很早以前，就已開始力陳：超脫相互矛盾的論證法式觀點，有其存在的必要性。

野中博士在與紺野登（Konno Noboru）先生共同著作的《知識創造經營的原理》（知識創造経営のプリンシプル──賢慮資本主義の実践論）一書當中，陳述了「創造性慣例」的必要性。

創造性（creativity）和慣例、例行公事（routine）之間，雖是相互抵觸的，但所謂的創造性慣例，卻代表著「**創造出全新慣例的例行公事**」的意思。

野中博士的這套學說，我以圖3-3來加以說明。

圖的縱軸是創新（innovation），橫軸是整合（integration）。創新多而整合少者，是創造性；反之，創新少而整合多者，則是慣例。野中博士想追求的創造性慣例境界，則位在創新與整合皆多的地方。

或許有人認為這只是把兩個字彙湊在一起的文字遊戲，但它闡述的其實是非常重要的概念。**因為唯有透過打造一個機制，讓誕生於某處的創新做法，落實成為整個企業組織的慣例，才能超脫順應（adapt）與集結（aggregate）之間的相互矛盾。**

---

[12] 彼得‧彼德森在《第五競爭軸》（第5の競爭軸）一書中自創的新字。彼德森對這個字的解釋是：在追求「提高企業價值」與「創造社會價值」之間，企業需致力於發揮兩者的加乘效果，讓它們彼此成為正向循環。

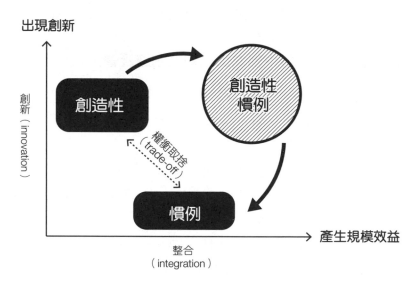

圖3-3　作為轉換裝置的創造性慣例

「把創造性事物慣例化的能力」，它和前面介紹過的「套利2.0」，也就是「將在地智慧全球化的能力」，都是相通的概念。

將「creative」所呈現的創造性、以及「routine」所表達的慣例，以「動態平衡」的形態融為一體，而非相互矛盾。這種辯證法式的視角，可說是野中知識管理論的精髓所在。

以成為跨國成長型企業為目標的經營哲學

以上為各位解讀了幾個管理學理論，並介紹了追求超脫相互矛盾的新近理論潮流。同樣地，我們也可以從這次所選出的百大企業經營者的名言當中，拾得G企業所追求的目標概念。

◆「創造共享價值」宣言：雀巢執行長保羅・薄凱

雀巢的執行長保羅・薄凱（Paul Bulcke），[13]是一位真正體現麥可・波特「創造共享價值」理論的經營者。他曾說過「**對社會做出貢獻與追求經濟價值，必須是幾乎同義的**」。這是他的經營思維，現在也成了雀巢的信念。

◆ 社區與公有地：星巴克執行長霍華・舒茲

星巴克的霍華・舒茲（Howard Schultz），[14]過去曾以「第三空間」這個字彙為星巴克下定義。然而，最近他已改口稱星巴克是「社區的咖啡店」。

這兩者之間有什麼具體的不同呢？

以「第三空間」而言，門市會給人一種「到哪裡都是相同面貌」的感覺；相對地，「社區的咖啡店」則有著「讓我們成為點亮每一個社區的單店」的意涵，也就是所謂的「單店主義宣言」。換句話說，它想成為「由單店集結而成的星巴克」。

這兩個表達方式的差異很細微，也是個很困難的概念，所以請容我再稍作說明。

社區（community）與公有地（commons）——這兩者其實似是而非。社區是個別的，而公有地則是公共的。

所謂的社區，可讓人感受到它彷彿具有獨自的個性，但本質上的要素是共通的。更具體而言，指的就是「溫度」、「人與人之間的交流」、「自我的再發現」、「關愛他人的善意」等要素。以心理學家馬斯洛

---

[13] 任期至 2016 年底，現任執行長為馬克・施奈德（Mark Schneider）。
[14] 已於 2017 年 4 月 3 日卸下執行長一職，改由凱文・強森（Kevin Johnson）接任。

（Abraham Maslow）的需求層次論來說的話，這些要素都超越了最高層次的「自我實現需求」，而達到更高次元的「自我超越需求」。

　　這些要素，都只能在社區這種具有真實觸感的地方才能找得到。當它向外擴張傳播，在所有社區成為共通底蘊時，公有地便於焉成形。

　　星巴克現在的目標，是希望門市成為「**像社區一樣──一種可以重新再發現人類樣貌的、人情濃郁的場所，散布在世界各地**」的存在。當世界各地都有著足以成為社區原點的星巴克門市時，這個狀況將使公有地，也就是「全人類的大愛」隨之誕生──這就是舒茲所擘劃的構想。

　　個體呈現了整體的樣貌；而想看清整體，就不能不觀察個體──這就是一種名為「子整體」（holon）的哲學。先父是經濟評論者名和太郎（Nawa Tarou）（朝日新聞編輯委員、日本經濟團體聯合會理事），以往曾出版過《子整體經濟革命》（ホロン経営革命）這本暢銷著作。個體與整體呈巢狀結構，為了看清整體，要先觀察個體。然而，光是觀察個體會認為它們各行其是，所以要去感受個體當中的普遍性──舒茲的新思維，和子整體哲學也頗有相通之處。

◆ 全球化與在地化的共通底蘊：迅銷執行長柳井正

　　其實迅銷的柳井正先生，也受霍華・舒茲的影響很深。

　　柳井先生曾於2014年公開宣示以「全球即在地，在地即全球」，作為迅銷集團的年度主題。這與舒茲想達到的境界是完全一致的。

　　在地的特性當中，有著能在全球通用的事物；而想以全球性的角度來思考時，還是必須觀察每個在地的情況。柳井正想達到的，就是這種有如微分與積分交錯來去般的世界。這種思維，堪稱是向來主張「超脫相互矛盾，創新就會應運而生」的柳井正獨到的經營哲學。

＊　　＊　　＊

個別特色固然重要，但在個別特色當中仍有共通點——這種子整體式的觀點，是有意超越20世紀型標準化模式的經營者們，所運用的嶄新經營模式。如今已是大企業的睥睨發言無法打動人心的時代。因此，企業需要以在地化的個體來作為原點。這一點在社群網路的世界裡，也是完全一樣的。

我所提倡的LEAP，是「守護傳統與原點，並追求進化」的一種經營模式。在今後的21世紀裡，必要性應該會越來越高。

從「封閉式」邁向「開放式」的商業模式：Lean 和 Leverage

接下來，我們來看看該怎麼做到LEAP。

L、E、A、P這四個英文字母所代表的面向裡，各有兩個相互矛盾的要素，因此非常難以做到，也需要有相當的智慧。

首先，來看看要如何邁向達成第一個L——精實（Lean）和槓桿（Leverage）這兩個要素的境界。

⊙寶僑的「連結＋發展」是帖猛藥？

追求精實的結果，若使得公司的資產縮水，企業便會陷入縮小均衡的局面。另外，要讓槓桿發揮效果，就必須運用其他公司的資產。為此，商業模式如何由封閉型轉向開放型，將成為掌握成敗的關鍵。

要將商業模式改為開放式，前提是要與各方夥伴串連，換言之就是要和它們連結。

提到連結，寶僑的「連結＋發展」（Connect + Develop，簡稱C+D）素負盛名。一般的研發團隊，多半只會關在公司的研究部門裡，從事封閉型的行為。對此，C+D與全球的研究機構、大學、跨業界的企業等機關團體，組成了涵括極大範圍的網絡，採取開放式的手法，廣泛地蒐集產品開發上的需求（needs）與種子（seeds）。[15] 結果，寶僑的開發效率改善了約60%，公司整體的創新超過35%，以營業額而言，則是創造出了數十億美元的成效。

這個模式曾非常成功，風光一時，但後來卻黯然失色，理由是因為在寶僑內部的研發費對營收的佔比，減少了將近30%。拿其他公司的智慧結晶來做槓桿，對公司內部的資產則屬行精實，乍看之下是非常理想的商業模式。然而，這樣操作的結果，卻使得寶僑輕忽了對自己獨門優勢的投資，淪落得不償失的下場。

寶僑跌的這一跤，我會在後面的章節再更具體地介紹，不過會造成這場失敗的原因，一言以蔽之，就是寶僑怠慢了對「企業本質性的存在價值為何」的追求。如果寶僑本身沒有存在價值，就算它再怎麼大聲疾呼要「大家攜手」，也不會有任何人願意與它連在一起。

連結得越多越深，回頭審視自己作為一個個體的存在意義這件事，便顯得格外重要。而這正是輕忽怠慢的寶僑會慘遭滑鐵盧的原因。

若想以其他公司的資產來操作槓桿，就必須讓企業內原本封閉性的機制轉向開放。為此，企業必須與過去凡事自己來的單打獨鬥主義訣別。也因為這樣，企業必須仔細篩選自己所保有的資產，只留下能成為企業本質性優勢來源的部分。而另一方面，為了擦亮這些精挑細選而來的資產，需

---

[15] 指企業所擁有的技術、創意、人材、設備等。企業開發商品時，種子（seeds）常與顧客的需求（needs）一起討論，兩者的平衡至為重要。

要集中式的資源挹注。這一點，企業經營者必須銘記在心。

⊙亨利・伽斯柏闡述的「開放式創新」

加州大學柏克萊分校（UC Berkeley）的亨利・伽斯柏（Henry W. Chesbrough）教授，被譽為「開放式創新」之父。他主張在不確定性日益升高的現在，把資產關在公司裡的「封閉式創新」有其極限，積極運用公司外部合作的「開放式創新」才有效。

我於2014年夏天親自走訪加州大學柏克萊分校，在開放創新中心裡，與伽斯柏教授進行了長達一整天的討論。

我向伽斯柏教授提起寶僑的經營策略時，他顯得相當惋惜，並表示那是一個脫離開放式創新正軌的失敗案例。他說開放式創新並沒有簡單到足以讓世間大眾追捧，因為「要進行緊密且有機式的協作，彼此之間必須建立起很深厚的信任基礎」。所以，企業必須仔細篩選合作對象，深入參與彼此，而不是像寶僑那樣隨興地與各路人馬結盟。

另一方面，伽斯柏教授評論了優衣庫與東麗合作，並接連推出吸濕發熱衣等暢銷商品的這個案例，認為它是開放式創新的極佳案例。正因為它們兩者之間長期深入交流參與彼此的事業，各自都承擔風險，才得以聯手催生出貨真價實的創新。

如前所述，相較於公司內部的封閉式管理，開放式管理的操盤，需要的難度層次更高出許多。

⊙「異質結合」帶來的創新

創新理論的始祖熊彼得，將創新定義為「新結合」（neue Kombination），而我則是將它重新定義為「異質結合」。因為要像優衣庫與東麗那樣，由不同業態的參與者，各自拿出自己獨有的資產來結合，真

正的創新才會就此誕生。

　　因為是異質結合，所以企業彼此之間若非「平常南轅北轍，絕不可能碰在一起的對象」，就沒有意義了。例如零配件廠與最終成品廠的這個組合，就顯得太過順理成章，不能說是異質結合。

　　以近期的案例而言，日本7-Eleven以「7-Premium」為名，開發了許多與各品牌廠商合作的自有品牌商品。但由於這樣的合作關係太過順理成章，所以也只有一些想當然耳的商品問世。

　　那麼，究竟什麼樣的關係才理想呢？用英文的「冤家」（odd couple）來形容最為貼切。因為**當企業與平常絕對不會有交集的對象意外湊在一起之際，才會碰撞出創新的火花**。我把這樣的交集稱為「X結合」（X Coupling，異業合作、異質結合）。

　　「要怎麼樣才能遇見異質性的人呢？」

　　「該怎麼做才能和異質性的對象彼此信賴呢？」

　　這的確非常困難。除非彼此有共同的目的，再營造出共同熱衷於某件事的狀態，否則彼此永遠不會相遇，也不會產生信賴。

　　近來，「平台策略」（Platform）也常被追捧為網路時代熱門的商業模式。可是，由同質性的人聚集而成的平台，就算能實現「規模經濟」，也無法期待創新所需要的「範疇經濟」（economies of scope，即異質結合）出現。

　　志同道合的同伴聯手合作，對於追求創新是沒有意義的。要如何創造遇見異質對象的契機，至為重要。在自己人的圈子當中「建立同質性的開放，是沒有意義的」這件事，是這裡想談的重點。

在核心競爭力上「窮盡極致」之後「挪移」：
Edge 和 Extension

在接下來的 E 當中，我想討論為實現商業模式所需的核心競爭力。

在核心競爭力當中，需要跨越的是稜角（Edge）和擴張（Extension）這組相互矛盾的要素。我把它們稱之為「窮盡極致的經營」和「挪移的經營」。

⊙「專精一藝」vs「只會一種把戲的小馬」

首先要談的是「窮盡極致的經營」。

所謂的企業，若沒有「突出的稜角」、也就是「某種強項」的話，就失去存在的意義了。寶僑就是因為怠慢了磨尖稜角的投資，所以才頓失活力。當企業想仰賴其他企業或跨足嘗試新舉之前，要先讓自己的強項登峰造極。換句話說，就是**要先做好「專精一藝」的準備工作**。

例如大金是「空調的專家」，諾和諾德則是號稱「透徹思考糖尿病的程度無人能及」，它們都有專精一藝的強項。企業要先了解這點的重要性。

常聽到有人說，要追求創新，就要「破箱而出」（out of box）的這句鼓勵的話。然而，就算是莽撞地衝到了箱外，創新也不會憑空降臨。或許這個動作看來像是在繞遠路，但先仔細看清楚自己的「箱子」（獨門絕活）在哪裡，比什麼都重要。

然而，若永遠都是「只會一種把戲的小馬」，便無法期待非連續性的成長。因此，企業還需要做第二件事，就是「挪移」的工作。

有個描述人的理想成長形態的說法，叫做「T型人才」。它的意思是說，人要先「徹底地探究、鑽研一件事」，就像T的垂直筆劃一樣。但光

憑如此，頂多就只是個專業人員，所以接下來要像T字的橫線條一樣橫向發展。

這種說法還有一個更進化的版本，叫做「π型人才」。它是在表達 π 有兩隻腳，而人才要有兩項專業才是最理想的一種思維。

我在麥肯錫的時候，也曾鼓勵別人要當個「π型人才」。**人一旦有了兩條軸，看事情的觀點會比只有一條軸的時候更深入。**

重要的是先「窮盡極致」，接著在登峰造極之後「挪移」，這兩個動作才關鍵。

⊙亞馬遜的成長矩陣

早在麥可‧波特登場的四分之一個世紀以前，已有針對「窮盡極致」與「挪移」這兩者並行的必要性所做的論述，那就是伊格爾‧安索夫（H. Igor Ansoff，1918～2002）所提倡的「成長矩陣」。

這個矩陣是將「技術」與「市場」放在縱、橫兩條軸線上，再將兩軸的正負向都各分成「現有」及「全新」。

現今的商業活動是在操作「現有市場×現有技術」，若想將公司事業多角化，就要以終極的「全新市場×全新技術」為目標，但要突然跳到這裡，未免稍嫌莽撞。

雙腳跳躍，換言之就是同時改變市場和技術這兩軸，成功的機率幾近於零。然而，若只是**其中一腳的單腳「挪移」，成功機率就會高出許多。**

如果挑戰「現有技術×全新市場」或「全新技術×現有市場」，其中有一半還能以現有的核心競爭力征戰拚搏，因此創造出新事物的成功機率還不算低，這裡先成功之後，下次再挪動另一腳，朝最終目標的右上象限邁進。這就是安索夫成長矩陣所提示的正確進化方向，應該也可稱之為「挪移」的成長模式。

企業想「挪移」，首先要需要有一個能成為強健主軸的原點。安索夫當年所說的，其實就是以「現有優勢」為主軸，並挪移另一個主軸的這個觀念。

有一家企業已堅毅不屈地將這個模式發展了五十年以上，那就是日東電工（Nitto）。它們把自己所推行的運動稱為「三新活動」，透過實行三個「挪移」，持續激盪出創新的火花。

由於日東電工的年營收未達1兆日圓，很可惜這次並未名列百大金榜。然而，若能在日後繼續秉持熱情的傻勁，不斷推行二新活動，那麼成為百大企業的一員，應該也只是時間的問題而已。

⊙找尋紫海：藍海只是幻想

管理理論當中有所謂的藍海策略。這個說法非常有名，但我個人認為那其實只不過是在追求一場幻想罷了。就像童話故事的「青鳥」一樣，就算有心想找，藍海也並不是那麼容易找到的。

藍海策略所討論的，是要企業跳脫流血競爭的「紅海」世界，找尋沒有競爭的「藍海」。然而，大多數時候的現實狀況是：當企業跳脫紅海，前往另一片汪洋時，才發現那裡也有其他人正在流血競爭。即使一時之間看起來像藍海，也會在大批競爭者殺到後，瞬間染紅。

因此我會說要「找尋紫海」，既不是紅，也不是藍，而是兩者相混的紫色。

所謂的「藍海」，是與現在企業本身所處的地方毫無關聯的嶄新海域。企業要找尋的，不應該是那種未知的世界，而是紅海與藍海交界處的紫海才對。而且這樣的紫海，往往出乎意料地就在身邊不遠處──沒錯，就像童話故事裡的「青鳥」，其實就在自己的院子裡一樣。這就是我的「紫海理論」。

這裡我想表達的是：**下一波大躍進的成長機會，其實就在稍微挪移自己強項的地方**，而不在藍海那樣的全新天地裡。為了能踏出找尋成功機會的第一步，企業要先有「自己的強項」這個原點。

換言之，我認為不是在汪洋大海裡飄盪，到處找尋「哪裡有沉在海底的金塊或寶石」，而是要「在近海找珊瑚」才對。

這樣的思維，因為有從本業稍微挪移腳步的涵義，所以我把它稱之為「擴張事業」。我向多家企業建議**「不妨考慮擴張事業，而非跨足全新事業」**。為此，企業應該先重新發掘自己在本質上的優勢強項，再稍加挪移觀點，才是關鍵。

用「學習」與「反學習」讓企業DNA進化：Addictive和Adaptive

第三個A是與企業DNA有關的要件。這個面向的基礎，要看的是企業是否具有持續進行「學習」與「反學習」的DNA。

說穿了，身上沒有「學習」這條演算法的人，就只會不斷重複嘗試錯誤，淪為一個「學不乖的人」。因此，我們需要進行「嘗試學習」（Try & Learn）這項作業、這就是成長的原點。

然而，持續在「同一個地方」做「同樣的事」，就會停止成長。畢竟只會一種把戲的小馬是無法成長的。

用「學習」這種基本態度來學會一項新事物，再往下一步邁進，就可以再找到新的發現。因此，我們宜時時提醒自己「挪移學習場域」，而且在挪移之際，最不可或缺的就是**「反學習」**（unlearning）的觀點——懂得懷疑過去學到的東西，不受過去所學的最佳解答所囿限。換言之，展開異次元的學習過程是很重要的。

⊙學習優勢的時代

在我長年來所提倡的概念當中，有「學習優勢」（Familiarity Advantage）這個字彙。如前所述，一般認為波特所提倡的「競爭優勢」（Competitive Advantage）論，在今日已走入末路。而我有自信，這套「學習優勢」論，是適合21世紀社會的新世代經營管理模式，詳細內容請參閱拙作《學習優勢的經營——日本企業為何能從內改變》，此處先簡單概述。

Familiarity這個單字除了有「知之甚詳」、「熟知」的意思之外，另有「熟悉」的意涵。正如這第三層意涵所呈現的，光是學習同樣的事物，終將會因過度熟悉而學不到新的東西。

想打造新的學習狀態，就需要刻意跨入不熟悉（unfamiliar，陌生）的環境。若因為「不懂」而恐懼卻步，最後到頭來永遠無法熟悉新事物。

因此，我想推薦給各位的學習方法是「試著跨出到自己身邊未知的新境地」。這樣一來，過去覺得茫昧未知的東西，就會變為已知。相較於對新事物一直都不熟悉（unfamiliar）卻又束手旁觀者，已達到Familiarity境界者絕對能更佔優勢。

在「不知道跨過那個山頭會怎麼樣」的狀態下，說什麼都只是在亂槍打鳥，但只要實際攀登過後，應該就會有「啊，原來是這樣的啊」的頓悟。**先動手做的人，會越來越聰明——這就是學習優勢的重點。**

因此，重要的是企業如何為了反學習，而不斷細步挪移並在新的場域裡學習。只要能一直持續這個學習和反學習的過程，進化的過程就永無止境。

此時最根本的，就是「堅持深入探究某事」的習慣。這個習慣非常重要，畢竟浮光掠影是找不到寶藏的。企業固然必須深入挖掘探究，然而只

挖同一處，將使企業淪為「只會一種把戲的小馬」，因此也必須隨時往橫向發展才行。

⊙習、破、離的經營

這種學習優勢型的經營管理，關鍵在於「習、破、離」這三項。它是我從「守、破、離」[16]這個用來詮釋日本傳統文化技藝師徒關係的字彙，自行調整變化而來的說法。

第一個「習」字，是指「學習」的意思。但如果光是「習」的話，就永遠只能當別人的徒弟了。

接下來的「破」字，則是要人否定前人的做法，也就是要反學習（unlearning）。

接著再用第三個「離」字，瞬間移動到異次元世界之際，就會有新的發現。試著稍微挪移一下在「破」裡學到的事物，就能發現某些新的本質，這就是「離」。

所謂的「習、破、離」，是追求極致技藝的基本形態，但這樣的求道過程，也可運用在企業DNA上。堅毅不撓地做好一件事，然後挪移──這就是這個段落想表達的重點。

---

[16]「守、破、離」（shuhari）是在日本茶道、武術、藝術等傳統技藝當中，對師徒關係的一種描述。「守」是指弟子遵循師父指導內容修行；「破」則是在熟悉師父指導的內容後，適度調整為適合自己操作的方法；「離」則是不受既往修行內容圈限，開發出個人的全新流派或技法。作者自創的「習、破、離」，在日文發音與涵義上皆與「守、破、離」相近。

以發揮社會價值與經濟價值的綜效為目標：
Purpose 和 Pivot

接著，讓我們進入 LEAP 架構的核心部分。

P 是由宗旨（Purpose）和跨出一步（Pivot）這兩個要素所構成的。前者是具普遍性且靜態的，而後者是具時代性且動態的，因此就這層涵意上來看，這裡也有值得深思如何超脫相互矛盾之處。

⊙任務、願景、價值的普遍性與時代性

許多企業都有任務（mission）、願景（vision）和價值（value）。這些並不是每個企業在創業之初都會有的東西，有不少企業也是在日後才另外發想出來的。

任務是企業的「存在意義」，甚至可以用 Why 來代換；願景則是「未來想要的模樣」，相當於 What；至於價值則是企業的「共同價值觀」，可以用 How 來詮釋。

為任務、願景和價值下定義之際，應該有很多企業會盡量選擇用較一般的字彙，且一旦定案之後，基本上就不會再更動了。然而，不時重新檢視調整、並加入符合時代的元素，其實是很重要的。

舉例而言，IBM 在幾年前，曾推動過「價值論壇」（Values Jam）這個歷時長達三年之久的活動，並藉此重新檢視創辦人湯瑪斯·華生（Thomas J. Watson）在百年前所設定的公司目標。以結果而言，IBM 得以再次確定企業本質上的價值觀在百年後仍無改變，最後僅做了些許微幅的修正。然而，能趁此機會重新檢視公司原點、反映時代特性，並做少許挪移的這項作業，本身自有其價值。

⊙以「創造共享價值」為成長引擎

使命是用來明確表達企業「存在意義」的東西。很多企業都標舉出「實現富裕的生活」、「為邁向健全的社會做出貢獻」等企業理念，清楚定義出企業對社會的角色與責任。因此，這樣的企業理念，其實更帶有強烈的CSR（企業的社會責任）意涵。

創造社會價值固然是非常崇高的企業「宗旨」（Purpose），但光是如此，企業便與非政府組織（Non-Governmental Organization）或非營利組織（Nonprofit Organization）無異。既然是企業，在創造社會價值的同時，經濟價值的產出也很重要。有了經濟價值的產出，企業才有能力去做那些與提升社會價值有關的投資。這種**以實現社會價值與經濟價值之綜效為目標的思維，就是麥可‧波特所倡議的「創造共享價值」（CSV）**。

企業不應採取「責任」這種聽來略顯被動的態度，而是要朝「創造」這種主動的活動闊步向前，並同時向社會價值和經濟價值這個相互矛盾挑戰。重新大力調轉船舵，讓企業從「企業的社會責任」（CSR）轉向「創造共享價值」（CSV），企業的存在價值應該就更可以動態地向前進化。

社會所面臨的問題會隨著時代改變，這一點毋須贅言。因此，企業該提供的社會價值，也必須隨著時代調整。而企業所提供的社會價值一旦改變，企業的經濟活動也需要做大幅的調整。

不過，此時企業切莫忘記自己以任務為名所揭示的企業宗旨（Purpose），要踩穩在這個宗旨上，並大力地旋轉──這就是所謂的「軸轉」（Pivot，跨出一步）。

將「軸轉」這個說法視為經營管理上的關鍵字，進而加以論述的，是近年著有暢銷書《精實創業：用小實驗玩出大事業》（*The Lean Startup*）的作者艾瑞克‧萊斯（Eric Ries）。依照萊斯的說法，所謂的軸轉是「就

產品、商業模式和成長引擎設定出新的根本性假說後，用來驗證這個假說的行動」。接著他又指出，矽谷許多成功企業都是靠這種軸轉來帶動創新的。

軸轉的有效性不僅限於「商業模式」層級。**在以現在式或未來式去重新認清企業的存在意義之際，「軸轉」也是個有效的做法。**

例如Google（未列入評比，相當於第二名）自從創業以來，就一直以「組織全世界的資訊，讓全球都能使用並有所裨益」為職志。然而，若要回應社會上的重大課題，它就必須做出超越「資訊組織者」這個立場的動作。

事實上，最近Google更加速推動負責無人駕駛等專案的Google X團隊，以及負責社會基礎建設等專案的Google Y團隊等的運作。這些都可以說是象徵Google以「資訊」為主軸，同時又企圖大步跨向實體世界的「軸轉」活動。在這些動作越來越大之際，Google於2015年設立了「字母」（Alphabet）這家控股公司，並將Google及Google X納入旗下，直接重新檢視企業理念。

此外，軸轉的有效性，並不只侷限於那些走在時代尖端的IT企業。為了掌握非連續且不確定的變化脈動，所有企業都需要透過「軸轉」來持續進化。就讓我舉奇異公司為例，來為各位說明。

因軸轉而進化：奇異公司的「深化」與「伸化」

奇異並未擠進本次的全球百大企業金榜，因為在進入21世紀之際走馬上任執行長的傑夫・伊梅特（Jeff Immelt），正在布局一場正本清源的經營改革。奇異這場長達十五年的進化歷程，被譽為「伊梅特的挑戰」。就讓我們以快轉的方式，來看看這場挑戰。

⊙認清擋不住的趨勢

2001年9月，從世人譽為傳奇經營者的傑克・威爾許（Jack Welch）手中接下執行長的伊梅特，在起跑點上重重地摔了一跤——發生了撼動全球的「911」事件。對於當時還以飛機和保險業務為主軸之一的奇異而言，這是前所未有的大動盪。

在這樣的混亂當中，伊梅特最先著手的事，就是重新檢視公司的宗旨（Purpose）。為此，伊梅特致力推動的是認清「擋不住的趨勢」（Non Stoppable Trend）、也就是「在今後的世界裡，必定會變得舉足輕重的龐大社會議題」。

在這個過程中，釐出了逾百項的社會議題。接著，再以「能否為奇異帶來巨大震撼」的觀點進行篩選之後，鎖定了兩大潮流：日益嚴重的環境問題與健康問題。然後再將它們包裝為全新的活動，前者是「綠色創想」（ecomagination），後者是「健康創想」（healthymagination），並由全公司上下齊心合力，開始一同推動。

透過解決社會議題的方式，追求經濟價值的提升——沒錯，正如各位敏銳的讀者想到的，這就是奇異版的「創造共享價值」宣言（雖然伊梅特並未言明過這是「創造共享價值」）。

同時，伊梅特也著手改造威爾許吹大的事業組合。當時伊梅特說這是「把四散的點（dot，個別事業），重新用兩條線（string，環境與健康）連結起來」。

而不在這兩條軸線上的事業，即使有獲利，也都成了奇異出售的對象，例如國家廣播公司（NBC）電視台，以及娛樂事業的環球影業（Universal Studios），就是最典型的例子。此外，威爾許和伊梅特這兩位執行長都曾擔任過部門主管的塑膠事業，也基於與環境缺乏相容性等理由

而遭出售。

　　伊梅特就這樣，為奇異重新定義出了符合時代的存在意義，並開始為奇異啟動了一段嶄新的「深化」過程。

⊙從「價值觀」到「信念」

　　企業的任務、願景和價值，有時容易流於高層強迫員工接受的東西。要將這樣的東西落實到全體員工的內心和行動上，說是難如登天也不為過。

　　起初伊梅特也標舉了「奇異的成長價值」這個價值觀，但自2014年以後，他便開始致力於將價值觀更改為「奇異的信念」。它聽起來讓人有種與宗教頗具淵源的感覺，而實際上，就某種層面而言，伊梅特的確是以洗腦般的雷霆萬鈞之勢，想把它變成一項會從個人內心自然湧起的思維。

　　一家龐大的公司，若沒有如此強力地定出方向，很容易就會迷失。事實上，就某種意義上而言，我認為是威爾許讓奇異迷失了。因為「只需要數一數二的事業」這種「勝者為王」式的經營，會讓企業在存在意義這個原點上迷失。

　　伊梅特則是透過把這個原點（Purpose）深植入每位員工內在的方式，來追求奇異的再「深化」。

⊙從非連續性的成長到持續性的進化

　　透過收購企業來達到非連續性的成長，是威爾許很擅長的技倆。然而光是這樣，無法在企業內部嵌進持續性的成長引擎。指望靠其他公司資產來成長，就會像過度仰賴「連結＋發展」的寶僑一樣，即使有速效性，但終究得不到續航力。

　　相對地，現在伊梅特力行的是「跨出一步」（Pivoting）。藉此讓奇異

可在經營主軸置於原點的同時，一邊挪移它的強項，也就是所謂的「**伸化**」。

　　而奇異為追求伸化所做的其中一項努力，就是「工業網際網路」（industrial internet）。

　　奇異認為將網際網路運用在工業上，能夠將先進的工業儀器、預測分析軟體和負責決策的人連結在一起。而這樣的結果，可望達到提升醫療技術、革新鐵路及飛機的運輸流程，以及誕生高效率的發、輸電系統等效益。

　　如果把截至20世紀前半為止的「工業革命」視為第一波，20世紀後半的「網路革命」視為第二波，那麼21世紀的「工業網際網路」則可定位為「第三波」。奇異正親手掀起這波浪潮，並想藉此再度為世界帶來巨大變革。

　　此外，奇異最近正積極推行一項內部活動，叫做「快速決策」（FastWorks）。

　　所謂的「快速決策」正如其名，指的是要加快商品開發等工作的速度。它是一種縮短產品開發期的手法，先在短期內開發出達到客戶最低限度功能需求的最小可行產品（MVP），再依據客戶的回饋來追加功能、改良產品。結果使得過去需要耗費五年開發的汽油引擎，透過限定用途的方式，據說僅花了短短九十天就成功開發出來。

　　伊梅特先認清擋不住的趨勢，並把奇異的企業價值觀深化為一種信念，讓企業的原點成為無可動搖的根本。接著，他又在「工業網際網路」及「快速決策」上布局深耕，加速企業的「伸化」。伊梅特正以驅動「深化」和「伸化」兩輪並進的方式，朝持續進化的目標邁進。

⊙大動作歸零重來的勇氣

2015年4月，奇異認列了約1.6兆億日圓（約新台幣4,384億）的虧損。當年日立在狀況最糟的時候，也只認列過1兆日圓的虧損。會認列如此鉅額的虧損，是因為奇異決定壯士斷腕，出售奇異資融（GE Capital）所持有的3兆日圓（約新台幣8,220億）金融資產。帳面上雖說值3兆日圓，但由於資產本身已有相當程度的折損，因此實際上賣不到這個價錢，不足的差額則認列為虧損。

對伊梅特而言，金融事業是讓他頭痛的因子。它是曾是威爾許力排眾議、傾力壯大的事業，還曾為奇異賺進總收益的一半以上。然而，它顯然偏離了奇異所認定的兩個擋不住的趨勢。

緊接而來的是雷曼風暴這波大海嘯。金融事業成了一團負債，甚至讓奇異面臨破產危機。伊梅特向大富豪華倫‧巴菲特（Warren Edward Buffett）求救，巴菲特緊急出資入股，才讓奇異總算得以解除危機。

接著，在奇異重新步上成長軌道之後，伊梅特總算下定決心切割金融事業，才會造成這次的鉅額虧損認列。

要做出如此壯士斷腕的重大決定，的確需要勇氣。許多日本的經營者不敢做出這樣的決斷，只好繼續抱著陳年債務。然而，大幅偏離企業「原點」又與企業「軸轉」的方向性大相逕庭的事業，終究不能永無止境地繼續下去。我想給這份敢於大動作歸零重來的勇氣一些嘉許。

伊梅特將奇異的這一大轉型命名為「軸轉」（The Pivot）。2014年底，伊梅特即以同名的一份報告，報告了他這一路以來的改革成果，並大聲宣示今後將會更進一步推動改革的承諾。

奇異並未名列這次的百大企業。不過，若幾年後有機會推出本書的修訂版，我很肯定它一定能重回金榜。

精選！集結十四家企業介紹

Global
Growth
Giants

1 ｜ 網路時代的旗手

在第四章和第五章，我會從這次的百大企業當中，挑選我個人相當熟悉且極具特色的公司，來為各位介紹。

首先，第四章會介紹總計十四家、共橫跨六個業種的G企業。

一開始會先以「網路時代的旗手」為題，介紹三家企業。凡是提到21世紀的成長企業，這幾家應該是人人都會想到的IT類新興企業。而實際上，這次榮登榜首的正是蘋果。

儘管2000年以後才上市的企業並不屬於本次的評選對象範圍，但若單就成長的角度，來製作一份評選企業的「榜外排行」，就會看到Google、臉書、阿里巴巴等企業均名列前茅。

Apple
Google
Alibaba

不可企及的龍頭成長企業
排名第一名

蘋果

首先就從排名第一的蘋果開始介紹。三項評選指數總分八十九分，**與第二名的差距多達三十分，是無與倫比的榜首。**

營收、企業價值成長的全球龍頭企業

以得分內容來看，蘋果在「營收成長率」和「企業價值成長率」這兩個項目上都是榜首，指數為100（以第一名的企業為100，在以這個標準來為其他排名順位的企業計算指數）。

相較於「營收成長率」和「企業價值成長率」，蘋果的「平均獲利率」指數是較為偏低的45，在百大企業當中也是個中間稍偏後段的數字。簡而言之，蘋果的特色，就是在營收節節高升的同時，企業價值（也就是股價）也隨之上升。

我在第三章當中也曾說明過，在評定本次百大排名之際，並沒有把重點放在三項指數當中的「獲利」上。有些企業認為與其在帳面上創造獲利來繳稅，不如把獲利用來投資，降低獲利數字，以接續企業的下一波成長，亞馬遜就是箇中的代表。因此，高獲利率並不見得值得肯定，於是我便將它在評分指數上的佔比調低了。

無論如何，綜觀企業整體的表現，蘋果已成為讓人瞠乎其後的第一名。

徹底的聰明精省策略

　　若要用一句話來概括蘋果在策略上的特色，其實就可以用我對跨國成長型企業的特色所下的定義——「聰明精省」。所謂的「聰明精省」，聰明指的是提高顧客感受到的體驗價值，而且還要精省——也就是壓低這項體驗所需的總成本（圖4-1）。

　　然而，早期的蘋果其實並非如此。在我稱為「蘋果3.0」的那段時期，也就是史帝夫‧賈伯斯重返蘋果的1997年以後，策略上才有了大幅的調整。**從iPod開始，到iPhone、iPad、甚至是Apple Watch這一連串環環相扣的過程，正是蘋果徹底執行「聰明精省帶來創新」的結果。**

　　iPod這項商品，確立了一個新品類，且是與既往隨身聽所代表的可攜式音訊播放器截然不同的。隨身聽的價值在於「可以把音樂帶著走」，而

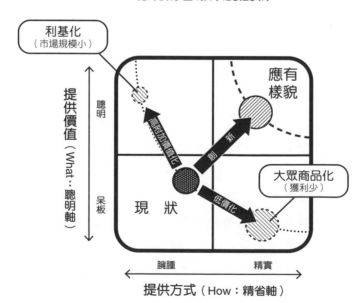

圖4-1　**聰明精省帶來的創新**

可攜帶千首歌曲的iPod，則是實現了一種「把自己的音樂資料庫帶著走」
（Personal Library to Go）的新價值。

　　此外，將音訊播放器從播放設備變為網路設備的結果，建立出一個能
讓使用者以低價輕鬆取得內容的結構，而這些內容正是使用者的音樂資料
庫裡所需要的──這就是iPod的特色，堪稱是實現了一場聰明精省的革
命（圖4-2）。

　　事實上，當時索尼（Sony）正在開發網路隨身聽，而東芝（Toshiba）
也搶在iPod之前，率先推出了gigabeat這台大容量音樂播放器。以技術
上而言，索尼和東芝都比蘋果更新穎，但它們在打出全新概念的iPod面
前，卻呈現了競爭力頓失的窘態，結果最後拱手讓iPod開創出新市場，
並改寫了歷史。

圖4-2　iPod所帶來的「聰明×精省」革命

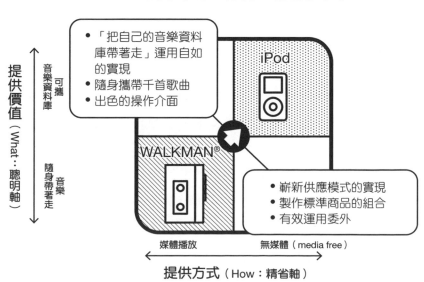

　　仔細端詳iPod，其實它在技術上並沒有任何新穎之處。當時以Napster[1]為首在網路使用者之間蔚為風潮的各式MP3裝置，也都能從網路上下載音樂來聽。只不過，從網路上任意下載畢竟是違法的，就使用者的角度而言，它們並不是可以放心使用的工具。

　　蘋果在推出iPod的同時，也開始提供iTunes音樂商店這項服務，讓音樂下載這件事可以簡單而合法地進行。作為一部網路設備，iPod只能算是模仿跟風，但iPod的特色，在於**它確立了一種商業模式──用嶄新的概念，搭配讓人運用自如的優質設計，並將產品與服務合而為一。**

　　蘋果在繼iPod之後，又將聰明精省革命延伸到行動電話、平板電腦上。

從蘋果1.0到蘋果3.0

　　縱觀蘋果從草創期至今的發展，大致可分為三個時期。

　　最早是**賈伯斯剛創立時的蘋果**，我們姑且將它稱為**蘋果1.0**（1976～1985年）。

　　之後，創辦人**賈伯斯被逐出門外那段時期**（1985～1997）**的蘋果是蘋果2.0**；接著，**賈伯斯又重回蘋果，將當時的蘋果改造為蘋果3.0**（1997年～）。

　　這裡的關鍵在於「賈伯斯在蘋果做了什麼？」賈伯斯雖然被譽為天才，但我認為他回到蘋果之後最大的功績，就是喚醒了蘋果的兩個DNA。

　　蘋果的DNA之一，就是「徹底站在顧客的觀點」這件可說是再當然也

---

[1]　由美國人約翰・芬寧（John Fanning）、尚・芬寧（Shawn Fanning）和尚恩・帕克（Sean Parker）在1999年創立的點對點（P2P）免費音樂檔案共享服務。它在正式開放後不久，便遭到美國唱片工業協會與多家唱片公司控告侵權，結果Napster敗訴並被迫關閉。

不過的事。蘋果人把這件事稱為易用（ease of use）。換言之，**對顧客操作的便利性堅持到底，打造出讓顧客便於使用的商品，就是蘋果的DNA**。

　　這個DNA，在賈伯斯黯然離開後的蘋果2.0變得很薄弱。而賈伯斯最大的功績，就是重新喚醒蘋果人對「從顧客的觀點，提供讓顧客感到舒適的事物」這件事貫徹到底的堅持。

　　不妨試著用我的莫比烏斯運動模式來觀察蘋果3.0。另外，有關莫比烏斯運動的內容，請參閱以下的專欄。

専欄

「蝴蝶模式」與「莫比烏斯[2]運動」

　　我個人提倡以「蝴蝶模式」和「莫比烏斯運動」，來作為持續催生創新的企業組織運動。詳細內容請參閱拙作《學習優勢的經營》，在此謹簡單介紹內容概要。

　　請看圖4-3，縱軸是由「顧客」、「企業」，以及它們的接觸點——「產品、服務」這三個要素所構成；而橫軸則是由「想法」、「建構」、「提供」這三個在時間軸上的階段所組成。

　　這個由3×3矩陣組成的九個象限當中，潛藏著催生創新的原動力。其中掌握重要關鍵的，是四個角和正中央的象限。它們剛好構成了一個蝴蝶展翅的形狀，因此我稱之為「蝴蝶模式」。不妨讓我們來思考一下這五個象限所代表的涵義。

　　首先看到右下方的象限，它是⑤**「事業現場」**，企業在提供商品或服務給客戶時所執行的每項操作，皆屬於此。具體而言，它包括採

---

[2] 莫比烏斯環是扭轉長紙條的一端後，再將紙條兩端黏在一起所製成，是德國數學家莫比烏斯（Möbius）於1858年發現的。「莫比烏斯運動」是作者自創的新詞。

購、生產、銷售、物流、客服等項目，相當於豐田式生產等管理模式
當中所說的現場，而它同時也是實現「精實」最重要的一個場域。

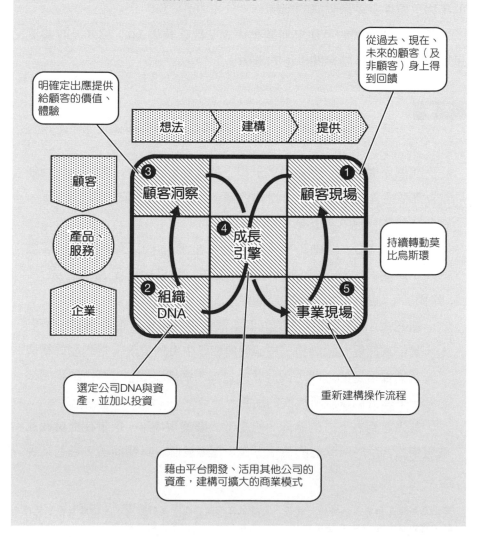

圖4-3 「蝴蝶模式」上的「莫比烏斯運動」

　　右上角的象限是①「**顧客現場**」，它指的是一個雙向的過程，由顧客實際感受商品或服務的價值後，企業再接受顧客對於體驗價值的回饋。又或是要了解尚未成為顧客的「未使用者」為何不願光顧？還有什麼樣未被滿足的需求（unmet need）？這個象限都會是個很重要的現場。

　　接下來讓我們把目光轉向左上方的象限。它是名為③「**顧客洞察**」的象限，指的是釐清顧客在本質上追求何種價值的過程。

　　企業要釐清何謂聰明，換言之就是釐出高顧客價值，深入的顧客洞察絕對是不可或缺的。然而，就算仰賴純粹的突發奇想或天才式的靈光一現，成功掌握顧客本質需求的機率還是很低，就算成功了，也不具再現性。話雖如此，浮濫地進行市場調查，「洞察」恐怕也不會隨著調查結果而降臨。顧客洞察堪稱是一個難度極高的領域。

　　第四個要談的是左下方②「**組織DNA**」這個象限。它指的是公司固有的價值觀、思考模式、行動規範等。

　　所謂的組織DNA可以分為兩大類：一個是「靜態DNA」，它是雋刻在企業體質裡的東西，是具有普遍性的一種特質，不會隨著時代更迭而變質；另一種則是「動態DNA」，它指的是能隨環境變化，為企業組織帶來持續變化的行動規範。企業要隨時保持靜態DNA與動態DNA的均衡發展，一邊推動自身強項的深化與進化。

　　最後來看看正中央的④「**成長引擎**」。這裡需要的是讓事業得以大幅成長（擴大規模）的布局。

　　布局時的重點有兩個：一是要建構企業獨有的機制（平台），好讓企業的商業模式更容易擴大再生產；[3] 另一個則是要徹底活用（槓

---

[3] 馬克思的經濟學理論，意指將賣出商品所得的利潤再用於擴大生產。

桿）其他公司的資產。為達到在盡可能不動支追加費用的情況下獲得更多重收益，這裡的機制化和槓桿將會是重要的關鍵。

　　為持續布局創新，必須有機性地連結這個蝴蝶模式當中的五個象限。企業要充分活用在四個角落象限中隱而不見的資產，再透過正中央的④「成長引擎」讓事業盡其所能壯大規模。為此，企業要從①「顧客現場」開始著手耕耘，再將它與②組織DNA兩相對照、解讀後，連結到③「顧客洞察」，然後把結果裝上④「成長引擎」，塑造成具一定規模的商業模式，再落實到⑤「事業現場」去執行。接著還要再次站回到①「顧客現場」，進行下一個循環。

　　我把這種不斷地「連接」五個象限的活動，稱為「莫比烏斯運動」。只要莫比烏斯運動持續運作不輟，企業應該就能持續產出創新。

　　這個模式，是我在研究蘋果的創新之際所誕生的產物。在下面的文本當中，我將試著舉蘋果為例，對這些蝴蝶模式，以及連結起蝴蝶各象限的莫比烏斯運動進行考察。

　　這裡我依據圖4-4的下半部這張圖來進行說明。企業為了要學會站在顧客的觀點，首先必須觀察①顧客現場，關注「顧客是如何使用我們的產品，對我們的產品又有什麼不滿」。此時，很多企業往往容易只把焦點放在重度使用者身上，但蘋果想關注的卻是「未使用者」。

　　以iPod為例，Napster的重度使用者都是所謂的宅男工程師，而且由於它不合法，所以使用者只能偷偷摸摸地用。但另一方面，很多人就算想用Napster，也苦於從網路上下載的手續太繁雜而無法使用。

　　在這樣的情況下，蘋果想到了「要讓所有人都能舒適快意地使用」。站在顧客尤其是未使用者的觀點來思考，才是創新真正的出發點。

圖4-4　**蝴蝶運動催生出的iPod**

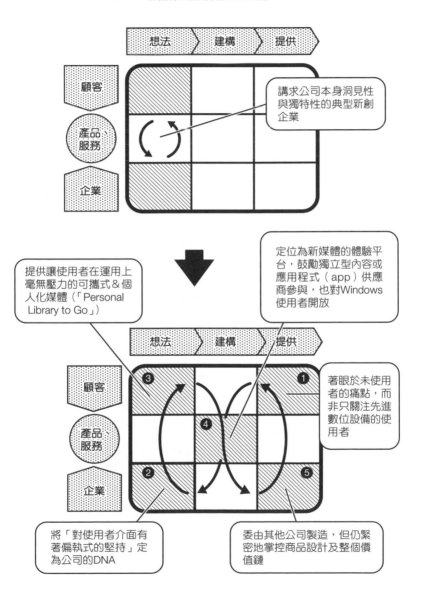

認清①顧客現場的底蘊之後，接下來如何運用公司獨有的②**組織DNA**，來解讀顧客的潛在需求，將成為勝負的關鍵。以蘋果而言，它是透過喚醒全體員工對「易用的徹底堅持」這個靜態DNA，才得以在下一個階段裡，成功創造出蘋果獨有的「匠心巧思」。

像這樣用企業本身的DNA（②組織DNA）來解讀未使用者需求（①顧客現場）之後，③**顧客洞察**幾乎就會在眼前自動浮現。顧客真正追求的體驗價值，是「把自己的音樂資料庫帶著走」——iPod的產品發想，就從蘋果這個獨到的洞察當中應運而生。

還有，④**成長引擎**和⑤**事業現場**，為蘋果3.0塑造了鮮明的特色。

1.0和2.0時代的蘋果，是個刻意標榜非主流（counterculture）的利基型企業。由於當時是擅長標準化策略的微軟稱霸全球，因此蘋果頂多也只拿到10%的市場而已。

在蘋果3.0時期，蘋果已有意用iPod來稱霸全球。因此，蘋果決定讓微軟Windows使用者也能使用iTunes音樂商店。若僅限蘋果使用者，iTunes頂多只能爭取到10%的市場。蘋果想的是讓Windows使用者因此變成蘋果迷，促使他們從Windows變節改用蘋果，並以這個構想做大自己的規模。這種思維，和它們以往認為「只要做利基市場就好」的那段時期有很大的不同。利用Windows之力，以槓桿原理稱霸全球——自蘋果3.0當中誕生的全新成長引擎，其本質即在於此。

最後談的是⑤**事業現場**的觀點。

其實蘋果並不擅長生產製造。蘋果的產品設計雖然很酷，但的確也曾有過易損壞的負面評價。例如象徵蘋果2.0時代的蘋果牛頓（Newton），當年雖以個人資訊助理（Personal Digital Assistant，簡稱PDA）這個新領域的旗手之姿風光登場，但由於使用不便及品質粗製濫造，讓它轉眼間便黯然失色。

後來到了iPod，蘋果就已不再自行生產。蘋果對產品從概念到設計的完成度方面極其講究，連細節都不放過，但實際上負責生產的卻不是蘋果自己。

換言之，蘋果雖將製造委外，卻透過專注於整個生產運作過程的統整，才得以打造出蘋果風格的酷商品。蘋果3.0很大的一個特色，就在這裡。

喚起蘋果固有的DNA，以顧客的觀點來塑造概念，再將它規模化之後，雕琢生產運作——這就是蘋果3.0再生的關鍵。

找回迷失的「目的」

那麼少了賈伯斯的蘋果2.0，究竟有什麼地方不好呢？

根據華特・艾薩克森（Walter Isaacson）所寫的著名傳記作品《賈伯斯傳》（*Steve Jobs*）當中的描述，賈伯斯曾如此談論過當時的蘋果執行長約翰・史考利（John Sculley）：

> 「史考利引進了駑鈍的同伴及駑鈍的價值，把蘋果搞砸了。他在意的是賺錢——主要是為了自己，但也想讓蘋果狠賺一筆——所以才會做不出卓越的商品。」
>
> 他認為是因為史考利過度追求利益，才使得蘋果的市佔下跌。
>
> 「麥金塔（Macintosh）電腦會輸給微軟，正是因為它是由想盡可能多賺一點利潤而不思產品改良，或讓產品更容易取得的史考利所做的事。」
>
> ——《賈伯斯傳》

這位史考利是賈伯斯親自延攬的人物。當年擔任百事公司總經理的史考

利，因為賈伯斯對他說了句：「難道你想就這樣一輩子賣糖水嗎？還是想試試在改變世界的機會上賭一把？」（出自《賈伯斯傳》），才進入蘋果任職。

史考利是被譽為行銷天才的人物。而他在當上蘋果的總經理之後，表示「蘋果會賺不了錢，都是因為賈伯斯做的盡是些恣意妄為的事」，並將賈伯斯逐出蘋果。然而，之後在史考利的經營體制下，並未開發出新商品，蘋果風格日益淡薄，股價也跟著崩盤了。

結果這次換成是史考利被掃地出門，賈伯斯上演鳳還巢。前面引用的句子，就是當時賈伯斯對史考利的描述。

賈伯斯曾說：「史考利就只是走錯了一小步而已。」所謂錯誤的一小步，指的就是以獲利優先，讓產品退居其次。史考利的確他在資本市場上的壓力，因此才會以營收獲利為優先。原本應該是對商品有所堅持，結果自然就會隨之而來才對。但史考利**忘了拿出對商品的堅持，只講究數字，結果最後連數字都拋棄了他**。

為了重回原本的「目的」，賈伯斯所做的，就是喚醒蘋果2.0所迷失的「做出讓顧客歡喜的商品」這個DNA。要讓顧客歡喜，就必須做出更完美的商品，既醜陋又馬上故障的牛頓是行不通的──這就是蘋果3.0的起點。此外，蘋果還結合了其他公司的力量，讓3.0比1.0時代的蘋果更有馬力。

就像這樣，蘋果重新站回到它自己的目的（Purpose）──「我們究竟是做什麼的公司」，而這正是蘋果能復活的關鍵。

蘋果的雙重螺旋

前面我們一直在談蘋果的DNA，其實蘋果有兩個DNA，而我們前面所談的，只不過是其中的一個而已。

所謂的兩個DNA，是在第三章也曾介紹過的靜態DNA和動態DNA。

⊙顧客觀點的靜態DNA

所謂的靜態DNA，是指雋刻於公司身上、彷彿「少了它就不像這家公司」的一種DNA。換言之，它是超越時代而永續的，宛如是這家公司風格的原點。

以蘋果的例子而言，「藉由設計和介面，做出真正讓顧客便於使用的好東西」正是它的靜態DNA。

在蘋果3.0時期復活的賈伯斯，重新喚醒了這項在史考利執掌蘋果兵符期間，曾一度被遺忘的靜態DNA，後來蘋果一直延續著對這項靜態DNA的堅持，堅持到堪稱是「少了它，蘋果就不再是蘋果」的地步。

⊙以超越自我為目標的動態DNA

另一個**動態DNA**，若要用一句話來概括的話，指的就是「自我否定能力」。假如靜態DNA是持續堅守本質的一種力量，那麼動態DNA就是隨時挑戰新事物的能力。

若套用賈伯斯的說法，「不同凡想」其實就是動態DNA。此外，「跳出箱子思考」（Think outside the box）也是他的口頭禪。別自囚於箱中，而是要「走出箱子」；找到箱子就「搗毀它」──這些話都很能傳達「跳出箱子」的重要性。「箱子、也就是所謂的制約，都只不過是自己人為塑造出來的東西，它應該是可以被催毀的」，甚至可以更進一步說「制約就是為了要讓人摧毀而存在的」。就像這樣，不駐足停留於一處，**發現高牆或制約，就將它視為巨大的機會，並加以挑戰**──這件事成了蘋果的動態DNA。

蘋果在這個動態DNA的推動下，打造了摧毀MP3播放器的創意發想；同樣地，看到手機，便做出了摧毀它的智慧型手機；甚至看到平板，就做出了摧毀平板的iPad。就這樣，「對顧客操作的便利性堅持到底」的

這個靜態DNA，與持續挑戰制約的這個動態DNA交互作用，成了蘋果上演復活大戲的原動力。

這兩個DNA所帶來的力量，並非蘋果獨享的專利。本書中所介紹的**跨國成長型企業的共通點，就是它們都兼具了靜態DNA與動態DNA。**

在第三章所談的LEAP當中，也在P的面向上出現了「軸轉」這個字彙。籃球運動中的軸轉，指的是單腳的軸心腳不動，另一腳隨時靈活移動、尋找機會。這隻不動的軸心腳（＝Purpose，目的）就是靜態DNA，而持續找尋新事物的另一隻腳，就是動態DNA。在軸心腳不動搖的情況下，去發現新事物——這種軸轉力道，才是蘋果的優勢泉源。

創新的本質

賈伯斯的說法已很明白地告訴我們：所謂的革新，是從解放以往的制約當中誕生的。而在經營管理上最嚴重的一個制約，就是權衡取捨（trade-off）。所謂的權衡取捨，就是「顧此失彼」的狀態。

例如哈佛商學院的麥可‧波特教授在競爭策略論當中，要求企業做出「選價值，或是選成本？」的抉擇。因為他認為，如果兩者都想兼得，就會掉入「受困其中」（stuck in the middle）的陷阱裡。

這樣的權衡取捨，以常理而言的確會成為制約。當價值上揚，成本也隨之提升；成本下降，價值也隨之下跌——這是個常識，但**若能真正落實「價值上揚，成本下降」這件違反常理的事，制約就會鬆綁，創新也就隨之而生。**

例如品質與成本，通常必須做出取捨。要提高品質，成本就會上揚。然而，豐田卻從中發現了「提高品質，成本就下降」的現象。它們體認到：在生產時綜合考量包括製造時的意外或故障、產品交到客戶手中之後所發生的問題等因素，就能提高品質，整體成本也會隨之下降。體認到**品**

質能降低成本這件事，堪稱是日本人的大發現。

　　日本企業在過去威震八方的時代裡，追求的是品質與成本兼顧。然而，波特教授卻要求企業必須做出「選聰明，或選精省」的二選一，許多日本企業因而相信此說，選擇投身「聰明但成本也高」的這個想當然耳的精品策略，自廢昔日練就的武功。

　　若能用「價值加乘」（trade-on）來找出讓品質與成本兩立的解決之道，而非二選一的「權衡取捨」（trade-off），就能掀起一波創新。換言之，企業應抱持**「當發現矛盾時，才有絕佳機會」**的思維，就像迅銷的柳井正董事長常說「矛盾的兩難，正是創新的寶庫」一樣。

挑戰蘋果4.0

　　賈伯斯過世之後，改由提姆・庫克接手的蘋果，是蘋果4.0。換上新的經營團隊之後，世人都以為蘋果的股價會下跌，孰料它的企業價值竟攀上了史上最高點。

　　Apple Watch上市之後，蘋果的新動作頻頻，甚至有媒體報導「蘋果的下一步是推出Apple Car，跨足汽車產業？」

　　有個說法叫「蘋果一點靈」（magic touch），是指現有產品只要讓蘋果公司一碰，就能蛻變成嶄新商品。這個說法，可謂寫實地反映了市場希望蘋果4.0繼承蘋果DNA的期待，而它也的確做到了。

　　賈伯斯的過人之處，不是他有什麼好點子。例如當年iPod的誕生，只不過是因為蘋果的工程師們使用MP3，所以想讓一般大眾也能更方便地使用這項產品，而這份強烈的意念，化為日後創新的源頭罷了。賈伯斯的過人之處，在於他喚醒了蘋果公司的**兩個DNA，而它們正是這些意念幻化為形體之際所必要的。**

　　賈伯斯對任何事，都展現了近乎偏執的講究，絕不輕易假手他人。而且他極度厭惡微軟，因此在他的策略聖經裡，應該沒有「與微軟聯手合作」的這個選項。然而，在蘋果3.0當中，他轉而執行了開放的策略。賈伯斯成功地向世人展現了一種自我否定的資質——他否定了自己原有的資質。

　　緊接在賈伯斯之後上任的庫克，完整地保存了賈伯斯留在蘋果的基因。

　　蘋果講究設計、隨時挑戰新事物的態度，在蘋果進入庫克時代後依舊沒有任何改變。此外，**庫克比賈伯斯更擅於把他人和蘋果串連在一起**。例如在庫克上台後，蘋果開始與IBM合作，向企業提出iPad的使用方案建議。這在賈伯斯時期的蘋果是無法想像的。

　　蘋果逐漸發展成為一個平台，而庫克應該是在為蘋果創造「向外滲透」到各領域的機會。今後，蘋果甚至還很有可能再與特斯拉（Tesla）等不同業種的企業攜手合作。

　　以往，蘋果很不擅於結盟，因為它和微軟一樣，把一切都關在自家公司裡。然而，庫克掌權後，蘋果變得很擅於與其他企業聯手合作，就像接下來要介紹的Google一樣。

　　「堅持做自己」與「廣結善緣式的聯手合作」——或許庫克可以解決這個矛盾。而在這當中，應該就能找出蘋果往4.0進化的路線了吧。

網路世代的產物
未列入評比，相當於第二名
Google

　　第二家「網路世代的旗手」，要介紹的是從榜外空降到相當於第二名的Google。蘋果和Google這兩家企業，就很多層面來說都呈現對比，又有好幾個相似點，因此我想把它放在蘋果之後介紹。

純網路世代的崛起

蘋果是個以「製造」起家的公司，而Google則可說是一個在有了網路之後才啟程的公司，彷彿就像是網路世代最初的產物。它是「純網路世代」的象徵，並在短期間內急速地崛起成長。

其實，臉書也與Google同樣未列入評比，排名卻相當於第一名。包含前述的蘋果在內，這三家企業共通的特點，就在於它們都「不是創造出新事物的公司」。

搜尋引擎並不是Google發明的產物。早在它出現之前，網路世界已有好幾個搜尋引擎，可是結果全都慘遭消滅，反觀Google原本只是個排不上老二的追隨者，卻堅強健壯地存活了下來。

Google能倖存下來，原因有好幾個，而其中最重要的，就是因為它擁有一個很紮實的根基——明白「Google是一家以何為目標的企業」。

其他搜尋引擎，都是只懂鑽研技術的工程師，從「技術上應該可以做到這樣」的角度切入，所打造出來的產物。相對地，Google在技術上雖然不是首屈一指，但想走的方向（Purpose，目的）卻很明確。Google那個知名的企業理念，就是最好的象徵。

Google以「組織全世界的資訊，讓全球都能使用並有所裨益」為使命，十五年來始終堅守著這個職志。

這個職志相當簡單易懂，而值得注意的是，當中完全沒有提及「搜尋」這個字眼。換句話說，對Google而言，搜尋不過只是傳遞全球資訊的一項工具罷了。

Google的董事長施密特曾說，截至目前為止，數位化的資訊僅佔全球總資訊量的5%以下，95%以上都是處於他人無法運用的狀態。的確，日常對話並不會留下紀錄，影片、手寫文章和紙本書等，也都是類比的資

訊，而非連上網路後就可任由大眾使用的東西。

　　Google打算要致力完成剩下這95%資訊的數位化，例如將紙本媒體全面數位化等——這將迫使出版社必須做出變革。

施密特的「三百年構想」

　　施密特曾說，若想真正落實Google的職志，得要花三百年。換言之，光是要履行這個職志，該做的事三百年內都做不完。而標舉出如此高遠的職志，正是它們得以成功的理由。

　　順帶一提，施密特這位董事長並不是Google開朝元老。當年由佩吉和布林這兩位史丹佛大學學生所創立的Google，從外部延攬了施密特這位堪稱屬於創辦人的父執輩世代的專業經理人。

　　施密特早年任職於現已消失的一家IT企業——昇陽電腦（Sun Microsystems），後來還曾出任網威（Novell）這家軟體公司的執行長。

　　其實，我過去在麥肯錫任職期間，也曾操作過「網威如何逃過微軟魔掌」的專案，因此很了解網威時代的施密特。網威靠著Netware這套網路作業系統，一躍成為網路時代的寵兒，但微軟將它視為眼中釘，一直想摧毀這家公司。如今它雖納入其他軟體集團旗下，卻已絲毫不見昔日神威。

　　施密特因為曾在昇陽電腦和網威任職，深諳對抗微軟威力之道。在Google兩位創辦人的請託之下，Google的成長交付到了他的手上。

不作惡！

　　Google有一套由施密特和兩位創辦人聯手擬訂的「十項核心價值」（core value）。這十項核心價值當中的第六項——「做對的事，不作

惡」，最能展現Google的特色。

施密特說網路世界中最邪惡的企業，莫過於微軟。然而，Google或許也會在日益壯大的過程中，不經意地成為邪惡企業。換言之，第六項這個條目，是他們為了讓自己持續與社會站在同一邊，所展現的一份自持。「不作惡」這句話，是Google人（Google員工）做決策的基礎準則，Google甚至還將它做成了貼紙。

以曾經蔚為話題的Google眼鏡為例，Google在2014年突然終止了它的在一般零售（B to C，企業對消費者）領域的商用化，就是因為社會上出現了Google眼鏡可能侵犯隱私的疑慮聲浪。

就像這樣，懂得思考「為所當為」與「有所不為」，正是Google的一大特色。

80:20法則

Google的另一個特色，就是「80:20法則」。這是指「花80％的時間做核心事業，20％的時間發展全新事業」的一項規定。Google的員工，每週會有一天的時間，強制用來從事核心事業以外的工作。

讀「80:20法則」，會發現在「全新事業」的地方加上了引號，並寫著「登月」（Moon Shot）。這是Google人常用的一個字，是指「要做出猶如登陸月球般的壯舉」之意。

同樣地，Google人也常用「一千朵花」（one thousand flowers）這個字眼。它表達的涵意是：Google雖然是靠廣告賺取營收的公司，但不能淪為單純的廣告代理商，**要讓眾多截然不同的事業盛開爭豔，就像是周圍布滿了「一千朵花」似的**。

這裡所謂的花，不能只是朵小花，必須是如同登月般驚為天人的巨

花。或許以結果來看，最後真正能登月的只有兩、三個事業，但它們並不以此為滿足。20%的「全新事業」，是個很有鬥志的高目標。

3M昔日曾有過一段接連掀起創新的歲月，其實當時的3M，就是在力行「15%法則」——85%是做檯面上的事業，15%則是做一些被稱為「臭鼬工作」（Skunk Work）的特殊專案，也就是沒放進預算裡的「脫軌工作」。這就是3M當年的規定。

Google不僅奉行這個法則，還加碼5%，成了它的特色。因為透過這個法則，Google把「以不斷創新為目標」的這個經營理念，落實到每位Google人的行動層級上。

21世紀企業的經營模式

本段介紹施密特針對Google的經營模式所談過的內容。

根據施密特的說法，20世紀型的「傳統模式」與21世紀型的「Google人模式」有很大的差異（表4-1）。

第一項是以企業作為「學習場域」的比較。**傳統模式的企業如果是像陸軍官校那種團結一致的軍隊型組織，那Google就是蒙特梭利學校型的組織。**

所謂的蒙特梭利學校，指的是沒有課表，每個學生都可以隨性地享受自由的學校。這種學校裡雖然有老師，但他們的教育就是要讓學生自己找到想做的事。

據說蒙特梭利學校培養出來的孩子，創造力都很強，因為他們相當擅長依自己的興趣行動，而不是遵守外界所給的規範。事實上，Google的兩位創辦人，也都是蒙特梭利學校培養出來的。

第二項比較的是「組織生態系統」。**所謂的工業複合體（industrial

表4-1　**Google的經營模式**

	傳統模式	Google模式
①學習場域	陸軍軍官學校型	蒙特梭利學校型
②生態系統	工業複合體	矽谷
③單位	軍隊	團隊
④位相關係	階級制度	扁平且相互連結
⑤關係	主管與部下	對等同儕（peer to peer）
⑥帶人方式	命令	提問
⑦擔負風險	80%以上成功	80%以上失敗
⑧策略擬訂與實踐	擬訂計畫後再付諸實踐	從實驗中學習
⑨組織結構	架構式的（architectural）	演化式的（evolutional）
⑩作戰方式	美式足球	籃球

complex）是指像康比納特（Kombinat）[4]或豐田企業城那樣井然有序的組織。它的價值鏈很完整，可說是個很有紀律的金字塔型近代工業社會式組織。

　　相對於如此有紀律的組織，矽谷則是有著各具特色的企業群，彼此間維持鬆散的關係，並依環境變化，不斷重複離合集散的一種有機式網絡。前者屬於一種機械性的生態系統，而後者則是更像生命體的生態系統。

　　第三項是「組織單位」的比較。施密特說20世紀型的組織是軍隊式的組織，而21世紀型的組織，則是更自律型的團隊。

　　在Google，團隊成員人數約三至四人，如達到五人以上就會拆隊。組織越大，光是要做好內部控制，就需要花費很大的能量，與外部接觸的

---

[4]　指企業集結在同一地區，有效利用同一原料、燃料、工廠設施等，以消除彼此在生產上的浪費，形成地域上、技術上的結合，多用於石化業。

表面積就會變小。反之，組織越小，內部就會有許多不足，因此非得向外發展不可。Google為了將這股向外的能量極大化，才會刻意減少團隊人數。

第四個比較項目是「組織的位相關係」（topology）。20世紀的組織是所謂「由上往下的垂直結構很完整的階級制度型組織」；而**21世紀的組織，則是以「扁平且相互連結」、沒有上下關係的鬆散結構**為目標。

第五個比較項目是「組織內的人際關係」。在21世紀型的經營模式當中，人與人之間要打造的並非「主管與部下」關係，而是建立「對等同儕」（peer to peer）關係，也就是「**從事相同工作的同儕**」關係。

第六項比較的是「帶人方式」。施密特指出，21世紀型的帶人方式，已非20世紀型的「命令」，而是透過令人為之一驚的「**提問**」，讓對方察覺問題所在。

第七個是「擔負風險」方面的比較。施密特說，20世紀型的組織以「80%以上成功」為目標，而**在21世紀，企業必須成為「80%以上失敗」的組織**。「不失敗」這件事，就是企業不做任何挑戰的證據。在21世紀型的組織當中，就是透過建立「讚美失敗，並予以獎勵」的企業文化，以期催生出企業的挑戰精神。

第八項是針對「策略擬訂與實踐」所做的比較。20世紀的卓越企業，是要擬訂縝密的計畫後再付諸實踐，PDCA[5]就是這種行動模式的典型。然而，就算研擬出再周詳的計畫，只要時局一變，計畫便化為泡影。施密特認為21世紀型的經營，應該是「從實驗中學習」。換言之，就是「**先實驗性地執行，再視執行結果，學習後續該如何進行**」的這番順序。

---

[5] PDCA是計畫（Plan）、執行（Do）、檢查（Check）、行動（Act）的縮寫，又稱戴明（Deming）循環或舒華特（Shewhart）循環。

在日本，常會聽到有人說「嘗試錯誤」。然而，一味地失敗而沒有從中學到教訓，就不會有任何進步。「歷經失敗，再看能從失敗中學到多少」──Google人強調的重點，就是「從實驗中學習」。

第九項是「組織結構」方面的比較。若將架構式（architectural）與演化式（evolutional）的對比，想成是空間軸與時間軸的對比，應該就會比較容易理解。20世紀型的經營模式，是有某個終極目標的完成型結構。然而，21世紀型的經營模式，是隨時都在變化、都在進化的，並沒有所謂的完成型。

最後是在「作戰方式」上的比較。如以運動項目為例，20世紀型的經營模式就像美式足球，場上每個人的功能和位置都很明確。相對地，在21世紀型的經營模式當中，有少數成員並沒有固定責任範圍，他們被要求的行動模式是：無論防守或進攻，都要當場思考自己該做什麼。

日本企業應該追求的模式

如上所述，Google模式遠遠凌駕在20世紀型的組織模式之上。以空間軸而言，它所呈現的是「塊莖」（rhizome）結構，而非「樹狀」（tree）；以時間軸而言，它想追求的不是線性的世界，而是以非線性自我組織化的宇宙為目標。這或許是個略偏哲學，甚至是偏生物學的比喻，有興趣更深入了解的讀者，請參閱專欄內容。

其實，這套Google模式非常適合日本企業。因為在日本企業當中，現場執行力遠比經營能力出色許多。

例如豐田等企業力行的三現主義（現場、現物、現實），就是日本式經營的優勢泉源。此外，京瓷（Kyocera）的稻盛和夫（Inamori Kazuo）榮譽董事長所提倡的阿米巴經營，就是將整個企業組織分成名為「阿米

巴」的小團體，以促進企業的自我組織化。眾所周知，這套阿米巴經營，日後成了日本航空（JAL）上演復活大戲的原動力。出現在本書中的第二十名——迅銷，也標榜「全員經營」，由每位第一線的員工擔綱主角，主動參與經營。

以往的歐美企業，採用的是傳統型經營模式；過去日本的傑出企業或中小企業，反而可以說是用了21世紀的Google型組織。

會釀成「日本失落的二十年」這場失敗，不就是因為日本企業紛紛以歐美式的傳統型組織為目標嗎？我在一橋大學研究所的同事楠木建教授曾感嘆「日本最缺乏的就是經營者」。若真是如此，那這個萬事仰賴經營者的企業經營模式，當然無法在競爭中獲勝。

日本應該追求的成長模式，應該是以現場執行力為基軸，同時鍛鍊商業模式建構力與市場開拓力才對。我個人目前正大力倡導這個「X」模式，詳細內容請參閱拙作《「失落二十年裡的勝利組企業」百大企業成功法則——「X」經營的時代》。

而堪稱為X模式典範的企業，正是Google。日本企業應以Google為靈感，再次回歸原點，摸索21世紀型組織的該有的樣貌。

專欄

塊莖型組織與自我組織化的宇宙

在思考Google所追求的21世紀型組織之際，我參考了在20世紀後半，誕生於哲學、生物學及化學世界裡的新思想。

在哲學的世界裡，法國後結構主義的旗手——吉爾·德勒茲（Gilles Deleuze）和菲利克斯·瓜塔里（Félix Guattari）曾提倡「塊莖」型的組織。

　　他們將「永遠而同一」的有機組織典型命名為「樹狀」，充滿「生成異質性」的組織則稱為「塊莖」。他們批判人類思想或企業、國家等社會組織當中抱持超驗的「一」（以樹幹為中心，二元對立發展的樹），呼籲讓沒有中心、異質線條相互交錯、多樣的流變轉換方向，進而向外延展的網狀組織──塊莖得以復權。

　　相對於階層秩序的「樹狀」，「塊莖」是處於不確定狀態下的東西相互橫貫所生成的。而這個塊莖，正是Google認為21世紀型組織在空間軸上該有的樣貌，也是他們追求的目標。

　　另一方面，在生物學的世界當中，斯圖亞特‧考夫曼（Stuart Kauffman）主張，與其說生物系統和有機體的複雜性是來自達爾文的物競天擇說，其實更該說是源於「自我組織化」（創造出具有自律秩序結構的現象）。

　　此外，在1977年榮獲諾貝爾化學獎殊榮的伊利亞‧普里歌金（Ilya Prigogine）倡議「耗散結構」理論（dissipative structure），也就是在開放性的組織裡，能量耗散的過程中會發生自我組織化的現象。

　　經濟學雖較其他領域晚了一步，但「演化經濟學」也提出要從既有的物理學型經濟模式，往生物學型的經濟模式進行典範轉移。演化經濟學是繼承創新學說之父──熊彼得的思想譜系而來，並以考夫曼的「自我組織化」理論、理察‧道金斯（Richard Dawkins）的「自私基因」論等論述為出發點。

　　這種「自我組織化所帶來的進化」（考夫曼），應該可以說是Google在時間軸上所追求的組織樣貌吧。

用來實現 21 世紀型組織的各種機制

為實現 21 世紀型的組織，Google 設有各種各樣的機制，在此謹介紹其中最具代表性的兩項。

⊙ Googleplex

它是 Google 的總部園區，我個人也曾於 2014 年夏天造訪過，是一個充滿玩心的空間。區內設有與 Google 代表色相同的四色單車，員工就騎著它們到處來去。整個園區看起來就像大學校園，是個很歡樂的空間。

在自然科學界當中，因為偶然而有意外發現的「偶然力」（serendipity），被視為是一種創新的泉源而廣受矚目。Google 的基地很高明地演繹出了一個 21 世紀式的空間，讓人彷彿會在此撞見這種「幸福的偶然」。

⊙ Googlet

它是一塊像巨型白板似的畫布，布滿了整面牆，上面寫著許多創意發想和留言。這些創意發想下面都寫著電子郵件信箱，並附註「有興趣的人請洽這裡」，也就是透過「願者上鉤」的方式，招募有意參與該項創意發想的人。

剛才介紹過的「一千朵花」的創意發想，很多都刊登在 Googlet 上。Google 的做法，就是只要有點子，就可以在 Googlet 上招募人手，先籌設一個小規模的專案小組，再逐漸向外擴展。

其他還有多項機制，讓 Google 成了一個重視每位員工創意巧思的組織。

　　有個讓人印象深刻的小故事，是在施密特剛從網威轉到Google任職時發生的，很能傳達Google這家企業的組織特性。

　　施密特進到Google之後，有件事讓他大感困惑──那就是Google的員工都是「自由人」，靠命令是完全叫不動人的。

　　在Google最重要的，就是要讓別人對自己的主張感興趣，進而產生關注。為此，自己**最好先重新回到「為什麼這件事重要」、「我們是想用這件事來達到什麼目標的公司」的原點，同時訴諸對方的感性，進而讓對方一起思考**。這是困惑的施密特最後所找到的結論。他為了讓Google在成為大企業之後，仍能保有自由奔放的文化，才創造出了這套21世紀型的管理模式。

平台商業模式

　　Google在策略上的特色，就蘊涵在它的平台商業模式裡。

　　平台策略論是哈佛商學院的安德烈・哈邱（Andrei Hagiu）副教授所提倡的策略模式。簡而言之，它指的是「將多個競爭者放在同一個場域（平台），以創造出網路外部性（network externality）的一種經營策略」。早期有微軟，最近除了Google以外，亞馬遜、臉書等網路勝利組，也都無一例外地採用了這個策略模式。而在日本，第五章將為各位介紹到的瑞可利，就是運用平台策略的高手。

　　Google搜尋平台的參與者，就是使用搜尋服務的顧客和廣告主。強硬地迫使顧客接受廣告，恐有「為惡」之虞，但與搜尋內容相關的廣告，對搜尋者而言就成了寶貴的資訊，而廣告主也希望向感興趣的顧客投放廣告。「不該向沒興趣的人打廣告」堪稱就是一套Google模式。

不受股東擺布的經營

　　Google在經營模式上的特色之一，在於它所採行的股權機制。Google的股票是採用一種叫做雙層股權制（dual-class stock）的手法，持股比例與表決權比例是分開計算的。

　　請容我更具體地說明這究竟是怎麼回事。

　　Google的三大巨頭合計持有公司25.6%的股份，分別是施密特4.2%、佩吉10.8%、布林10.6%。然而，他們三人所持有的股份，表決權數卻比發行給一般投資人的股份來得高。具體而言，施密特的表決權數是11.3%，佩吉是28.8%，布林則是28.7%，合計共握有68.8%的表決權。因此，Google的經營層得以完全依照自己的想法經營公司，不受股東擺布。

　　儘管有人對這樣的機制做出批判，說「豈不是在藐視一般股東嗎？」但說穿了，如果股東覺得買Google的股票是賠本，那別買就好。這個機制，就是只要讓願意投下「把公司交給這三個人」這張信任票的人來買股。要是真能做到這一點，公司的經營就會變得很強健。

　　我個人認為這是一個非常好的機制，但東證[6]等證券交易所卻對導入這項制度，顯得態度極為保守。2014年瑞可利在日本上市時，也曾想採行這套機制，後來得知無法如願，顯得頗為遺憾。

　　此外，豐田汽車於2015年發行日本史上第一次的「AA型新型股」，引起話題一事，各位應該都還記憶猶新才對。這種股票既採用債券市場上所謂「保本」機制，又是有表決權的股份，這一點實在很獨特。由於它保本，所以配息利率比銀行存款利率來得高，可是另一方面，這種新型股附有五年內禁止轉讓的限制，想爭取的是讓散戶族群長期持有。

6　東京證券交易所。

　　而籌措這筆資金的用途，據說是要用於次世代創新所需的相關研發，包括開發燃料電池車、基礎建設的研究及資訊化，以及高度智慧化移動技術的開發等。

　　說穿了，日本政府急切想導入的近代式企業治理機制，不就是一套已深受美式傳統經營模式毒害的制度嗎？

　　奧林巴斯（Olympus）事件[7]和東芝事件，[8]的確對日本企業的公司治理敲響了一記警鐘。然而，**日本應該要有更多像是豐田式的股權制度——鼓勵投資人投資以長遠眼光、正確經營為目標的企業——，或股東願意全權交由經營團隊做決策的Google型股權模式出現才對。**

Google X 的衝擊

　　Google X是個有別於以往Google搜尋服務的次世代技術開發實驗室。

　　Google X實驗室當中最知名的產品，應該就是Google眼鏡了吧。

　　除此之外還有很多異想天開的專案，例如用熱氣球飛到沒有網路的地方當基地台，讓全世界都能享受網路服務的「熱氣球計畫」（Project Loon）等。

　　「能測血糖的隱形眼鏡」也是備受糖尿病患者期待的專案。罹患糖尿病之後，患者就需要不時抽血測量血糖值。只要用了這種隱形眼鏡，患者

---

[7] 於2011年爆發的奧林巴斯事件，是由於當時的英國籍執行長麥可‧伍德福特（Michael Woodford）調查過去多起併購案後，揭發奧林巴斯作假帳隱匿鉅額損失長達十三年的弊端，導致董事長等高層下台、股票下市。

[8] 2015年東芝爆發假帳疑雲，經第三方調查委員會調查後，發現東芝過去七年浮報稅前淨利高達2,248億日圓（約新台幣630億），包含董事長在內的八名高層隨即下台，甚至還牽扯出未認列收購西屋公司所造成的鉅額損失。

就可以隨時掌握自己的血糖高低，還能省去抽血的麻煩。

　　Google汽車也是Google X實驗室裡相當有名的專案。Google汽車無人駕駛，換言之就是一輛完全自動駕駛的汽車。相較於豐田等日本汽車大廠以有人駕駛為前提，期能開發出一套駕駛輔助系統的目標，Google積極投入無人駕駛車的開發，堪稱更為創新。

　　Google將Google X定義為三個圓的重疊（圖4-5）。

　　第一個圓是「Huge Problem」，也就是「**大問題＝社會的本質性問題**」。

　　第二個圓是「Radical Solution」，換言之，就是要提出「**極為嶄新的根本解決之道**」，而非想當然耳的解決方式。

圖4-5　Google X

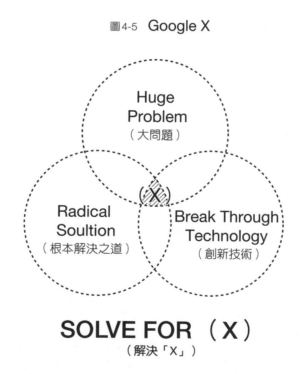

資料來源：we.solveforx.com

第三個圓是Google的特色——「Break Through Technology」，換句話說就是「以創新技術來解決問題」。

做出這個界定之後，能納入「X」候選名單的事項就不是那麼多了。社會上的「大問題」雖然堆積如山，但多半沒有根本解決之道，如此一來就能篩選掉很多可能的選項。或是有解決之道，但它能解決的問題往往不夠龐大。再加上必須要挑戰的是高技術門檻的領域，入選X的對象當然就會很有限。

在千挑萬選之後，Google X選擇著手發展的，就是像前面所介紹過的這些專案，個個都是很有挑戰性的一時之選。

⊙認真面對本質性的問題

我曾有機會在Google總公司裡，訪問一位Google汽車開發團隊的成員。當我問到她為什麼會投入自動駕駛的領域時，她說因為昔日她的男朋友在車禍中喪生了。

「人會犯錯，但開車卻又絕不容許出錯。為此，我一定要讓自動駕駛成真」她很堅定地說。

帶領Google X的是創辦人之一的布林。這位團隊成員也告訴我，布林常對Google X團隊說「你們不必考慮能不能變現（monetize）」。

既然是作生意，就不能一直投資不會獲利的事。然而，據說這個團隊還被特別提醒「一旦被錢束縛，格局就小了，所以不用考慮錢的事」。想必這是因為Google很確信一件事，那就是：「只要能用全新的型態，解決世界上本質性的問題（Huge Problem），總有一天會帶來財富。」

這些Google X的專案，就是從「80:20法則」當中應運而生的。**從20%當中應運而生的事物，在正式成立專案之後，當然就成了屬於80%**

的本業。如此一來，Google就會再找別的20%來努力，以期能源源不絕地創新。

Google Y 開創的未來城市

2014年，Google又展開了一項名為Google Y的新嘗試。Google X是由布林所創辦的實驗室，而Google Y則是由另一位創辦人佩吉所啟動的計畫。

⊙從虛擬進化到真實

在成立Google Y之前，佩吉就已開始推行「共同思考Google2.0」的運動。既往的Google1.0，基本上做的是廣告事業，以實踐「組織全世界的資訊，讓全球都能使用並有所裨益」。

然而，Google的抱負，已開始從虛擬世界大大地擴展到了真實世界。Google大力支持Google X，或可說是這個變化的一大象徵。而在Google Y實驗室，則是想果敢地**重新建構城市中的社會基礎建設**。

Google想跨出以往耕耘的虛擬世界，帶給真實世界一些震撼——此舉正是在驅策Google從1.0進化（軸轉）到2.0。

在思考過都市問題之後，Google就先收購了城市引擎（Urban Engines）。城市引擎是一家打造了巴西和新加坡等國城市交通系統的公司。它們所開發的系統，特色是當駕駛人在道路壅塞時選擇不開車上路，就能得到系統提供的點數。

一般思維會考慮「引導這些車輛開到不壅塞的路段去」，但車輛湧至會讓原本不壅塞的路段也立刻塞車。追根究柢，其實設法讓駕駛人不上路，以減少車流量，才是更有效的方法。

豐田等日本車廠也在印尼和泰國提出了一些解決壅塞的方案，但應該都沒有考慮過「用點數來改變人的行動」這麼遊戲式的發想。

用資訊來引導真實世界的發展方向——這就是Google Y的特色。與其說是一種技術，這種思維更堪稱是一種著眼於人類心理的管理模式。

⊙滑向冰球要去的方向

在Google的三大巨頭當中，主導Google Y的佩吉其實一直扮演著陳述Google未來的發言人角色。

面對「為什麼一般的創新都很難成功？」這個提問，佩吉的回答是「因為他們沒有洞察未來趨勢，並朝那個方向布局」。

他的這番發言，竟與賈伯斯的思維不謀而合。賈伯斯最喜歡的一句話當中，有一句是「滑向冰球將要到達的地方」（Skate where the puck will be）。

這是被譽為冰上曲棍球之神的天才選手——韋恩・格雷茨基（Wayne Gretzky）的名言。一般選手都會找出隊友或敵軍可能會衝過去的無人陣地，並往該方向移動。而格雷茨基的行動，則是看到了更遠的一步。因此，他會往常人無法想像的方向跑去。洞察冰球下一個要去的地方，並往該處滑去，這就是天才格雷茨基的冰上曲棍球哲學。賈伯斯引用了格雷茨基的這句名言，闡述「要隨時洞察世人關注的方向」。

而佩吉所說的那番話，意旨幾乎可說是與這句名言相同。他表示「未來的大方向是可以預測的。在這當中，會有本質性的問題，而我們需要傾全力來解決它」。

佩吉還主動提到「不能只有解決問題，還要打造出沒問題的未來」。城市引擎以改變人的行動，甚至是連壅塞都不再發生為目標。若能從人的角度切入，設法改變人們的行動，應該就可以創造未來。這正是化未來為

現實的一套Google式發想。

邁向Google 3.0的創造性破壞

　　2015年8月，Google宣布要進行大規模的組織重整。內容包括要設立「字母」這家控股公司，除了將元老事業體Google納入麾下之外，甚至還收編了Google X等事業。

　　佩吉曾就Alphabet（字母）的意思做出說明，是以在投資術語中代表超額報酬的「Alpha」，以及代表賭博的「bet」結合而成。此外，這個命名還讓人感受到一個隱藏的企圖（或者該說是妙趣？）——以英文字母排列公司名稱時，字母（Alphabet）會比亞馬遜（Amazon）或蘋果（Apple）排得更前面。

　　比這個文字遊戲更重要的是，此舉宣示了Google將跳脫過去一路帶動Google事業成長的網路世界。Google X和Google Y，目標顯然都是想為真實世界帶來巨大震撼。接下來，字母公司應該會大幅地改寫「組織全世界的資訊，讓全球都能使用並有所裨益」這個堪稱Google原點的企業理念吧。

　　哈佛商學院的克里斯汀生教授已經證實了一個現象，那就是以創新而成為時代霸主的企業，將會被次世代的挑戰者瞬間擊倒。這套被稱為「創新的兩難」的理論，接連吞噬了一家又一家的龍頭企業。

　　就連曾經盛極一時的微軟也不例外。施密特和Google的兩位創辦人曾親眼目睹微軟凋零的慘況，想必他們是因此而更加確信：要不畏自我破壞，把一隻腳大大地跨出去（軸轉），才是逃脫「創新的兩難」的唯一生路。

　　Google邁向Google 3.0的這場進化大戲，才剛剛揭開序幕而已。

未列入評比，相當於第二名

阿里巴巴

　　阿里巴巴和蘋果、Google一樣，都是IT業界的龍頭企業。這次它雖然沒有列入評比，但實質上可視為是唯一擠進百大榜單的中國企業。

　　阿里巴巴於2014年9月在紐約證券交易所掛牌上市。就在上市前的8月，我曾走訪過阿里巴巴。那個強烈散發著與Google較勁氛圍的總部，讓我彷彿誤闖進了矽谷的一隅。

中國的領導企業

　　在中國，阿里巴巴被認為是最會創新的企業。2013年，在一份中國國內所做的創新企業排行榜當中，它是中國企業的第一名。附帶一提，中國企業的第二名是由通訊設備的華為技術奪得，第三名則是IT企業的騰訊。

　　阿里巴巴集團的生態圈擴張得很廣。自1999年創立以來，它最大的事業都是企業間的電子商務。中國是個擁有眾多中小企業的國家，但以往卻沒有企業來讓這些中小企業之間的交易可以互通有無。因此，阿里巴巴在草創之初，就扮演起了類似商社般的仲介角色，並以B2B（Business to Business，企業對企業）企業之姿日益壯大。

　　後來，阿里巴巴又發展了有別於B2B的電子商務服務──淘寶網和天貓。

　　淘寶網做的是C2C（消費者對消費者），也就是個人對個人的交易。它和eBay一樣，是讓大家流通物品的平台。平台上的商品價格雖然划

算，但據說「收到實際商品之後大吃一驚」的案例也屢見不鮮。

　　另一方面，天貓則是一個更經琢磨的B2C（企業對消費者）購物中心。它本身並不進貨，只「出借場地」，比起亞馬遜，它的事業型態其實更接近樂天。隨著中國消費者的GDP上升，大大地活絡了天貓這個事業。

驚人的單日銷售額

　　中國的電子商務交易量，已經超越了美國。

　　圖4-6代表的是某一天在電子商務平台的交易總金額。左邊的長條是中國11月11日的單日銷售額，右邊則是美國11月最後一個星期一〔感恩節休假後的週一，被稱為網路星期一（Cyber Monday）〕的單日銷售額，兩者都是每年電子商務交易量爆增最多的日子。

圖4-6 「光棍節」單日銷售額

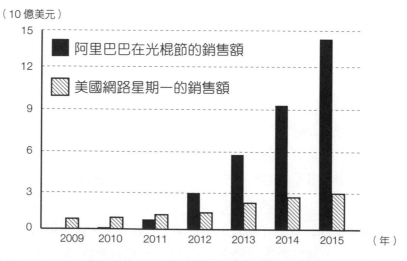

（10億美元）

■ 阿里巴巴在光棍節的銷售額

▨ 美國網路星期一的銷售額

資料來源：阿里巴巴、摩登系（Bomoda）、奧多比（Adobe）

11月11日因為是四個一並列，所以阿里巴巴將這一天命名為「光棍節」。它是帶著一種情緒的紀念日，鼓吹「雖然大家都是寂寞的單身一族，但今天就在網路上大肆熱鬧一下吧！」

2015年，阿里巴巴在這一天的成交金額高達1.7兆日圓（約新台幣4,658億）以上。這個金額，已經超越了日本最大的百貨公司──三越伊勢丹全年的營收。

附帶一提，這一年的光棍節，在天貓上銷售金額奪冠的是小米（中國的智慧型手機大廠），第二名是華為（中國的通訊設備製造商），第三名是蘇寧（中國的家電零售連鎖通路），緊接著是由優衣庫攻佔第四名。優衣庫光是這一天，透過阿里巴巴所成交的銷售金額，就達到120億日圓（約新台幣32.8億）以上。

這場購物狂歡節活動的出貨物流會一路忙到聖誕節，可見它已成為一個擁有無比威力的商業活動。

與亞馬遜在本質上的差異

打造出這個威力無比的商業活動的人，是阿里巴巴的統帥馬雲。他原本是一位高中英文老師，出身於中國的杭州市，也就是阿里巴巴總公司的所在地，據說以前還曾在家鄉的觀光景點打工，擔任外國人的口譯。

馬雲人生最大的轉機，就是他結識了雅虎（Yahoo）的創辦人楊致遠。楊致遠是美籍華人，馬雲當年擔任他到訪中國時的口譯。這個契機讓馬雲發現了網際網路的奧妙之處，後來決定單身前往美國。

這段期間，馬雲注意到了電子商務的發展。剛好在同一時期，亞馬遜將現有流通網絡的效率之差視為商機，以攻擊手之姿登場入市。而另一方面，中國當時的狀況是流通網絡根本還沒有建置完成，越到鄉下越買不到

東西。

　　因此後來馬雲曾經說過「**當時我認為，必須懷抱著和以前美國蓋高速公路時同樣的心情，開創出嶄新的流通之道**」。他還說「阿里巴巴和亞馬遜不同，我們是在空地上打造出新的社會基礎建設」。

馬雲的野心

　　馬雲也經常強調「我不是為了賺大錢而做事」。

　　他還說過「我並不想討人喜歡，而是想受人尊敬」、「**社會問題才是偉大企業該關注的**」。

　　馬雲本人看到了「中國沒有現代化的流通網絡」這個社會問題，因而創辦了阿里巴巴。之後，他又關注到兩個社會問題。

　　一個是支付寶這項**付款機制**。支付寶現今已在中國國內的線上付款服務業界拿下了過半數的市佔率，是最為人所知的付款機制。

　　以往在中國，信用卡很不普及，除了現金之外，沒有其他付款機制，民眾對此深感困擾。馬雲關注到了這件事。

　　而現在，阿里巴巴最致力發展的就是**物流網路**。中國並沒有像日本的黑貓宅急便或佐川急便這樣的配送服務。阿里巴巴要在中國各地新建立起這樣的服務，是一件規模相當可觀的大事。

　　於是，阿里巴巴就成了一家**打造商流、金流、物流這三大社會基礎建設的企業**。它們操作的規模和速度，就連日本的商社也自嘆弗如。

　　阿里巴巴擁有一個很強烈的目的意識（Purpose），那就是要將中國一舉推向現代化國家。而這套模式不僅要在中國成功，還要推展到印尼、越南，甚至印度，這才是馬雲真正的野心。

喚醒儒家精神

有人取企業名稱的字首，組成了「BAT」這個字，用來稱呼包括阿里巴巴在內的中國頂尖IT企業群。B是中國最大的搜尋引擎百度。Google如今已被完全逐出中國，百度才是搜尋引擎的龍頭。而A指的是阿里巴巴，最後的T所代表的則是騰訊。騰訊提供「微信」這項服務，猶如中國版的Line。

不管是百度的董座或是騰訊的主席，甚至可說是許多中國新創企業的負責人，幾乎都不曾就社會目的發表言論。

我個人一直以來都在透過各種不同研習活動的機會，向這些中國的經理人傳達「創造共享價值」的概念，更特別與長江商學院合作，舉辦中日CEO圓桌會議，以及以中國大企業或新創企業經營者為對象的講習活動，闡述CSV。

當我談到「能兼顧經濟價值與社會價值的CSV，是全球的一大潮流」之際，新創企業的聽眾們總是會齊聲抨擊說：「我們光是要好好創造出經濟價值，就已經焦頭爛額了」、「提高社會價值是政府該做的事吧」。他們會有這樣的反應，是因為**「企業只要賺錢繳稅就好，社會的事全都是政府該做的」**這種陳舊的經營模式，對中國的經營者而言仍是一種常識。

當我反問他們：「日本人從各位的國家學了孔子的教誨，難道各位自己都把儒家的精神給忘了嗎？」的時候，他們便回答：「我們沒受過那種教育。」無論從正面或從負面解讀，這都只是代表了中國正往「追求收益極大化」的純粹資本主義勇往直前。

然而，最近當我提到「這是馬雲說的」之際，聽眾們的反應就會出現很大的變化。附帶一提，馬雲曾於2006年上過長江商學院的CEO班。

當我再更深入闡述創造共享價值的概念之後，這些大企業的經營者，

以及懷抱遠大抱負的新創公司創業家們，開始陸續出現「既然是個企業，就還是應該要以具有社會價值的事物為目標」的意見。即使如此，**像馬雲這樣懷抱著強烈社會目的意識的經營者，在中國還是極為少見**，難怪馬雲會是稻盛和夫的崇拜者。

抓住年輕人心理的企業存在意義

我在2014年造訪阿里巴巴之際，有件事情讓我印象非常深刻。當時馬雲為了隔天即將發表收購足球隊的事而不在總公司，所以和我對談的，是幾位三十多歲的經營主管。他們都異口同聲地說「阿里巴巴是個有社會使命的公司」。

有位自稱「曾一度辭去阿里巴巴的工作，跑到矽谷去，但後來又回到了阿里巴巴」的中國籍年輕幹部說：「在矽谷大家談的都是怎麼發財，我厭惡這樣的環境，所以又回來了。在這裡，我可以為中國做出重大的貢獻。」

對於自己在阿里巴巴工作這件事，他們每個人似乎都感到一份身為中國人的驕傲。這群年輕的幹部，渾身散發著一股「我們要打造國家的基礎建設」的熱血幹勁，那副模樣宛如年輕時的澀澤榮一[9]和松下幸之助。[10]

9　澀澤榮一（1840-1931）在大政奉還後，進入明治維新時期的大藏省（財政部）任職，參與訂定銀行設制的法源——國立銀行條例，並輔導設立全日本第一家銀行「第一國立銀行」。卸下政府官職後，他還曾參與東京瓦斯、王子製紙、帝國飯店、東京證交所、麒麟啤酒等眾多公司的設立，總數據說達五百家之多。澀澤榮一與明治時期崛起的幾家大財團創辦人最大的不同，就是一生秉持「追求公益，不圖私利」的精神，為國奉獻。後人將他譽為「日本資本主義之父」。

知名心理學者馬斯洛所提出的理論當中，有一套「需求層次論」。第一層是牽涉到生存問題的、本能的「生理需求」，第二層是「安全需求」，第三層是感受到有家人、有朋友愛的「歸屬需求」，第四層則是受人尊敬的「自尊需求」，而最高的第五層就是「自我實現需求」。美國新創公司的創業家們，也都懷有很強烈的「自我實現需求」。

然而，這種自我實現真的是人類至高無上的需求嗎？這樣會不會顯得太過利己了一點？

事實上，包括日本在內的亞洲各國經營者當中，有不少人都相信人類有一種「凌駕在自我實現之上，追求愛鄰如己、民胞物與、為世上貢獻己力等利他的需求」。其中最具代表性的，就是將小額信貸機制推廣到全世界的格萊珉集團（Grameen Group）創辦人穆罕默德‧尤努斯（Muhammad Yunus）博士。

其實，馬洛斯在晚年也把「自我超越的需求」定義為第六層需求。

許多中國年輕人都夢想著要實現自我以致富。然而，阿里巴巴這群三十多歲的年輕主管們，卻是已對社會性有所覺醒的群體。實際上，在歐美也有越來越多的年輕人選擇以非政府組織或非營利組織為他們的職場。

阿里巴巴這家企業，從創辦人馬雲到年輕一輩的主管們，都共同懷抱著遠大的使命感（Purpose）。為了達成這份社會使命，他們不侷限於網路世界，更跨出一步（Pivot）到真實世界，推動21世紀型社會基礎建設的建置。

---

10 日本知名企業家、Panasonic 的創辦人，被日本人譽為「經營之神」。當初創立 National 這個品牌時，松下幸之助對它的期盼，是要提供「深受國民喜愛，為國民著想的商品」。晚年他為了培育治國人才，以私人財產設立「松下政經塾」。

2 | 邊境的健康照護領導者

　　緊接在IT企業群之後要談的，是健康照護企業群。

　　依進榜企業的業種別分布圖（請參照圖2-1）來看，健康照護企業群的合計佔比是15%，是榜上的第三大群體。

　　榜上這些藥品企業的特色，在於名列前茅者都不是綜合性的製藥企業。

　　本章挑選出其中最典型的企業——梯瓦與諾和諾德，來為各位介紹。

Teva Pharmaceutical
Novo Nordisk

凌駕綜合大藥廠的新興勢力
排名第六名

梯瓦

　　梯瓦是學名藥（也就是非專利藥）的全球龍頭大廠，是一家現正迅速成長的企業。它的總公司位在以色列，我個人也曾於2012年造訪過，是一家相當現代化的企業。

學名藥的龍頭

　　梯瓦主要的事業是在生產學名藥，也就是原廠專利權已期滿的藥品。換言之，它們的產品是非專利藥。

　　或許大家對學名藥會有一種品質粗劣的印象，其實並非如此。**它的功效與過去所用的原廠藥相同，但更聚焦在如何用更低的價錢生產**。這就是聰明精省的典型。

　　學名藥並不因為它是模仿專利權已期滿的商品，就沒了價值，**它創造了一種極為重要的社會價值——把以往價格一直高不可攀的藥變得越來越便宜，就可以讓更多需要的人盡情使用**。

　　觀察全球學名藥市場從2008年到2015年之間的變化（圖4-7），會發現在這七年期間，共有三波高峰。

　　第一波是**先進國家的需求成長**。隨著高齡化的發展，各國在社會保障上的支出越滾越大。如何鼓勵用藥選擇轉往只需將近原廠藥五成價格的學名藥，以撙節社會保障支出，已成為不可忽視的國家課題。

　　舉例而言，日本目前的學名藥普及率約為60%，和已達90%的歐美等先進國家相比，還處於低水準的狀態。根據日本厚生勞動省的試算，學

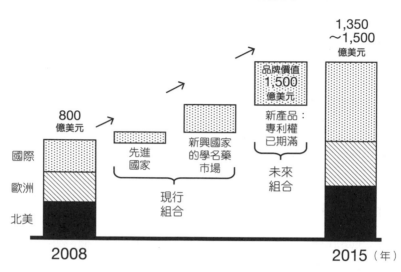

圖4-7 日益升高的學名藥需求

資料來源：巴黎銀行證券部（Exane BNP Paribas）、寰宇藥品資料管理公司（IMS）、Espicom、Teva estimates

名藥在日本的普及率若能於2020年底前達到80%以上，每年醫藥費的撙節效果可高達1.3兆日圓（約新台幣3,562億）。

　　在日本，日醫工（Nichi-Iko Pharmaceutical Company）[11]與澤井製藥（Sawai Pharmaceutical Co., Ltd）[12]是學名藥市場當中的兩大鉅子。而梯瓦在收購了大洋藥品（Taiyo）等同業之後，目前佔居第三。梯瓦又於2015年12月宣布與武田藥品合作[13]等，積極為日後的成長加速布局。

---

[11] 創立於1965年，總公司位在富山縣，原名日本醫藥品工業股份有限公司，2005年更名至今，現為東京證券交易所第一部的上市公司。
[12] 創立於1948年，總公司位在大阪，前身是一家藥局，現為東京證券交易所第一部的上市公司。

　　第二波高峰則是**學名藥市場在新興國家的成長**。根據預估，新興國家的藥品市場當中，有80%的成長都來自於學名藥，而在上述的七年期間，學名藥市場預估也將呈現近乎雙倍的成長。

　　除了金磚四國之外，梯瓦還聚焦在墨西哥、阿根廷、印尼等國，積極在市場上建立自己的地位。2015年10月，梯瓦更宣布收購墨西哥的學名藥大廠。

　　第三波高峰則是**專利權期限即將屆滿的產品群**。哪些藥品的專利權期限即將屆滿，都是非常明確的。藥廠可藉由爭取將這些期滿原廠藥產製成學名藥，來延續候選藥物開發、試驗的進行，以期讓自己獲得持續性的成長。梯瓦甚至還自行投入新藥開發領域，以厚植未來在候選藥物方面的實力。

　　在全球的學名藥市場當中，梯瓦以18%的市佔率領先群雄。2015年7月，梯瓦又宣布將以約5兆日圓（約新台幣1.37兆）的金額，收購美國製藥鉅子愛力根藥廠（Allergan）旗下的學名藥事業，更讓第二名以下的各大藥廠瞠乎其後。

梯瓦成長動能的泉源

　　梯瓦成長背後，有著五大驅動因子（driver）。

　　首先第一個因子是「**梯瓦是很聚焦的企業，而非大型複合企業**」。

---

[13] 梯瓦母公司在2011年收購大洋藥品之後，將它與原本旗下的興和梯瓦整併，在日本設立了梯瓦製藥。後來又於2016年將梯瓦製藥49％的股權出讓給武田藥品工業，並於同年10月更名為武田梯瓦藥品（Teva Takeda Pharma）。文中提到在日本營收規模佔居第三名的，是梯瓦製藥。

　　這一點和輝瑞（Pfizer）或諾華（Novartis）等全球首屈一指的製藥大廠很不一樣。而這不僅是梯瓦，更是在這份百大金榜上名列前茅的企業共通的特色。它們都不像那些所謂的「綜合○○企業」，只追求擴張廣度，而是聚焦在特定市場上，藉由徹底深耕，親手創造出自己的成長機會。

　　第二個驅動因子是「**既國際又在地**」（**全球在地化**）。

　　以色列是個在地緣政治學上處境相當尷尬的國家。它與美國關係友好，但與美國敵對的俄羅斯，以及土耳其和印尼等伊斯蘭教的新興國家，對它的重要性也與日俱增。

　　誠如後面段落所述，梯瓦一方面在研發上用以色列的節能系統為著力點，另一方面又在各國市場上收購學名藥大廠，並藉以確立它在以色列當地的存在感。梯瓦應該可以說是很本能注意地緣政治問題，並同時深思跨國事業拓展及在地深耕的一家企業。

　　第三個驅動因子是「**成本領導策略**」。

　　梯瓦擁有徹底壓低成本的機制，但要做到這一點，關鍵在於「材料要從何處採購」。以色列和日本一樣，都是加工貿易國，因此梯瓦不能從國內採購原料，而是要從價格低廉的地方採購，賦予這些原料極高的附加價值之後，再轉手賣出。儼然就像是個完全承襲日本過往商業模式的公司。

　　決定成本競爭力強弱的是「規模經濟」。若想靠以量制價的方式來採購低價的材料，再以薄利多銷的型態銷售商品，那麼搶下全球市佔率第一的規模，就成了不可或缺的要件。透過併購（M&A）將全球各地市場變為自己囊中之物的梯瓦，發動了一連串銳不可擋的進擊，與容易凡事都想靠一己之力的日本企業，呈現出明顯的區隔。

　　就這樣，梯瓦巧妙地結合了日本型的加工模式，以及歐美型的併購，鍛鍊出全球首屈一指的成本競爭力。

　　第四個驅動因子是「**與學術性研究機構之間的密切關係**」。

　　我當年到以色列去，是為了出席由該國四所大學商學院和理學院所主辦的企業管理碩士班（MBA）學生的商業模式競賽。這些學校幾乎都和梯瓦有關。

　　例如有以色列麻省理工學院（MIT）之稱的以色列理工學院（Technion），就有大批教授和學生進入梯瓦，建立了非常穩固的產學合作體制。梯瓦與以色列理工學院共同合作，成功開發出對付帕金森氏症的新藥，就是其中一個案例。

　　最後的第五個因子，是**「藥局主導的進入市場策略」**（Go-to-Market strategy）。

　　醫師不會幫忙推薦學名藥，但到了藥局，藥局人員就會說「另有與醫師處方成分相同的學名藥，要不要考慮看看？」來向顧客推薦學名藥。因此從這層涵義上來看，學名藥是屬於「藥局主導」的市場。

　　製藥大廠會向醫師推銷。頂著醫藥行銷師（Medical Representatives）頭銜的業務代表，每天都會跑到醫院去向醫師推銷自家產品。

　　然而，隨著全球醫藥分業的發展，藥局也開始掌握了話語權。當製藥大廠越是努力向醫師推銷之際，只要能設法切入藥局，讓藥師們開口說出「我們還有其他藥品，成分和醫師處方的原廠藥完全相同，而且價格更親民」，那就贏了。而梯瓦在銷售策略上的一大特色，**就是把以往藥廠不屑一顧的藥局，當成新的通路，並且善加運用。**

新創王國以色列的老牌企業

　　梯瓦是以色列極具代表性的超級傑出企業。除此之外，以色列也還有許多以技術力為競爭武器的潛力新創企業。

全球第一個開發出膠囊型內視鏡的吉門影像（Given Imaging），就是其中的一個例子。膠囊內視鏡的大小，約莫等同於一般的藥錠。由於它沒有管線，因此只要配水吞服，就能放入體內。膠囊內裝有小型攝影機、小型光源和無線電發報機，拍攝到的影像可從體內傳輸到體外的影像紀錄設備上，再透過影像診斷軟體判讀，進而發現病灶。

當初開發這項產品的契機，是有一位以色列籍醫師找了吉門的光學專業技師商討此事，才在歷經長達十年的開發期之後，終於成功讓膠囊內視鏡實用化。這是「跨領域結合」醫學、藥學、光學、機器人、通訊等多種領域的智慧，所催生出來的一項創新。

還有一家是做感測器的企業Mobileye，近來也備受矚目。它的總公司位於荷蘭，但在以色列的耶路撒冷設有研究所。這家公司的產品，是解析度高、具辨識力的感測器，產品品質據說比索尼的電荷耦合元件（CCD）感測器還要好。在現今各家車廠紛紛發展先進駕駛輔助，甚至在自動駕駛領域推動技術革新之際，幾乎每家車廠都在用Mobileye的技術。

為什麼這家公司能做出如此「卓越的產品」？背後的原因就在於戰鬥機的技術開發。Mobileye把原本用於激烈交戰時，能在黑暗中找出敵軍的攻擊技術，運用到汽車上。

前面提過以色列的產學合作，但其實**以色列真正的強項，是「產學軍」的合作。**以色列人在第二次世界大戰後，歷經了多達五次的大規模戰役，多年來致力於開發軍事用途的卓越技術，甚至將GDP的5%以上都投注於國防費用，催生了許多最先進的技術。將這些**原本是為軍事用而開發出來的卓越技術，透過民間業者的力量推廣到全世界。這種模式，堪稱是以色列最擅於操作的勝利方程式。**

創新中心以色列

以色列在地緣政治學上是個「邊陲之地」，但**正因為地處邊陲，所以有著放眼世界的國家戰略，是個很強韌的國家**。就像瑞士孕育出雀巢等跨國企業一樣，以色列的傑出企業，更是隨時都在追求跨國成長。

以色列與新加坡也有幾個共通點。例如兩者都才建國不到七十年（以色列是1948建國，新加坡則於1965年獨立），也都是人工打造出來的國家。新加坡由華僑掌權，以色列則是猶太人主導；華僑很愛賺錢發財，但大家都說猶太人更會賺錢。

日本有句諺語說「武士雖窮不改其志」，[14] 但光憑武士道無法期待在行商買賣上百花齊放。妥善搭配運用日本人和猶太人的智慧，不就有機會兼顧代表著遠大抱負與不屈精神等「質」的高度（Q型），以及把握變化良機、躍上世界龍頭的「機」的敏捷度（O型），朝著持續成長（G型）的目標邁進了嗎？

舉例來說，日本的原廠藥藥廠或許可以和梯瓦攜手合作，建立雙贏的關係。昔日興和與梯瓦合作，籌設了「興和梯瓦」，但興和在三年後就解除了彼此的合資關係。

最近武田藥品和梯瓦聯手，開始在日本拓展帕金森氏症治療藥物的銷路。2015年12月，武田還宣布兩家公司即將共同成立銷售學名藥的合資公司。然而，這些舉動都只不過是著眼於日本市場的合作。

專利藥廠與梯瓦聯手，在專利權期限即將屆滿前，就在全球擴大銷售同款學名藥，不就能藉此為兩家藥廠創造出龐大的商機嗎？

---

[14] 武士は食わねど高楊枝。原意是指武士就算是貧窮至極，三餐不繼，仍要用牙籤剔牙，假裝飽食終日，不能呈現出窮愁潦倒的一面，以維護武士品格。

　　將與原廠藥完全相同的產品，以學名藥的型態推出到市面上，這種操作模式稱為授權學名藥（authorized generic drugs）。它指的是專利藥廠在新藥專利保護期屆滿前，就將專利的使用權提供給學名藥廠，讓得到使用權的學名藥廠產品，能比其他同業更搶先上市，藉此擴大市場，確保該款學名藥市佔率的一種商業模式。

　　與梯瓦合作，的確不免會有「乞丐趕廟公」的風險。但與其像武田藥品這樣，透過子公司一點一點地賣出授權，不如與全球學名藥廠龍頭聯手合作，藉此在全世界的藥品市場大戰一場，豈不是更好？

　　2008年，日本的第一三共（Daiichi Sankyo）[15]斥資約5,000億日圓，收購印度的學名藥大廠蘭貝克賽（Ranbaxy Laboratories Ltd），一時蔚為話題。然而，後來蘭貝克賽卻因為產品品質問題曝光而一蹶不振，第一三共遂於2014年將它脫手，在經營策略上也由新藥和學名藥並行發展的混合策略，重新走回主攻新藥的老路。

　　看來不擅併購的日本企業，想憑藉這個方式來建立雙贏局面，難度還是太高了一些。然而，與其在印度或中國自行生產低價產品，還不如**與巧妙運用全球資源的以色列企業合作，或許才是實現質優價廉——也就是「聰明精省」策略的捷徑。**

　　這套說法不僅適用於製藥產業，汽車產業和電子產業也都適用。若能藉由與梯瓦這樣的以色列市場先驅合作，深入這個用以色列當起點的跨國創新集散地，日本企業應該也能朝全球性大幅成長更向前邁進吧。

---

[15] 日本國內排名前段班的製藥大廠，是東京證券交易所第一部的上市公司。

胰島素業界的巨人
排名第八名

諾和諾德

第八名的諾和諾德是一家丹麥公司，雖然也跨足成長激素及血友病的相關領域，但基本上還是一家**主攻糖尿病治療用胰島素的製藥公司**。

爆炸性增加的糖尿病患者

諾和諾德能靠著在胰島素領域的專業，成為如此龐大的企業，背後有幾個原因。

其中一個原因，就是它主攻糖尿病領域。以往應該是屬於先進國家常見疾病的糖尿病，在新興國家的患者人數也以驚人之勢飛快增長。據推估，中國約有九千六百萬人、印度約有六千六百萬人是糖尿病患者，而且人數還在向上攀升。

當國民的飲食習慣轉為先進國家型之後，糖尿病患者的人數就必然會增長，是一種難對付的疾病。而且一旦開始使用糖尿病的治療藥物——胰島素，就必須長期持續使用。就這個角度來說，**市場本身的急速成長，其實就是推升諾和諾德成長的力道**。

全球的糖尿病治療相關產品市場，每年都成長將近10%。而在這個市場當中，諾和諾德已成為全球市場的領導者。日本的武田製藥在糖尿病市場上也曾一度表現亮眼，但隨著新藥專利權到期，武田製藥也迅速地失去了在這個領域打下的半壁江山。

諾和諾德能成為糖尿病治療相關用藥的龍頭企業，還有一個不容忽視

的原因,那就是它的丹麥企業背景。糖尿病可分為先天性的一型,和後天嗜吃美食卻不運動的人會罹患的二型。在北歐以先天性的一型患者居多,因此很多人還會說「糖尿病是北歐病」。

諾和諾德置身在一個胰島素不可或缺的國度裡,持續堅守胰島素領域。讓患者不再使用過去那種又痛又麻煩的胰島素注射,而是不斷地開發出更無痛、使用更簡便的胰島素產品,就是諾和諾德成功的原動力。

由產品模式轉為照護模式

諾和諾德昔日曾是一家致力於胰島素製造、販售的公司,但後來進化成為以糖尿病照護為主軸的企業。

歐美等先進國家若無法降低糖尿病患者人數,政府的醫療支出將會日益膨脹,總有一天會拖垮財政。而日本也不例外,醫療支出問題最嚴重的,就是容易慢性化且引起併發症的糖尿病。

諾和諾德是一家靠胰島素賺錢的公司,所以應該會很希望糖尿病患者增加才對。然而,它卻以減少糖尿病患者人數,並改善患者生活品質為目標,提供包括從治療(cure)到照護(care)的機制。

在一家販售治療藥物的製藥公司裡,通常再怎麼樣都想不到,照護竟會成為它的一項事業。然而,作為一個全方位的糖尿病治療專家,諾和諾德主動向醫療體系提出解決方案,並提供相關的協助。

觀察醫藥行銷師所做的事,也能看出諾和諾德與其他藥廠的銷售手法有何不同。一般而言,醫藥行銷師會說明胰島素的注射方式,或解釋自家產品與競品的功效有什麼差異,藉以推銷產品。然而,諾和諾德的醫藥行銷師卻是提出一套全方位的照護方案,包括糖尿病患者的聯絡網,以及患者的戰勝糖尿病計畫等。

　　糖尿病治療需要控制飲食、運動，甚至是心理照護等生活各方面的協助。想改變一個人的生活習慣，甚至是他的意識和價值觀，需要長年累月的陪伴介入。因此，治療糖尿病的優秀醫師，人品也都非常好。

　　就糖尿病這個部分而言，諾和諾德從未罹病（罹患糖尿病之前）到治療，都能全面性且持續地陪伴病患——這就是成功「由產品模式進化到照護模式」的諾和諾德所用的商業模式。

⊙對糖尿病的堅持與深耕

　　像武田藥品、諾華及嬌生這樣的綜合企業集團，旗下有各式各樣的事業體，因此容易流於「這個賣不好，再賣其他產品就好」的心態。例如武田藥品在糖尿病藥物的專利權到期之後，便決定「下一個來做癌症」，把觸角伸向了其他疾病的治療。

　　諾和諾德能發展成如此龐大的企業，固然是因為它處於糖尿病這個成長市場當中，但其他同業所面對的條件也一樣。**不同的是，唯獨諾和諾德堅守糖尿病治療領域，還更進一步將它深耕發展成全方位照護事業，並持續進化至今。**

在中國、印度是「創造共享價值」的先驅企業

　　在中國，目前糖尿病患者約有一億人，而且還以年增率20%的幅度持續增加。其中有70%者並未接受檢查，甚至每十位患者當中就有一位是處於沒有得到完整照護的狀態。諾和諾德在中國這樣的胰島素市場當中，搶下了60%的市佔率。這個年產值10億美元（約新台幣300億）的市場上，諾和諾德的事業呈現年增率40%的成長。

　　對諾和諾德而言，市場成長在短期內是好事，但對中國政府而言，卻

圖4-8　諾和諾德在中國的CSV

① 創造次世代產品、服務

- 開發中國患者可接受的胰島素產品

② 改善價值鏈的整體生產性

- 為提升產品效能，迅速對應市場需求，
  在中國設立研發中心和生產據點

③ 地區生態系統的建構

- 擬訂出標準治療指引，而與中國政府合作
- 提供醫師糖尿病相關講座及資訊

諾和諾德在1995年進軍中國市場，是第一個切入中國胰島素市場的北歐企業。它透過創造共享價值等創新的行銷方式，在中國累計延續了長達十四萬年分的壽命

▶ 在中國每個都市區擴充優質的疾病管理制度，為中國社會創造了370億美元的價值，也為諾和諾德自己帶來了300億美元的價值

是一個極大的困擾。因此，諾和諾德推動了一項計畫，那就是圖4-8裡的諾和諾德在中國的CSV。

這張圖是以架構的方式，來呈現哈佛商學院教授麥可·波特所提倡的「創造共享價值」（CSV）理論。

第一項是生產**適合中國患者的商品**。

第二項則是在中國設立**研發中心和工廠**。到這裡為止所做的事，凡是有心進軍中國市場的企業，其實都可以想得到，並非諾和諾德獨到的創見。

接著，諾和諾德做的第三件事，是設立**保健團體**。這個動作其實就是在建立保健機制，是最符合諾和諾德作風的一項作為。

諾和諾德過去曾設立國際性的糖尿病協會組織，以期能讓全世界了解糖尿病是何等嚴重的問題。同樣地，諾和諾德在中國與中國官方合作，積

極投入糖尿病治療標準的擬訂。

根據試算，若能將諾和諾德這套糖尿病管理機制推廣到全中國，就能為中國帶來高達約4.5兆日圓（約新台幣1.23兆）的醫療支出改善效果，也將為諾和諾德自己帶來約3.6兆日圓（約新台幣9,860億）的營收。

⊙將在中國的成功模式複製到印度

接下來，諾和諾德要把在中國發展成功的模式帶進印度。

在印度，糖尿病患者也是日益增加，目前患者已多達六千萬人。諾和諾德在這裡，也和當初在中國時一樣，以糖尿病的全方位照護企業之姿切入市場。

人類社會有許多嚴重的疾病，包括癌症、阿茲海默症等等。然而糖尿病卻是個許多人都容易罹患，且一旦罹患就必須一生長相左右的疾病。面對這樣的疾病，選擇建構一套全方位的照護機制，而不是只提供胰島素，這樣的做法正是諾和諾德的特色。

在邊陲之地大放異彩的北歐企業

前面曾為各位介紹過從以色列這個「邊陲之地」飛向世界的梯瓦。諾和諾德也是以堪稱歐洲「邊陲之地」的丹麥為起點，在全世界鷹揚千里的企業。除了諾和諾德之外，**北歐還有其他發光發熱，但方式有別於歐美企業的例子。**

其中，像是樂高（Lego）、宜家家居、H&M、Flying Tiger等，都是在日本大家耳熟能詳的企業。但由於這些品牌除了H&M（第十三名）之外，都不是上市公司，因此均未列入本次評比。

樂高一如公司名稱所示，是個只有樂高這項商品的公司。

　　附帶一提，據說Google的兩位創辦人非常喜歡樂高，Google商標上的四種顏色（藍、紅、黃、綠）就是取自樂高積木。想必這兩位創辦人小時候，一定是在蒙特梭利學校大玩樂高吧。

　　樂高是為人類培養豐富創造力的一項商品。儘管商品本身只不過是極為簡單的積木，但其實可以做出很多變化。它可以算是一種帶有與日本「侘寂」（Wabi-sabi）[16]同樣精神的商品。樂高這種「去除設計，才是最極致的設計」的價值觀，蘊涵著一種要向全世界訴求的普遍性。

　　同樣地，其他這些北歐企業也都在向全世界宣揚它們的價值觀：宜家家居訴求的是「自然呈現才時尚」的價值觀；H&M傳達的是「用回收消除浪費」的智慧；被譽為北歐百圓商店的Flying Tiger呈現的是一種「聰明可愛」的概念。我們或許可以說**這些北歐企業都有個共通點，那就是它們以「聰明精省」為基軸，並讓它變得更知性、更洗練。**

　　此外，這些北歐企業**還有一個特色，就是它們都相當重視女性員工。**若以圖表來呈現包括日本在內的先進國家女性各年齡層的就業率，均會呈「M字曲線」。由於許多女性在三十多歲時會生兒育女，造成就業率下降，故圖表會呈現M字型。

　　日本還有一個常被提出來的問題，那就是一旦離職之後，婦女很難重新找到正職的工作，只能被框限在計時的工作型態當中。

　　就這一點而言，像H&M就設有讓女性員工方便在生兒育女後回歸職場的機制。甚至不只是要讓婦女重新回歸職場，還設法讓夫妻雙方可以輪流請育嬰假。這些措施，也堪稱是重視多元化的北歐企業獨有的特性吧。

---

[16] 日本傳統美學，指的是一種質樸、靜謐、稍縱即逝的無常美感。

3 電子霸主

　　在這次的百大金榜當中，沒有任何一家電子相關產業的公司擠進前十強。台積電（第十一名）是電子業界當中排名最高的，緊接在後的三星則排名第二十四位。

　　數位技術的發展，讓高科技類的產品瞬間都成了一般商品，先進國家的高科技公司接連失勢，日本的家電廠商更是幾乎全軍覆沒。如今還能維持大幅成長的，就只有像施耐德電機（下稱施耐德）這種極少數的B2B企業而已。即使這些高科技企業將焦點從先進國家轉向中國，也都紛紛因為削價競爭而精疲力竭，毫無獲利可言。

　　換言之，電子業已經成了賺不了錢的生意。在這樣的狀況之下，獨具特色的電子企業，擠進了百大金榜。

　　本段將介紹這三家企業：台積電、三星和施耐德。

TSMC
Samsung
Schneider Electric

世界工廠
排名第十一名

台灣積體電路製造（TSMC）

提到半導體業界的帝王，應該有不少人會連想到英特爾。儘管在處理器業界當中，英特爾仍君臨天下，但它無法進榜的原因，在於它的成長已開始趨緩。

半導體的晶片集積度越來越高，電晶體的數量也越來越多，但價格卻是一路下跌。這樣的產品稱為「工程商品」（engineered commodity），[17] 內容都是技術，但誰都可以輕易地製作出來，於是便淪為一般商品（commodity）。

而在這樣的半導體業界當中，迄今仍持續大幅成長的是台積電。

打造新業態：晶圓代工的開創者

台積電選擇了與英特爾等既有電子企業截然不同的一個策略，打造了一個全新的業態。而它所創造的這個業態，就是所謂的「晶圓代工」（foundry）。

晶圓代工指的是一種工廠，等於是直接宣告「我只負責製造」、「我要當全世界的工廠」的一種商業模式。

⊙赴美後回國的華人創辦人

台積電的創辦人張忠謀1931年生於中國，高中畢業後赴美國讀大

---

[17] 意指已無法差異化的高技術門檻產品。

學，後來進入德州儀器（Texas Instruments）任職。他應台灣政府之邀回台創業，創立的就是這家台積電。

張忠謀當時是這樣想的：「聰明人在美國比比皆是」、「台灣人不能和這些人正面交鋒，要打造一種工廠，能將它們構思、設計的產品製造出來。」

以往的半導體公司，不論是英特爾也好、德州儀器也罷，旗下都曾有過自己的工廠。這種設計和製造兩方面一條龍包辦的企業，被稱為垂直整合型半導體公司（integrated design and manufacture）。

然而，當動腦設計新產品的秀才們大批出現在半導體業界，半導體企業的形態也隨之改變。這些秀才不斷地想出新的半導體迴路，但要把他們的想法做成具體的產品，需要相當可觀的設備，這對新創企業來說是相當沉重的負擔。

既然如此，「把設計者和製造者切開不就得了？」懂得這樣轉換思考的人是張忠謀。**他打造出了一種新的業界構造，讓專攻設計的「無廠半導體公司」**（fabless），**和專攻製造的晶圓代工聯手合作，推出卓越的產品。**

半導體立國的台灣

張忠謀是在深刻意識到台灣的地緣政治現實之下，才打造出晶圓代工這樣的業態。

台灣是和美國連結很深的國家，很多美籍華人都覺得與其去中國，不如回到自由的台灣。**在這個擁有眾多能為台美牽線的華人國度裡，為了想承攬美國半導體產業的後段工序而誕生的，就是台積電。**

台積電在晶圓代工業界是令同業瞠乎其後的龍頭，而第二名的聯華電子（UMC）也是台灣企業，第三名的特許（Chartered）則是新加坡

企業。而原本佔居第四名的IBM，則是將晶圓代工事業賣給了格羅方德（GlobalFoundries）。

開放平台

　　為什麼無廠半導體都要把晶圓代工的訂單交給台積電呢？關鍵就在於台積電的「開放創新平台」（Open Innovation Platform，簡稱OIP）。

　　這個機制雖然名為開放創新，但其實相當封閉。這個平台的重點，在於它匯集了IC設計工程師、演算法工程師、應用工程師等**所有人才，可在平台上進行各種各樣的實驗**，就連將IC設計自動化的系統，也就是所謂的電子設計自動化（Electronic Design Automation，簡稱EDA）工具也一應俱全，因此只要拋出一個想法到平台上，就能輕易地打造出產品。由於拋出想法的人，和將想法化為產品的人分屬於不同公司，所以彼此之間的聯繫就更為重要。

圖4-9　**台積電的開放創新平台（OIP）**

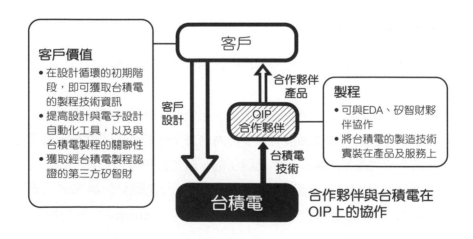

⊙東芝 vs 台積電

　　我在為半導體企業提供顧問諮詢服務時，比較過東芝和台積電，令人訝異的是，台積電和它們的外部合作企業，竟比東芝半導體的內部員工彼此之間的溝通更頻繁。我甚至還曾笑著對東芝的人說：「你們的設計和製造明明都是同一家公司的，互動未免也太差了吧？」「人家台積電和外部企業之間，互動得這麼融洽呢！」

　　在矽谷的辦公室裡，台積電會和當地客戶進行新產品的模擬推演，或進行試產品製作等往來。

　　矽谷有一家執全球手機半導體牛耳的公司，名叫高通（Qualcomm），它就是一家無廠半導體公司，換言之就是沒有工廠。相對地，台積電則有高通專屬的生產線，儼然就是高通的工廠。

　　高通和台積電之間的關係，與優衣庫和東麗之間的關係相似。東麗旗下有優衣庫的生產線，兩家企業往來密切的程度，簡直讓人無法想像這不是同一家公司。

　　為了與「開放創新」作出區隔，像這種密切的合作關係，我把它稱為**「緊密耦合」（tight coupling）。正因為雙方不是同一家公司，所以為了與彼此進行緊密的協作，建立起一套相當縝密的互動機制。**而這正是台積電的開放創新平台的卓越之處。

⊙日本企業的規模不夠

　　從另一個角度來說，台積電只與產量值得打造專屬生產線的企業打交道，其他訂單就以泛用型的生產線來因應。

　　我在麥肯錫任職時期，曾應台積電的蔡力行總經理之邀到台灣去。當時台積電已經進軍日本，但幾乎所有日本的半導體企業都還拘泥於垂直整合型半導體公司的營運模式，因此台積電所做的晶圓代工事業遲遲無法壯

大，在日本陷入了苦戰。「我們正在評估是否退出日本市場，而這個選擇究竟是否正確，我們想聽聽您的高見」他這麼對我說。

我說：「那太可惜了。日本的半導體企業今後已無法投資工廠，這些半導體工廠遲早都會消失。」

既然有這樣的機會，我們就花了一整天的時間，蒐集了一些數字，共同商討台積電在日本到底還可以作些什麼生意。然而，問題是任憑我再怎麼計算，還是達不到台積電需求的產量。

而台積電唯一感興趣的，就是富士通（Fujitsu）的超級電腦。除此之外，舉凡電視等家電產品，或是日本獨有的加拉巴哥手機，[18] 甚至是前途大有可為的機器人，產量上都完全無法符合台積電的需求。因此，台積電最後決定要聚焦在富士通最先進的三重工廠，與對方打好關係。

首先第一步是在台灣的新竹——也就是台積電的大本營——複製了一條富士通三重工廠最先進的生產線。當時還請三重工廠的人親赴台灣，設立了這條與三重工廠一樣的生產線，而富士通則是承諾要將部分訂單轉到這條新設的生產線。

實際上，在這當中還運用了一些過去在三重工廠所學到的智慧，因此這裡成了一條比三重工廠更進化的生產線。對富士通而言，也認為這條台積電的生產線更靈活好用許多。而這樣的結果，也使得台積電和富士通之間又建立起更深厚的雙贏關係。

台積電的過人之處，在於它能像這樣**誘導客戶，並且確實地精進製程，讓客戶真正感受到台積電的代工靈活好用**。換言之，台積電固然是依附客戶而生，但也很擅於打造一種讓客戶依附台積電而生的局面。

---

[18] 一種非智慧型的傳統手機，功能非常多樣，但只適用於日本國內，自成一套系統，故有加拉巴哥（Galapagos）手機之稱，據傳將在2017年以後停產。

張忠謀的策略與實踐的緊密耦合

張忠謀曾說過一段饒富趣味的儒家哲學。

「**學而不思則罔，所以『學』與『思』要同時並行**」。他還曾經說過「策略」和「執行」要同時並行。沒有策略，執行是漫無目的的；沒有執行，策略是無用的。

他也說過「不能只是學，還要用自己的方式再扭轉變化一下」。他甚至還常提到「不能只是思考策略，要徹底執行；不能只是執行，還要徹底思考」這種有如禪問答般的說詞。而他過去最強調的一件事，就是「連結是非常重要的」。

有一種說法認為，華人分為「金融派」、「商業派」、「產業派」這三種。而張忠謀就是屬於典型的「產業派華人」，因為他是個能認清製造業的本質，並在世界地圖上觀察，同時堅毅地思考自己立於何處的人。

台灣是一個在政治上處境很尷尬的國家。就這一點而言，台積電和以色列的梯瓦頗為相似。台美之間的關係密切，且台灣又比鄰自己最大的敵人。台積電對於這樣的地緣政治現實，思考得很透徹。相形之下，**同樣身處島國，整體而言日本人並不擅於處理地緣政治問題**。這個部分，日本人應該多學習台積電的智慧。

⊙在同一個擂台上，三星贏不了台積電

台積電對三星最有戒心。三星雖然是垂直整合型半導體公司，但也很積極地在晶圓代工事業上布局。

從客戶的立場來看，若把晶圓代工的訂單交給三星，會擔心自己是否將陷於「為虎作倀」的局面，因為三星就是生產競品的廠商。

實際上，蘋果的確將iPhone的晶圓代工訂單，從三星轉到了台積

電。只不過，三星仍在強化晶圓代工事業上的競爭力。iPhone 6S訂單，已經又被三星給搶了回去。

三星在動態隨機存取記憶體（DRAM）及快閃記憶體（flash memory）等領域，也就是半導體業界當中量體最大的記憶體事業上，是全球的一哥。記憶體的附加價值就取決於製造，因此記憶體大廠當然會堅持自行生產。

台積電做為專業的晶圓代工廠，弱點之一就是不會做記憶體。而緊接著要介紹的，就是踩著台積電這個弱點的三星。

站上世界的顛峰
排名第二十四名

三星電子

要談三星之前，我想先談談我個人和它的淵源。

1991年進入麥肯錫任職的我，第一個工作的地點就是首爾。當年我承蒙大前研一先生邀約，進入麥肯錫之後，他立刻對我說「我要成立韓國分公司，你要不要一起來？」接著便把我帶到韓國去出差，我就這樣開始在韓國上起班來。

當時不管是樂金（LG）或三星，對於在業界當中領先的日本企業根本就是望塵莫及，產品品質也差，地位就猶如今日的中國家電製造商。

當時我負責的是樂金而非三星，然而，有件事情讓我大為震驚。我以「家電本質論」為題，為樂金整理了一份「家電事業要這樣經營才會強大」的報告，孰料這份報告旋即傳到了三星。

樂金與三星之間幾無任何人才交流，卻不知資訊為何會外流。當年是樂金付了我這筆「家電本質論」的顧問諮詢費，但最後正確地實踐了這套

論述的，卻是三星。

我在這份報告當中提到的關鍵字，是「由量體競賽轉為價值競賽」。隨後，三星就開始用起了「價值競賽」這個關鍵字，而且後來還成了三星突飛猛進的關鍵因素。

三星的二次創業

目前臥病在床[19]的三星董事長李健熙（Lee Kun-hee），是在1987年成為三星的新任執行長，也就是距離我到韓國任職的約莫五年前。當時他雖已宣布要「二次創業」，但還沒有獲得太大的肯定。他是創辦人之子，而且還是三男，因為他當上執行長的過程，簡直就像是竄奪了長兄的大位，使得這位執行長既不受歡迎，也不太得人敬重。

⊙法蘭克福宣言

正好就在我到韓國去的1991年前後，三星開始大手筆投資半導體。三星不知為何開始使用我提報給樂金的「價值競賽」這個概念，則是在1992年。接著在1993年，討論三星發展史時不可不提的「法蘭克福宣言」問世。這件事情發生的背景如下。

當時，三星任用了一群日本家電製造商的員工擔任顧問。這些日籍工程師被奉為「客座工程師」，每逢週末就悄悄到韓國工作，週一再回到日本的家電製造商上班。

這群工程師當中，有人甚至還辭掉了日本的工作，來接三星委任的專

---

[19] 李健熙在2014年5月10日因急性心肌梗塞昏迷，經搶救後雖保住一命，但至今仍昏迷不醒長期臥床。

案。其中有位工程師提出了一份「三星的品質究竟有多差」的報告。當時三星已開始喊出要轉向價值競賽的口號，但實際上的品質距離「價值」卻還天差地遠。

李健熙在前往法蘭克福出差的飛機上，讀到了這份報告，大為光火，於是便在差旅地點的法蘭克福，發表了這份著名的宣言。

宣言的內容就是**「除了老婆、孩子，一切都要變」**。簡而言之就是要「徹底改革全公司」。他撂下重話，說「不能只是衝量」、「未達品質要求的產品全都要燒掉」，且在回國之後，立刻命人把一批還沒出貨的不良品堆成小山，放火焚毀。

⊙對半導體事業的選擇與取捨

以結果來看，1997年爆發的亞洲金融危機，對三星而言是喜從天降。

理由是因為在此之前，三星集團涉足了多種不同的事業，剛好趁著這個時機進行整併——汽車事業賣給了雷諾（Renault），連三星電子也汰除了許多投資標的。其中，因為三星確信「掌握這個領域就能勝出」而留下的，正是半導體事業。

以往半導體業界是日本領先群雄，但當時正值亞洲金融危機的風暴中，許多日本企業對投資都變得極為謹慎之際，李健熙積極投資DRAM這種記憶體，一舉急起直追，緊跟在日本企業之後。

半導體是電子業的根基，尤其是在掌握了記憶體霸權之後，三星更是茁壯到出類拔萃的地步。三星又在次世代記憶體——快閃記憶體上布局，造就了後來三星在急速擴張的行動電話市場上大舉搶進的局勢。

當時，樂金本來也在做半導體，卻在金融危機時出售了整個事業體。這個決定，導致原本並駕齊驅的樂金和三星之間，拉開了很大的距離。

⊙邁向聰明精省的經營

在垂直整合型半導體公司與產品製造相輔相成的經營模式上，三星已朝「最成功企業」的方向邁進。在這個需要鉅額設備投資，且每隔幾年就有次世代技術問世的半導體事業，若要成功，就必須以最先進（聰明）且最能衝大量（精省）的製造為目標。

李健熙在法蘭克福宣言中，指示公司要「轉往價值競賽」，強化三星人對「價值」的意識。然而，實際上日本企業後來走向只追求價值的偏鋒，但三星長期以來，持續同時追求價值和量迄今。

誠如我在台積電的案例當中也提到的，在固定費負擔相當沉重的半導體製造領域，產量會是很大的成本驅動因素（cost driver）。日本選擇追求附加價值（value），往利基市場猛衝，迅速喪失掉成本競爭力。認清聰明（value）與精省（cost）加乘綜效的三星，遂在半導體的世界裡遠遠地超前了日本大廠。

⊙從研究日本企業中創造獲利

日本企業總是在追求「最先進」，所以對舊的技術不屑一顧。然而，**三星卻一直保留著舊技術**。這些舊技術的折舊都已攤提完畢，固定費是零。對客戶而言，這些技術的新舊，也不值得大費周章地與三星重談價格。然而，由於三星的產量夠大，**因此用了舊技術的產品獲利最好**。況且其他競爭廠商都陸續退守舊技術，三星得以坐收滾滾而來的殘存者利潤。

相形之下，最先進產品的競爭相當激烈，客戶還會砍價，簡直就是所謂的紅海。然而，只要過個五年，日本企業就會對這些已淪為舊世代產品的東西失去興趣，三星卻從中大賺其利。

半導體產品的生命週期與競爭環境，可大致分為以下三個階段。

①次世代技術的生產線開始投產，搶在其他競爭廠商之前
②日本企業加入戰局，市場陷入價格戰
③日本企業退出市場，殘存者坐享殘存者利潤

　　三星在三階段當中的①和③獲利。而另一方面，**日本企業卻只努力耕耘無利可圖的第二階段**。三星徹底地研究過日本企業，採取攻其不備的策略，在半導體市場上連戰皆捷。

從日本企業的再生力中學習

　　三星過去是處於追趕日本企業的地位，但在雷曼風暴過後，一躍成為全球半導體業界的翹楚。對三星而言，是首度站上這樣的位置。

　　帶領三星壯大到這個境界的李健熙，於2009年因為隱匿所得而遭判處有期徒刑三年，緩刑五年，低調閉門思過。但後來由於韓國成功爭取到2018年冬季奧運在平昌舉辦，李健熙因此獲得特赦，並於2010年重回三星掌權。

　　就在他重回三星的第一天，他再度發表了以下的宣言。

　　「要認為現在這些工作，在十年後全都會消失」的這番言論，是要三星懷抱著「十年後，現在三星的主力事業全都會消失」的危機意識，丟掉過去一切。

　　2010年，索尼和Panasonic都陷入了經營危機，堪稱是「日本的家電業界已沒有未來」的一段時期。以往在行動電話業界稱霸的諾基亞，也在此時從絢爛轉趨平淡。唯獨三星還在力求表現。

　　然而，這樣的三星，後面也有中國急起直追。向來被認為很能洞悉未來的李健熙，處於「再這樣下去，三星將重蹈日本覆轍的跡象，已明若觀

火」的焦慮之下，不難想像他已被「必須打造半導體之後的下一個核心事業」的這個念頭，逼得心急如焚。

我個人在2010年之後，也曾兩度承蒙三星邀約會談。

第一次是針對富士軟片（Fujifilm）的個案。三星方面表示，公司內部已就「為何富士軟片能復活，而柯達卻回天乏術」[20]的原因作過分析，但想聽聽我的意見。第二次則是針對Panasonic的個案。因為Panasonic自2012年由津賀一宏（Tsuga Kazuhiro）出任社長之後，便祭出改革，嘗試由B2C轉型為B2B企業，且在此時已開始露出成功的曙光。

⊙世代交替後，三星的未來

在2010年之前，李健熙曾說「日本已無值得學習之處」。然而，在三星陷入困境之後，他又開始表示要向已先經歷過苦難的日本企業學習。

李健熙在2014年病倒之後，就一直昏迷不醒，臥病在床。目前三星是由他的兒子李在鎔（Lee Jae-yong）掌經營大權。李在鎔曾在日本慶應大學及美國哈佛大學留學，日文和英文都相當流利。相較於他那很有威嚴的父親，李在鎔是個和善的暖男。三星在這位少主當家的時代裡能否再次復興，備受考驗。

的確，三星再這樣下去，是看不到下一波成長的。在記憶體的世界裡，三星暫時還會與東芝繼續互爭頭角。但除此之外，三星在各項產品領域獨霸一方的時代，恐怕已不會再持續太久。

接下來三星將會如何發展呢？這取決於它是否能夠大幅轉型，像富士

---

[20] 富士軟片於2000年起，便意識到數位相機普及後將衝擊軟片市場，便積極將原有技術應用在液晶顯示器、醫療影像及儀器、美妝保養品等方面，發展新的主力事業。同是老牌軟片大廠的柯達，則是因為不敵數位化的衝擊，而於2012年向紐約法院聲請破產。

軟片或Panasonic那樣，搶進生活科技、汽車、環保等領域。

　　就轉型的這層涵義而言，接下來要介紹的施耐德電機，或可作為一個B2B領域的成功案例，提供日本的電子大廠及三星許多值得參考之處。

| 隱身於歐美頂尖企業下的高科技成長企業
| 排名第五十名

施耐德電機

　　本章進行到這裡，介紹的是兩家亞洲企業，但在榜上仔細找找電子業的歐美公司，會發現排名第五十名的法國施耐德。

　　它是一家做感測器和測量儀器的公司，類似的企業有美國的漢威聯合（Honeywell）和日本的歐姆龍。

採取超群新興國家策略的「環保產業霸主」

　　施耐德的特色可大致歸納為兩項。第一項是**由原本的產品模式，大幅轉向服務模式**；第二項是**在新興國家攻城略地的方法很高明**。我個人也曾向許多日本的製造業公司建議「請務必學學施耐德」。

　　施耐德的事業領域是環保產業。它的企業理念（Purpose），是要「運用感測器來讓能源效率最優化」，甚至還被譽為是**「環保產業霸主」**。奇異與漢威聯合也在同一個產業布局，但施耐德主攻環保產業這一點，確有其獨特性。

⊙從賣儀器進化到能源管理的商業模式

　　施耐德的商業模式，過人之處在於它並不只是單純銷售儀器設備，而

是在它以「服務」這個型態，持續提供價值給客戶。施耐德將自己定義為「能源管理的全球專家」，接著，它在感測器和控制器等硬體之外，又提供客戶配套的軟體或服務，以期能減少客戶的整體能源消耗。

我在2001年與小森哲郎（Komori Tetsuo）合著出版了《高業績廠商都在賣「服務」》（好業績メーカーは「サービス」を売る）這本書。施耐德堪稱就是一家**「由賣東西進化為賣事情」**的典型公司。

至於施耐德為何會注意到能源這個事業，是因為它是當今世界上最大的社會問題之一。**如何在管理下使用「能源」這種稀少資源，是世界各國共通的課題。**而且不只是對先進國家，甚至是對接下來才要開始成長壯大的新興國家而言，也是相當嚴重的問題。

在印度的成長驅動力

最能犀利地呈現施耐德經營策略的，就是他們在印度推動的「BIP BOP」這套模式。

所謂的BIP，是商業（Business）、創新（Innovation）、人（People）的字首縮寫，而BOP則是金字塔底層（bottom of the pyramid，意指所得階層當中的下層）。換言之，就是要以新興國家的貧困階層為對象，掀起一場以「人」為本的創新，藉以提升事業價值的一套策略。

具體方法是提升印度人的技術力，並在當地培訓機電技師。因為施耐德認為：**培育高階工程師，才能對提升該國產業水準做出巨大的貢獻，而最終結果也將會增加施耐德的事業機會。**

施耐德雖自法國派遣工程師到印度，但這些人的功能是要當老師。施耐德以在印度當地收購的公司為據點，在此招兵買馬，開辦培訓課程。換言之，施耐德打造的是產品，更是一個個活生生的「人」。

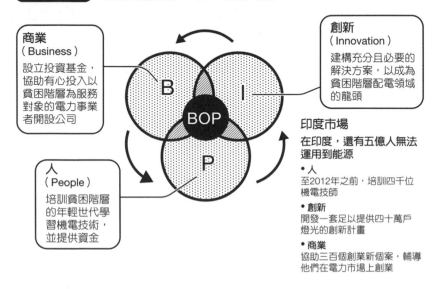

圖4-10　施耐德電機的「BIP BOP」

聽了這個故事，讓人不禁想起了松下幸之助。先父是經濟評論員名和太郎，他在擔任朝日新聞編輯委員時期，與松下幸之助先生有很深的交情。也因為這份淵源，先父出版了《松下幸之助評傳》（評伝　松下幸之助）這本書。但坦白說，這本書的原稿其實是當時剛讀大學一年級的我打工代筆的。在研究松下幸之助的過程中，我最深受感動的，就是下面這段話：

　　若有人問到：「松下電器是一家製造什麼產品的公司」，你們要回答：「松下電器是打造人的公司，同時也兼做電器用品。」

據說從創立初期起，松下幸之助便慎重其事地向員工們這麼說。

後來，松下幸之助曾如此闡述自己當年的心境：

> 當年我的心境是「成事在人」。換言之，我認為若不先培養人才，光靠一群毫無成長的人，事業又怎麼會成功呢？因此，生產電器用品這件事本身，固然是一個極為重大的使命，但要達成這個使命，我認為必須要先培育人才。

我引述的這段內容，篇幅或許長了一點，但松下幸之助的這種思維，穿越了時間和空間，與施耐德的經營哲學有著共通的底蘊。

⊙日本企業該學習的事

施耐德在此下了一個定義：提供給金字塔底層顧客「充分且必要的解決方案」（Adequate Solution）。這個定義的可貴之處，在於它不是「最佳解決方案」，也不是「建構完成的解決方案」，更不是「最新的解決方案」。要靠金字塔底層顧客作生意，就必須要抱持這樣的心態。

若抱持著「從日本或歐美帶最先進的創見來給你們」的心態，把自己那一套強加在當地人身上，那絕對不會成功。施耐德主張：因應顧客所要的價值水準，提供適合的東西，才是真正的創新。會有這樣的主張，代表它們充分理解創新的本質不在於技術的革新，而是商業模式的革新。

在新興國家打造「人才」，布局「商業模式（創新）」的結果，是開創出「事業」——這正是 BIP BOP 策略的本質。

大多數的日本企業，目前均無法巧妙地操作這個循環。尤其是在第二步，也就是開創符合新興國家的商業模式這個階段，最容易受挫。

舉例來說，其實就連全球市佔率將近50%的YKK，也都無法例外。

YKK的拉鍊，向來以品質好、信譽佳而享有好評，但要搶攻新興國家市場，以當地消費水準而言成本過高。因此，YKK最近正加緊腳步，轉而發展「夠好」（Good Enough）的產品。

挑戰最先進的技術或品質，很能燃起日本人的熱情，但一聽到「差不多就好」，便很難提起幹勁。然而，要降低性能規格，以剛好達到顧客需求的品質，來與競品一較高下，需要高超的技術力以及對事業的敏感度。日本企業應該可以從施耐德身上學到不少東西。

⊙日本企業首屈一指的金字塔底層事業成功案例

和施耐德一樣屬於能源相關事業，且在印度發展成功的唯一個案，就是Panasonic旗下的安佳電子（Anchor Electricals）。

Panasonic環境方案公司（Panasonic Corporation Eco Solutions Company，前身為松下電工）在印度收購的這家本土企業安佳電子，是承攬一般家庭配線器具安裝工程的公司。當時Panasonic的產品相當昂貴，且不符合印度當地的住宅用途需求。因此，Panasonic企圖透過安佳的在地觀點，提出適合印度市場的「充分且必要的解決方案」。

安佳的品牌名稱在收購案成立後仍維持原貌，只多加了小小的一行「by Panasonic」，原因在於它的產品只維持最低限度的品質，但並不符合Panasonic要求的國際品質。當然這在印度已是「夠好」的品質，再加上印度人對日本的信賴推波助瀾之下，讓Panasonic在當地有了競爭力。日本企業能像Panasonic這樣，在新興國家如魚得水的，實在是個相當罕見的案例。

多數日本企業在收購國外的本土企業之後，會依自己既有的做法加以改造，以致於在新興國家市場上生產了規格過高的產品；或是相反地，好不容易收購了一家企業，卻毫不干涉、放牛吃草，以致於完全無法發揮出

加乘效果的案例，也時有所聞。

　　反學習既有的高品質意識，以在地觀點來發掘適合在地需求的解方（軸轉）。這個做法，是掌握企業在新興國家市場成功與否的關鍵。

學習強韌的新興國家策略

　　能把 Panasonic 在印度執行過的發展模式，搬到在中國等印度之外的新興國家市場，並且貫徹執行的，正是施耐德。施耐德相當擅於收購海外的在地企業，因此的確具有類似投資公司的一面。然而，培育人才進而開創出新的商業模式，才是施耐德在本質上的強項。

　　或許是因為昔日歐洲各國曾在海外建立了眾多殖民地的歷史，使得歐洲企業很擅於進軍海外市場，且不屈不撓。這些企業在海外會**先打造出穩固的經營基礎，之後再交由當地管理。這種「分寸拿捏」，它們掌握得恰到好處。**

　　美國人往往容易強迫海外的在地公司接受自己那一套；而日本人也總是拚了命地想把自己的創意巧思和技術，傳授給當地員工。

　　施耐德保留了海外當地企業的優勢，同時又和這些企業建立起「施耐德聯邦」。若能善加運用在地人的力量，為追求源於在地的創新而布局深耕，就能建立起一套嶄新的經營模式，而非光是指導傳授，也不是只有放任。為確立真正的跨國經營模式，日本企業也應該要更多加學習施耐德這種強韌才行。

4 | 汽車業界的版塊變動

在這次的百大金榜當中，

有許多汽車的相關企業進榜。

本段謹選出排名在第三十名前段班的奧迪，

以及雖不列入評比，但實質上相當於榜首的

印度塔塔汽車來介紹。

Audi
Tata Motors

福斯集團最傑出的資優生
排名第三十名

奧迪

　　即使一時想不起奧迪是何方神聖的人，對福斯（Volkswagen）應該都很耳熟能詳才對（雖然福斯最近其實是因為醜聞而聲名大噪）。奧迪就是隸屬於福斯集團旗下的汽車製造商。

　　我將福斯集團以聰明精省矩陣整理過後，得出圖4-11福斯集團品牌組合這張圖。「性能極佳（Smart）卻昂貴（Fat）」的是賓利（Bentley）和保時捷（Porsche）；反之，「便宜（Lean）卻性能較低階（Dull）」的則是斯柯達（Skoda）。斯柯達原本是捷克的汽車公司，經福斯收購後納入旗下。

圖4-11　**福斯集團品牌組合**

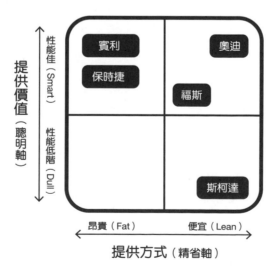

「聰明精省」的先驅企業

擁有Polo和Golf等代表性車款的福斯，可說是**居於聰明精省矩陣正中央的汽車品牌**。它的車沒有大好也沒有太壞，維持著恰到好處的平衡。

相對地，奧迪的車則是呈現了聰明洗練，卻又兼具「物超所值」（value for money）。有個用來詮釋「伸手可及的奢侈品」的形容詞，叫「平價奢華」，應該就是最適合用來形容奧迪的字眼，因為**奧迪實踐了極高水準的「聰明精省」**。

在日本車當中，凌志想追求的就是同樣的定位。只要處於這個定位，就可以同時追求品牌的價值和銷量。

福斯的原文「Volkswagen」，在德文當中是「國民車」（people's car）的意思。在維持技術優勢的同時，又鎖定車市當中大眾市場。這堪稱是福斯集團的DNA。奧迪的優勢，就是在追求德國車的特色——「機械性能上的卓越」之際，同時又能確實地壓低成本。

反觀奧迪的競爭對手賓士（Mercedes-Benz）或BMW的車款，性能固然很好（Smart），卻精省（Lean）不足。能催生出奧迪這種均衡發展得恰到好處的車，正是福斯集團的卓越過人之處。

福斯集團的模組策略

奧迪的另一個特色，就是由它首創的模組套件（德文：Modulare Quer Baukasten，英文：Module Kit，簡稱MQB）。

誠如各位在前面的矩陣當中所見，福斯集團是由原本各自獨立的汽車製造商所組成，而**將這些各自為政的車廠橫向串連起來的措施，就是「統一模組」**。

最早開始貫徹執行模組化措施的是奧迪。這項措施，就是把所有零件都模組化，換言之就是推動零件共用化。福斯採納了奧迪的這個做法，將它推廣到整個集團。如此確實的模組策略，是一個相當先進的措施，甚至連豐田都為之震撼。

執行模組策略時，需要相當高超的技術力——各車款相互妥協，建立起共通的基礎平台之後，再加入各車款的特色。 而福斯、奧迪，都做到了。它們在力求簡潔精省的同時，更挑戰將聰明的價值加入產品之中。

豐田最近也花了將近三年的努力，完成了「新全球架構」（Toyota New Global Architecture，簡稱TNGA）。自不待言，此舉顯然就是以福斯集團的模組策略為絕對標竿的產物。

安全與環保的領先者

現在，車市裡的關鍵字是「安全與環保」，但最早致力耕耘這個領域的，也是以奧迪為先鋒的福斯集團。

昔日曾有過一段大家認為「講求安全性就選富豪（Volvo）」的時代，車市上常有「富豪的車撞不壞」、「即使撞車也安全」等說法。富豪固然有它的過人之處，但汽車業界基於「從根本解決，讓碰撞事故不要發生」的這個想法，今時今日如何設法實現輔助駕駛或甚至是自動駕駛，已成了汽車大廠彼此競爭的最前線。

奧迪與汽車零件大廠馬牌集團聯手，研究「煞車要如何有效運作」、「運用感測器，能否打造出確實防範碰撞意外於未然的車」等課題。在如此先進的安全措施開發上，**以奧迪為首的德國各大汽車大廠，都引領在日本企業之前。**

在「環保」議題方面，奧迪則是選擇從「引擎排氣量縮減」

（downsizing）的角度切入。以汽車零件大廠博世為主所組成的團隊，改善了一般汽油或柴油引擎的燃油噴射效率，開發出一套能讓小引擎衝出大馬力的技術。既能降低油耗，又能用充足的動力驅動車輛，讓駕駛人更樂於開車上路。

之後，奧迪又以電動車（EV）的正式普及為目標，積極進行研發。在2015年9月的法蘭克福國際車展上，博世和奧迪就發表了一款電動車，每次只要充飽電，就可行駛五百公里。

奧迪的董事長魯伯特・施泰德（Rupert Stadler）很驕傲地表示：「我們在運動型多用途車（SUV）這種較為複雜的車型上研發出了成果。我們用最受客戶支持的品類，結合最新的電池技術，是一項劃時代的壯舉。」

在日本，豐田和本田積極投入開發的次世代汽車是「燃料電池車」（FCV）。這件事本身固然是個很了不起的挑戰，但未來要實際普及這種車型，進而回收投資，恐怕還有一段相當長遠的路要走。

相對地，**奧迪的切入點，是在技術上較為實際，且可行性極高的選擇**。相較於汽車或柴油車，目前電動車的價格仍相對偏高，但奧迪的合作夥伴博世，已喊出「在2020年之前要讓電池容量倍增，價格減半」的目標。

奧迪藉由這種搶先運用最先進技術的做法，為自己建立了明確的品牌形象──「既安全又環保，同時還運動感十足的車」。此外，福斯還寄望透過將奧迪這些最先進的嘗試，擴大普及到福斯品牌，以期一舉推升整個福斯集團的實力。

追求性能與設計兼具

豐田汽車的油電混合車普銳斯，以及日產汽車的電動車Leaf，兩者都很環保，但遺憾的是它們毫無運動感可言。相對地，**奧迪做到的是打造出**

一種既環保又充滿運動感的車。昔日的奧迪，有著「不上不下的高級車」形象。然而，現在它卻走在時代尖端，是「懂門道的人」才會買的車。

買普銳斯的人，多半是因為它的「油耗」而買，選擇對它的外型設計睜一隻眼閉一隻眼。從這個角度看來，買奧迪的人就可擁有一輛兼具「環保與設計」的車，不必委曲求全。奧迪堪稱是將福斯的品牌形象再向上提升過後的「未來國民車」。

豐田汽車寄望用凌志來搶攻和奧迪相同的品牌定位，但可惜的是它目前仍處於相當望塵莫及的狀態。如今在美國也好、中國也罷，甚至是在韓國，奧迪都是「最酷的車」。福斯集團甚至可說是集團旗下的奧迪，儼然就是一種心態的象徵──象徵著各國消費者多數認為「汽車還是選德國的好」。相形之下，BMW和賓士至今仍未走出「就只是頂級車」的品牌定位。

跨越前所未有的醜聞

2015年9月，正當法蘭克福國際車展正如火如荼地進行之際，一樁醜聞震撼了全世界。因為福斯集團所生產的汽車，被發現加裝了用來規避廢氣排放檢測的軟體。

奧迪的汽車也沒有倖免。就在美國國家環境保護局（EPA）揭發福斯的造假問題十天後，福斯集團公布，全球共有高達二百一十萬輛的奧迪車款排氣造假。

此外，因爆發本案而引咎辭職的福斯集團執行長馬丁・溫德恩（Martin Winterkorn），曾擔任奧迪執行長至2007年。開發出這套造假軟體的時間，固然是在溫德恩執行長轉調福斯之後，但奧迪恐怕短時間內都無法從這個問題當中脫身。

在我撰寫這本書的當下，市場上對這起排氣造假案仍充斥著各種說法與揣測，案情尚未明朗。然而，使出卑鄙詭計的這個事實，顯然已重創了福斯和奧迪的技術神話與品牌。

諷刺的是，奧迪當年所推動的模組策略，反而害了福斯，導致福斯集團的多種車款上都加裝了這套造假軟體。

這場風波究竟會走向什麼樣的結局？又會如何收場？目前都還不能妄下論斷。盼各位仔細留意並關注奧迪甚至是整個福斯集團，將如何跨越這個前所未有的醜聞而東山再起。

實為跨國成長型企業第一名
未列入評比，相當於第一名

塔塔汽車

塔塔汽車（下稱塔塔）是一家自1945年起就存在的企業，但由於無法取得它在2000年的營收和獲利數字，因此本次並未列入評比。然而，以2001年起的經營數字來看，塔塔的成長，已足以讓它**超前蘋果**，成為**這份百大金榜實質上的榜首**。

「Nano」的衝擊

塔塔最知名的莫過於Nano這款汽車了。它以「國民車」為廣告標題，目標是要成為任何人都買得起的車。

當塔塔宣布要以售價2,500美元賣車時，全球都對它的魯莽至極感到傻眼。當時市場上甚至還流傳一個假消息，說這輛車「據傳車內似乎並未安裝引擎」，但塔塔真的說到做到，以當初宣布的價格推出了汽車商品。

⊙全球一流企業齊聚「Nano」

塔塔得以實現這樣的價格，原因在於它採取了諸如只有一根雨刷等措施，以徹底撙節成本到常理無法想像的地步。在這輛車當中，有日本的電綜（事實上是電綜的子公司ASMO）和德國的博世等赫赫有名的汽車零件大廠，紛紛加入研發團隊。

世界一流的零件大廠，竟會對售價區區2,500美元的「窮酸車」燃起熱情，自然有它的原因。博世說這款車是「創新之寶」，因為**世界上已找不到哪一家公司會願意做這種違背常理的車，所以是「工程師展現實力的機會」**。博世的大家長也發言表示，與塔塔合作可以讓博世學到很多東西。

當時電綜的加藤宣明社長（現為董事長）也曾說過：「我們只要和豐田汽車搭檔，就能製造好車，但無法生產這種便宜到簡直令人難以置信的廉價車。」換言之，加藤社長這番發言的主旨，就是想表達「日本的汽車製造商不會說這種荒謬的話，所以我們覺得這裡值得挑戰」。

塔塔的壯舉，讓我們重新體認到「創新都是在巨大的限制條件下誕生的」。

向印度社會報恩

當時，塔塔財團的總舵主拉坦・塔塔（Ratan Naval Tata）究竟是為什麼會想到如此荒謬的事呢？原因在於他的家世背景。其實塔塔家族本來並不是印度人，印度是信奉印度教的國家，而塔塔家族的祖先是敘利亞人，信奉的是祆教（Zoroastrianism）。

塔塔家族很感激印度社會願意接受自己這群異教徒，還讓他們在印度做生意，因此一直心心念念地想著要向印度社會報恩。逾百年的漫長歲月裡，這份心意持續在塔塔家族流傳，據說拉坦・塔塔也曾聽祖父提起過這

件事。

　　1966年前後，拉坦‧塔塔坐上了領導集團的大位，此後直到2012年他卸下職務前，塔塔財團大幅成長，而其中成長最多的，就是塔塔汽車。

　　以往塔塔只生產貨車及巴士等商用車型，是拉坦‧塔塔帶領塔塔進軍轎車領域。然而，日本的鈴木汽車（Suzuki）在印度當地的法人公司風神鈴木（Maruti Suzuki）所推出的車款大受歡迎，讓塔塔的轎車完全賣不出去。

　　塔塔汽車後來一方面展開Nano的研發，一方面又收購了英國的捷豹（Jaguar）和荒原路華（Land Rover）。若從聰明精省的角度來思考，捷豹和荒原路華都是屬於聰明的高級車；而Nano是追求極致精省的車款，因此塔塔其實是搶佔了**聰明精省的兩個極端**。

⊙拉坦‧塔塔的嘆息

　　促使Nano誕生最決定性的一幕，就是右邊的這張照片。

　　下著雨的日子裡，孟買街頭這一家四口共乘著一輛速克達機車。這在孟買是毫不稀奇的常見光景。然而，目睹這一幕光景的

拉坦‧塔塔感嘆「這是國家之恥」（It's a shame to the nation）。於是，**拉坦‧塔塔就確信自己「一定要提供印度國民更舒適而安全的交通工具」**。

　　同樣的光景，鈴木汽車的鈴木修（Suzuki Osamu）和豐田汽車的豐田章男（Toyoda Akio）應該也都看過很多次，而他們恐怕都只把這一幕當作是「極具印度風格的日常」，沒有放在心上。拉坦‧塔塔能感受到這是一種「恥辱」，或許正是應為他把印度當成了自己的國家，並且真心愛著這片土地吧。這正是塔塔的問世得以成為佳話的原因。

　　即使眼前看到了相同的情況，選擇「開創未來」或「就是如此」的一

念之差，就會讓人採取截然不同的行動。

　　這和創造共享價值的根本思維是相連的。**有心認真改變社會問題的信念，成了像Nano這種創新的起點。**

Nano的挫折與再挑戰

　　塔塔汽車跌破眾人眼鏡，成功地打造出了售價2,500美元的汽車。這件事情本身雖然是個很了不起的創新，但Nano起初在商業化上是全面潰敗的。它失敗的原因究竟是什麼呢？

　　前面介紹過拉坦‧塔塔的那番發言，的確傳為一段佳話，但他自己開的卻是捷豹的車。說穿了，出身與貧窮無緣的家庭，拉坦‧塔塔或許是用一種由上對下的視線，對那個共乘一輛機車的四口之家發出憐憫。

　　仔細看看照片中的那一家人，會發現他們都帶著幸福的表情。事實上，孟買市區的塞車問題相當嚴重，騎乘機車遠比開車更輕鬆愜意得多。

⊙全世界最便宜的車，竟毫無魅力可言！？

　　Nano的失敗，也可從品牌的觀點來解釋。以往機車騎得方便愜意的消費者，會願意改買車來開，背後應該有一定程度的購買動機才對。民眾從兩輪機車換成四輪汽車的時機，通常會發生在人均GDP邁向3,000美元之際。換言之，很多顧客是要買車來當作身分地位的象徵。

　　消費者既然是為了得到一種身分地位的象徵而想買車，以「全世界最便宜的車」作為宣傳的產品，消費者當然不會想買。塔塔的行銷策略錯誤，才會導致品牌經營失敗。再加上第一代Nano發生了火燒車意外，使得這個車款幾乎全面滯銷。

　　Nano在2015年發表了全面改款的第二代產品，銷售才終於開始有點起

色。第一代的Nano應該為車市帶來了頗為可觀的學習效果，從本田汽車的N-BOX，也可以看出消費者即使是對小車，也都要追求高度的設計感。

　　換句話說，第一代Nano只有精省（Lean），到了第二代Nano則又加入了聰明（Smart）的元素。塔塔旗下擁有講求極致聰明的捷豹和荒原路華品牌，所以要在Nano當中加入聰明元素，我認為應該不難做到。這輛小車已開始吸引到印度人的關注，讓他們覺得「總算推出稍微有型一點的Nano」了。

挑戰Nano獲全球經營高層肯定

　　美國《商業週刊》（*Businessweek*）和波士頓顧問公司每年都會發表一份「全球創新企業排行榜」。這份排行與本次的百大金榜不同，它不是以營收和獲利等數字為依據所做的排名，而是由全球企業主進行票選。蘋果和Google是這個排行榜前段班的常客。

　　2008年，塔塔突然竄升到這個排行榜上的第六名。全球企業主會對它有這麼高的評價，就是因為它敢於挑戰Nano。**在汽車這個保守的業界裡，塔塔敢於訂出脫離常軌的目標，進而加以實現，使得它成了全球矚目的標的。**

　　Nano這項產品本身，雖然後來在銷售上因為行銷失當而吃了敗仗，卻讓塔塔的企業品牌得以一舉躍升到全球頂尖水準，而且還因此吸引到全球頂尖的合作夥伴，成功加速了企業的次世代成長。

　　塔塔掌握到了新興國家的需求，催生一套出聰明精省型的創新。它甚至還跨出了印度，勇敢前進非洲新興國家和先進國家的舉動（軸轉），讓人感受到它未來可望再更進一步跨國成長的潛力。

5 零售業的超成長企業

前面一連介紹了好幾家重量級的企業，
或許各位覺得它們距離日常生活的切身感受有些遙遠。
本段要從各位生活周遭的零售業當中，
挑選出特別值得關注的超成長企業來介紹。
它們分別是在日本大家耳熟能詳的星巴克，
以及目前在美國備受矚目的零售超市——全食超市。

Starbucks

Whole Foods

咖啡業界的革命者
排名第十四名

星巴克

　　星巴克透過向消費者提案一種「有咖啡的新生活方式」，塑造出了一個新業態。接下來，就讓我們一起來看看它的特色。

「新世代咖啡館」的策動者

　　星巴克在美國是以「**第三空間**」這個概念而大受歡迎。只不過，在它選擇的第一個海外展店據點——日本，這個概念當初完全不被接受，因為這是一個極為美式的價值觀。

　　首先，「第一空間」指的是自己的家裡。在美國，夫婦各自從職場下班回家，就要不時向對方說「親愛的」、「我愛你」等等，很多事情都要彼此顧慮。所以在「第一空間」裡，人們很難真正放鬆。

　　「第二空間」指的是職場或學校。在這裡也有主管或老師隨時盯著看，讓人總是繃緊了神經。

　　正因為「第一空間」和「第二空間」是如此充滿壓力的地方，所以介於這兩者之間，**讓人們找回自我的「第三空間」這個提案，才得以被消費者所接受**，而這也是外界認為星巴克之所以成功的主因。

　　然而，日本人在「第一空間」的自己家中，已經得到了充分的放鬆。再者，在公司這個「第二空間」裡，也讓人感到很舒適，所以才會有人到了深夜都還不下班回家，甚至還有不少沒分寸的上班族連週末都還跑到公司去放鬆休息。此外，掛著紅燈籠的居酒屋等「第三空間」也很充足，因

此星巴克的「第三空間」這個概念，對日本人而言並沒有太大的魅力。

⊙在日本和中國的概念轉變

星巴克在日本獲得消費者認同的原因，是在於它提供了「優質的休憩時空」，這一點和美國大不相同。而在中國，星巴克則是以「和朋友聊是非的地方」而大行其道。換言之，**星巴克會隨著地點不同而調整概念或價值，以求演化**。

在星巴克出現之前，美國的咖啡並不是個講究口味的東西，就像日本的番茶[21]一樣，就「只是個飲料」罷了。

星巴克在美國創造了一種「品味正宗咖啡」的新咖啡文化，而這個星巴克現象，激起了一波新的連鎖咖啡店浪潮，舉凡日本的塔利咖啡（Tully's Coffee）、韓國的湯姆士（Tom N Toms），都在此時應運而生。

星巴克2.0的急衰

就在星巴克成功搶佔咖啡市場之後不久的2000年初，它的實質創辦人霍華‧舒茲退居第二線，將執行長一職交棒給出身顧問業界的後進。自此星巴克便開始聲勢大跌。

若以前面介紹過的蝴蝶模式，來整理從舒茲手上接下執行長一職的新經營者做了些什麼，結果會如圖4-12所示。

我試著分析了後舒茲時期的星巴克經營策略，發現它的策略走向可在圖中整理成一條漂亮的左上右下斜線，很有顧問公司的風格。而這就是後舒茲時期的星巴克2.0所追求的目標。

---

[21] 綠茶的一種，通常是指規格較差、無法送到市面流通買賣的次級品。

圖4-12　舒茲卸任執行長後的星巴克

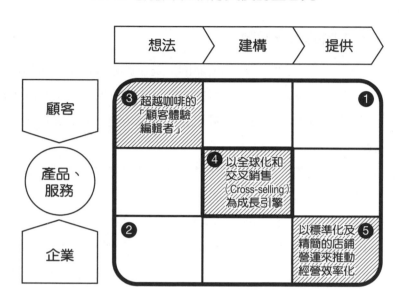

⊙從蝴蝶模式中看到的星巴克2.0

　　首先在③顧客洞察方面，星巴克2.0想追求的是**超越咖啡**，「**成為顧客體驗的編輯者**」。星巴克因為標榜自己是「第三空間」，所以過去也的確不是只有賣咖啡，但此時將咖啡從星巴克的核心價值當中剔除是否適當，我個人抱持著相當大的疑問。**抬出「體驗的編輯者」這把尚方寶劍，竟成了星巴克迷失方向的起點。**

　　在④成長引擎方面，當時的星巴克宣布在全球擴大展店的同時，要祭出以「**一個十字路口的四個角上都有星巴克**」為目標的極端優勢策略（集中式展店策略）。提供的商品也除了原本的咖啡之外，又賣起了星巴克自行編輯的音樂和電影等，讓人已經搞不清這究竟是一家什麼店。

　　在⑤事業現場方面，星巴克2.0則是選擇以**標準化、效率化**為目標。

星巴克原本的做法，是要咖啡師（barista）認真地面對每一位顧客，在製作咖啡飲品的過程中與顧客對話，但這樣的做法相當費時，因此星巴克導入了咖啡機，讓營運徹底地效率化。

新任執行長在星巴克所推動的經營策略，在蝴蝶模式當中呈現左上右下的一條直線。這樣做的確是讓企業的規模擴大了，但星巴克迷卻紛紛離它遠去。

此時，金融海嘯來襲，星巴克的業績急凍，旋即陷入經營危機。

⊙不向資本市場壓力低頭的舒茲

金融海嘯退去之後，舒茲立刻重返經營的第一線。在他的著作《勇往直前：我如何拯救星巴克》（*Onward：How Starbucks Fought for Its Life without Losing Its Soul*）當中，把這段過程描寫得相當戲劇化。

舒茲徹底轉換了星巴克與引起這波金融海嘯的源頭——資本市場之間的關係。

領軍指揮星巴克2.0的這位來自顧問業界的執行長，被資本市場上的投資人趕著要求成長，只得不顧一切地朝擴張路線狂奔。

然而，**重出江湖的舒茲，對資本市場上的投資人明白表示「成長只不過是個結果，而非目的」**，他甚至還把話說得很清楚，要那些投資人「如果想要求星巴克有短期性的成長，大可不必來當股東」。

不僅如此，他還廢止了每月發表各店營收報告的慣例，激怒了大批市場分析師。因為他始終堅守一個態度，那就是「不希望外界每個月都用門市的營收高低起伏來評斷我們的表現」。此舉讓炒短線的投資人失望賣出持股，成功地凝聚了想長期持有的股東們的擁護。

日本近來也有人提倡企業應該多重視資本市場的意見。然而，若企業走向一味討好資本市場的經營模式，將陷入躁進追求結果的短線業績導

向。市場上應該很需要像舒茲這樣的做法——**由企業來選擇「正確的股東」，並提出持續成長的路線規劃**。

舒茲上演的重生故事

就這樣，隔絕了那些缺乏耐心的股東所給的壓力之後，舒茲為星巴克的重生大戲，規劃出了一套強健踏實的劇本。

我們用和前面同樣的蝴蝶模式，來看看回歸後的舒茲想帶領星巴克呈現出什麼樣的面貌（圖4-13）。

企管顧問一定會主張應該要從③顧客洞察開始著手改善，因為他們認為，首先應該要先認清「顧客想要的是什麼」。

然而，**只要沒有確實地觀察過顧客，說再多「顧客觀點」，還是很容**

圖4-13　**舒茲所主導的星巴克重生之路**

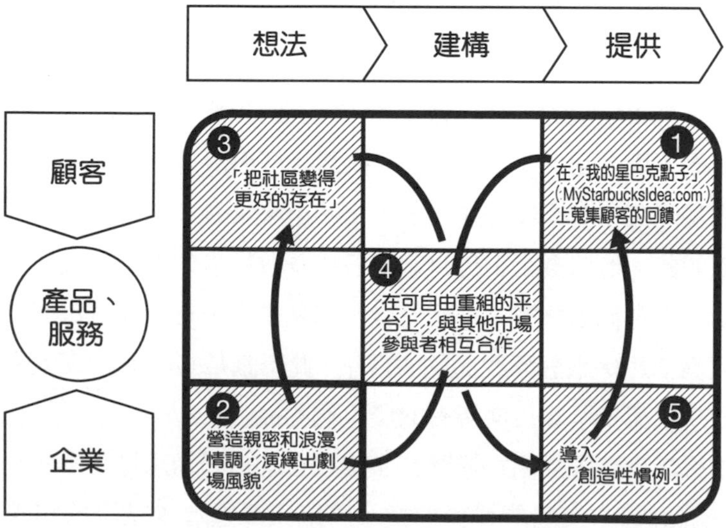

易流於自以為是的突發奇想。在星巴克2.0階段，顧客洞察的確演變成了「體驗的編輯者」這個空泛的說辭。

　　為了避免淪入這樣的失敗，**重生的第一步應該先從①顧客現場開始出發**。回歸後的舒茲，首先也是把焦點放在「顧客在星巴克的現場感受到了什麼」這件事情上。

　　為此，星巴克設立了「我的星巴克點子」（MyStarbucksIdea.com）這個平台，透過網路，從蒐集顧客「希望星巴克變成什麼樣貌」開始著手。

　　接著，星巴克把在這個平台上募集到的點子，一個一個拿來實際執行。只要確實向顧客報告「根據○○先生／女士所提供的點子，我們做了這些事」，就會再蒐集到顧客更多新的想法。

　　舒茲推動的第二項改善，是**②組織DNA**。在這個項目上，他選擇回到原點，重新定義「星巴克是誰」。

　　經舒茲重新定義過的星巴克，在本質上的DNA是「營造親密和浪漫情調，演繹出劇場風貌」。換言之，星巴克重新體認到自己在本質上的價值，就是提供一個有質感的特殊時空。

　　思考到這裡之後，舒茲才開始進行**③顧客洞察**。接著，他將星巴克的角色，定義為「把社區變得更好的存在」（Community Enhancer，社區增強者）。

　　前任執行長在顧客洞察上，做出了「體驗的編輯者」這個擴張主義式的定義；而**舒茲則是聚焦在「社區」這個「場域」，重新定義星巴克**。

從「第三空間」到「第n空間」

　　位於蝴蝶模式正中央的**④成長引擎**，要看的是企業「如何規模化」（把規模做大）。因此，企業成長與否的**關鍵，是企業要把自己當作一個**

平台（基礎），透過讓其他企業使用這個平台，以發揮槓桿效果，而不是只會閉門造車。所以，舒茲想到的方法，是透過與各種不同企業的跨界合作，讓消費者可以在各種不同的地方體驗到星巴克。

過去星巴克強調的是「第三空間」，也就是對星巴克的門市有所堅持。然而，侷限在門市這個場域，限縮了消費者體驗星巴克的機會。

要怎麼樣才能讓消費者在「第一空間」或「第二空間」都能品嚐到星巴克呢？甚至如果是要更進一步，讓消費者「隨時隨地都能體驗星巴克」，該如何讓星巴克「可隨身攜帶」？——這個**堪稱為「第n空間」的新主軸（軸轉），催生出了「星巴克VIA」**，簡而言之就是高級的即融咖啡，在超市等地都有販售。

在這個構想付諸實行之際，引發了星巴克內部很大的討論。各方的爭論點在於「如果不是在『星巴克』這個特殊的空間提供我們的商品，顧客是否就無法獲得星體驗？」

結果，最後舒茲提出了「以『第三空間』的『虛擬化』為目標」，才獲得了公司內部的認同。

消費者再怎麼喜歡星巴克，也無法每天來店消費好幾次。因此星巴克想提供一種體驗，讓消費者在日常空間中，也可擁有「唯獨這一刻，能讓我度過和在星巴克一樣的時間」。

有人擔心「要是在任何地方都能體驗星巴克，顧客是否就不到店裡來消費了？」然而實際上，星巴克VIA的使用者都是忠實的星巴克迷，他們反倒還會為了要體驗「真正的第三空間」，而提高到店消費的頻率。

此外，星巴克還進軍了「第四空間」。它是真正的虛擬空間，換言之就是網路的世界。

想在網路上實際體驗咖啡美味，當然是有些不切實際。但星巴克所做的，是在推特（Twitter）及臉書等社群網站上，由以星巴克為主的社群成

員，炒熱出一個個讓人可以自由交換意見的空間，堪稱是一項讓「把社區變得更好的存在」大顯身手的措施。

⊙導入「創造性慣例」

在星巴克2.0時期，為了推動門市現場的效率化，而貫徹執行了操作流程的標準化。要做到規模化（擴大規模），標準化的確有其必要。然而，執行這項政策的結果，是星巴克失去了與顧客之間那些具有手感溫度的接觸機會，導致顧客紛紛棄它而去。

而在星巴克3.0時期，則是導入了前面曾介紹過的「創造性慣例」這個思維。

「每個門市現場都各自發揮自己的創意，用心打造出為顧客著想的服務。這當中能讓顧客滿意的好點子，就會成為新的創造性慣例，進而推展到全世界的星巴克去」。就這樣，星巴克的目標，是要**鼓勵門市現場多發揮創意，而總部則是要將這些創意發想編成一套新的標準**。

透過門市現場的創意巧思，隨時精進服務的操作方式，而非冷漠無機地執行標準化。舒茲把這樣的「進化過程」，埋進了門市現場裡。

⊙超越連鎖店經營理論

舒茲的回歸，讓星巴克得以從不當標準化的詛咒中獲得解脫，草創初期那種洋溢創意巧思的風氣，又重新回到了門市現場。

其中甚至還有部分星巴克門市開賣酒精飲料，這在以往的星巴克是無法想像的。然而，研判「成年人的社群裡要有酒才自然」的門市，遂開始供應起了啤酒或葡萄酒。

星巴克這樣的措施，其實也是想突破既往連鎖店經營理論極限的一種嘗試。

　　20世紀是連鎖店大發利市的時代，其中最典型的例子就是沃爾瑪。訂出整齊劃一的規格樣式，以相同的型態有效率地到處展店——這就是所謂的連鎖店理論。現已在日本宣告破產的大榮（Daiei），它的創辦人中內功（Nakauchi Isao）先生當年就曾傾慕過這樣的理論。

　　然而，連鎖店理論在「工業化時代」固然可以大行其道，但在「個性化時代」卻不適用。因此，舒茲所推行的，是藉由單店主義來擺脫連鎖店的桎梏。奉行單店主義的零售業，會很難追求規模經濟，因為旗下的門市很可能淪為各自為政的獨立個體。

　　讓各門市既是獨立的個體，又能用品牌將它們串連起來，就是一種創造性慣例。雖說是奉行單店主義，但星巴克這個品牌卻因此而進化。換句話說，舒茲想追求的企業樣貌，是讓單店在一個整體的形象下自由地呼吸。

　　此外，舒茲還直言「門市這個場域本身並不是商品，而是由在門市裡的每一個人創造出了它的價值。因此，每一個人的想法和舉止都非常重要」，將門市夥伴放在價值提供過程裡的最高位階。這與重視效率、積極去個性化的連鎖店經營，完全是背道而馳。

崛起的第三波咖啡館

　　如今，星巴克正面臨一個新的考驗，那就是第三波咖啡館的崛起。

　　「第三波咖啡館」這個名字取得非常高明，因為它一舉就讓星巴克被歸類到第二波的過時咖啡館去。如此一來，就算星巴克再怎麼標榜單店主義，看起來都會像是去個性化的連鎖店。

　　舒茲所建構的星巴克3.0，旗下雖然是一家一家別具個性的門市，但第三波咖啡館目前頗有凌駕星巴克的態勢。最近這幾年，第三波咖啡館在

以舊金山為主的區域開始流行，現在甚至還延燒到了紐約，成為美國的一波新風潮。

「花時間為真正愛好咖啡的人準備咖啡，希望各位可細細品嚐」——第三波咖啡館正是抱持著這種哲學的咖啡店。

被譽為第三波咖啡館旗手的藍瓶咖啡，其創辦人詹姆斯‧費里曼原本是位單簧管演奏家，他在巡迴演出時來到日本，邂逅了日本的老派咖啡廳，並從中獲得靈感，才創辦了藍瓶咖啡。事實上，後來他也毫不猶豫地選擇了日本作為藍瓶咖啡進軍海外的第一個地點。2015年，藍瓶分別在東京的清澄白河及青山，開出了第一、二號門市，引起熱烈的討論。

在日本，下町那些自有堅持的老派咖啡館早已式微。而藍瓶卻從中得到靈感，開始提供給咖啡愛好者一個享受美味咖啡的地方。

藍瓶咖啡被譽為是「咖啡界的蘋果」，受歡迎的程度可見一斑。包括Google在內，幾家矽谷的當紅企業也都悄悄入股。再這樣發展下去，星巴克恐怕將淪為「咖啡界的微軟」。

以單店經營為主軸的星巴克4.0

因此，星巴克在自己的發源地西雅圖，推出了「星巴克典藏咖啡」（Starbucks Reserve）門市。其實這種門市與藍瓶咖啡頗為相似，但舒茲卻主張「我們從一開始就以這樣的門市為目標」。

姑且先不論這場「始祖」之爭誰勝誰負，星巴克已再度致力提升對咖啡喝法、沖泡方式，甚至是原料採購等環節的講究。

這項改善是一個很大的挑戰。因為那些第三波咖啡館的旗手們，都強調自己走的是「小規模」路線。

日本素有「同情弱者」的說法，而美國也興起一種認為「企業一大就

黑心」的想法，所以當企業變成像微軟或沃爾瑪那樣的大企業時，往往就會被視為「邪惡帝國」。

　　如前所述，這一點是Google最戒慎恐懼的陷阱。可能是因為**美國文化底蘊裡帶有個人主義，所以與個人對抗的這股「工業化扶植出來的力量」，往往會被認為是「邪惡」的。**

　　舒茲想做的，是要「為星巴克找回人味」。然而，他能否成功，都要看單店主義在規模已如此壯大的星巴克裡，究竟能推展到什麼地步。

　　解決「規模雖大，但仍保有個性」的這個矛盾課題，是星巴克3.0時期也一直努力的方向。以「典藏咖啡」這個新的概念為起點，星巴克究竟能朝4.0進化到什麼樣的地步？我拭目以待。

> 有機食品熱潮的策動者
> 未列入評比，相當於第十七名

全食超市

　　全食超市的股票是在2000年以後才上市，因此未列入本次排行評比。然而，若從成長的角度來評斷，它相當於第十七名，是一家成長相當迅速的企業。

　　全食超市並未進軍日本，因此知名度還不高。它其實是一家以有機食品為主要商品的美國超市。

　　全食超市的店面很漂亮，光是在店內逛逛就能讓人覺得很開心，與佔地廣大、冰冷無機的沃爾瑪和好市多（Costco）屬於兩種極端。這樣說或許比較容易想像：它的商品要價不菲，但是大家都樂意掏錢消費的一家店。

創辦人約翰・麥基的大志

全食超市是約翰・麥基（John Mackey）於1980年，和他當時的女朋友一同創辦的商店。

麥基和賈伯斯同屬嬉皮世代，大學也同樣沒念完。而賈伯斯也和麥基一樣，都抱持著所謂的反主流、反資本主義的思維。麥基因為窮得沒飯吃，於是找了一份在生活消費合作社（co-op）上班的工作。

原本麥基滿懷期待，認為「生活消費合作社既然是消費者組織，應該是站在消費者這一邊的」。而實際開始上班之後，他才發現自己的期待完全落空了——組織裡全是些政界人士，絲毫不為消費者著想。幻滅的麥基於是決定獨立創業。

接著，他在德州的奧斯汀（Austin）近郊開了一家有機食品店。有機食品這種東西，定義既複雜而且還是個一講究起來就沒完沒了的世界。麥基所創辦的，就是這樣一家以有機食品信徒為客群、純淨至極的店。「某些重度擁護者很狂熱地支持，但一般消費者很難接受」——麥基開的就是這種商店。

⊙要讓美國人身體健康

然而，開幕不到一年，颶風便重創了整家店。

原本已經走投無路的麥基，身邊的人紛紛對他伸出了援手。盼望商店重建的顧客，自己帶著水桶和抹布跑到店裡去；供應商爽快地答應讓他延後付款，而銀行則是核准了他的貸款，未露半點難色。後來，麥基曾說：「**這時才切身感受到『獲得利害關係人愛護』的重要，而它後來也成了我很重要的一段形成經驗。**」

麥基就這麼度過了險境。之後，他為了讓飽受肥胖之苦的美國人能活

得健康，便立志要擴大推廣有機食品。於是，他的商店從原本只有狂熱擁護者買單的一家極端有機食品店，轉而將服務對象擴大到一般消費者，進化（軸轉）為高質感的超市業態。

部分信奉純有機的消費者，遠離了過於迎合一般大眾的全食超市。然而，全食超市在「想讓更多美國人活得健康」的大志驅使之下，以美國為主要據點，持續大幅成長至今。

自覺資本主義

麥基向來都主張「自覺資本主義」（Conscious Capitalism）這個概念。放任資本主義自由發展，它就會失控橫行。因此，他認為應該要緊盯資本主義，並將它導向正確的方向。

⊙幸福的良性循環

要理解「自覺資本主義」的本質，看看麥基所描繪的「幸福圈」，應該會比較簡單易懂（圖4-14）。這張圖的內容，說明了全食超市是一家什麼樣的公司。

起點是「團隊成員的幸福」。在全食超市裡，包括計時人員在內的店員，都叫做團隊成員。而讓這些團隊成員幸福，就是一切的起點。各位應該可以看得出來，這和星巴克「員工才是主角」的思維，是走相同的路線。

全食超市錄用員工的條件極為嚴格，**即使是聘請一位計時人員，也都要由門市全體員工面試，並取得三分之二以上的員工同意之後才會錄用。**顯見這是一家極為注重員工彼此「人和」的公司。

進到全食超市的門市，會發現在裡面工作的人都充滿了活力，讓人很

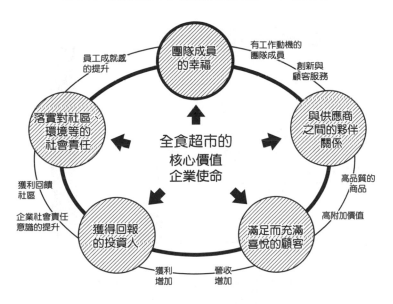

圖4-14　**自覺資本主義所帶來的「幸福圈」**

能感受到他們對自己的工作很自豪。團隊成員開心，全食超市的廠商也跟著幸福。在這樣的狀態下，這些人就能讓消費者也感到幸福，進而讓投資人也幸福，全食超市展店的社區也會跟著幸福起來，整個正向循環便生生不息。

⊙結果是股東價值提升

　　能清楚呈現股東幸福程度的，就是圖4-15裡的企業價值成長率。

　　這是一張將企業分為兩個群體，以比較兩者之間股價推移的圖表。直條圖中的右側長條，是以美國極具代表性的五百家企業股價為指數，所算出來的標準普爾500指數（Standard & Poor's 500，或稱S&P 500 index；簡稱標普五百500）；而左側這些以全食超市為首的企業，則是採取「顧

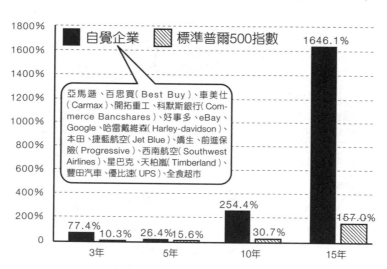

圖4-15　**企業價值成長率（理念追求型 vs 利益追求型）**

資料來源：《人見人愛的企業》（*Firm of Endearment: How World-Class Companies Profit from Passion and Purpose*）由 Person Prentice Hall 於 2007 年出版

及利害關係人的經營」，也就是麥基所說的「自覺資本主義」企業。

　　從這張圖中，可以很清楚地看到不以拉抬股價為目的的「**自覺資本主義經營**」，**以結果而言其實是為股東帶來了高報酬。**

　　麥基的好勝心很強，曾與純粹資本主義者米爾頓・傅利曼（Milton Friedman）持續論戰多時。傅利曼主張「企業只要聘用員工並繳稅，就已經盡足企業的社會責任了」，態度上也傾向認為企業應該專注於股東價值的提升。

　　兩人在多種文獻資料上都闢了論戰的戰場，麥基更是毫不留情地反駁傅利曼，主張「放任會讓資本主義走向墮落」。這場對立一直持續到2006年傅利曼過世為止。奇妙的是，在雙方筆戰落幕之後兩年，麥基的主張等於是在金融海嘯當中得到了驗證。

　　麥基的書，在日本上市時冠上了《世界上最值得珍惜的企業》（*Conscious Capitalism*）[22]這個有點奇特的書名。這個書名所指的企業，當然是全食超市。

　　相較於沃爾瑪，全食超市的門市版圖其實尚未遍及全美，麥基對於展店也相當地步步為營。然而，如今美國流傳著「全食超市一進駐，社區就會點燈」的說法，可見全食超市已是個備受喜愛的企業。

⊙從品質型企業邁向跨國成長型企業

　　和沃爾瑪一樣，批判全食超市只要一展店，就會害在地商店紛紛倒閉的說法，時有所聞。

　　然而，麥基的目的意識絲毫沒有動搖。他很認真地覺得「開了店，社區裡的人就會變得健康又有活力。我想把這個幸福圈向外擴大，以拯救全美國」。

　　此外，也有人批評他「太貪求成長」，甚至還有不少人揶揄他「表面上是在批判資本主義，但其實都是為了想賺錢吧？」面對這樣的批評，麥基同樣用他那與生俱來的好勝心，在盛怒之下跳出來與之對抗，因此往往被視為是一位古怪的經營者。

　　然而，試圖超脫「當『O企業』（機會型企業）或『Q企業』（品質型企業）」這種選邊站的對立結構，才是麥基這位經營者的真本事。於是，全食超市透過超脫這個矛盾對立，進化成為本書中所提倡的「G企業」（跨國成長型企業）。

---

[22] 中文版書名為《品格致勝：以自覺資本主義創造企業的永續及獲利》。

6 ｜ 逾百年歷史的消費品大廠

前面介紹過了零售業，

接下來不妨再將焦點轉向消費品企業。

在這個段落當中，我想關注的是

各位讀者也都相當熟悉的兩家企業——寶僑和雀巢。

Procter&Gamble
Nestlé

傑出企業的代名詞
排名第六十八名

寶僑

　　寶僑儼然就是傑出企業的代名詞，甚至可以說是「藍籌股[23]中的藍籌股」。然而，過去曾被視為傑出企業的公司，到頭來卻頹敗凋零的案例，屢見不鮮。寶僑究竟會不會步上它們的後塵呢？

一家好公司的要件為何？

　　〈差異化思考的企業〉（How Great Companies Think Differently）這份論文，於2011年獲得麥肯錫論文獎第二名的殊榮，因而備受矚目。論文作者是哈佛商學院的羅莎貝絲・肯特（Rosabeth Kanter）教授。

　　或許是因為肯特教授在IBM和寶僑擔任顧問的關係，所以她在論文當中也將這兩家企業列為卓越企業（Great Company）。附帶一提，在這部論文當中所提到的日本企業，就只有歐姆龍一家而已。

⊙卓越企業共通的六項要件

　　肯特教授提出卓越企業的六項共通要件。而根據她的分析指出，這六項要件，寶僑全都符合。

　　第一項是「共同目的」（Common Purpose）。寶僑的企業理念是「為消費者創造更美好生活」。在寶僑，這個宗旨、價值觀和原則

---

[23] 英文為Blue Chip，是指歷史悠久、具代表性、流通量高、財務狀況良好、獲利及配息皆有一定水準，股價表現相對穩定的個股，也就是所謂的績優股。

（Purpose, Values, Principles，簡稱PVP）就像憲法般地滲透人心。

　　第二項則是「**長期觀點**」（Long Term Focus）。寶僑創業已逾一百五十年，儘管如此，它還是在試著思索好幾個世代之後的事。假設一個世代大約是三十年，能將未來三個世代、百年之間的事納入考量，足見寶僑經營體質結實強健。

　　第三項是「**情感投入**」（Emotional Engagement）。例如寶僑在西非推動的伊波拉防治運動，就是屬於這項要件的範疇。這樣的活動讓員工感到很自豪，而員工們也都能從中得到活力。

　　第四項是「**成為公部門夥伴**」（Partnering with the Public）。各國的寶僑目前都和政府及醫療院所等機構，合作發展事業。

　　第五項是「**創新**」（Innovation）。寶僑很積極地在布局「連結＋發展」（C+D）而不是傳統的研究開發（Research & Develop，簡稱R&D）。它不僅在自家公司內部尋求新產品或新事業的種子，還積極對外向其他企業募集點子，並加以商品化，以加快自己的創新腳步。

　　第六項是「**自發組織**」（Self Organization）。寶僑的組織運作方式，不是根據大企業常見的「高層指示」，而是由第一線自發性地推動各種措施，作為組織運作的基軸。

　　在這六項要件當中，我想就極具寶僑特色的兩項，來為各位做深入介紹。

⊙宗旨、價值觀和原則

　　在寶僑，被稱為PVP的宗旨、價值觀和原則早已滲透進企業內的各個角落。

　　寶僑的經營團隊為加強宣導，總是藉各種機會向員工說明這套PVP。其中尤以自2009年起至2013年擔任執行長的鮑伯‧麥克唐納（Bob

McDonald，卸任後曾於歐巴馬政府擔任美國退伍軍人事務部部長），簡直就像是PVP的化身。在他的演說或談話影片當中，總是以「我們的目的」（Our Purpose）為起手式，一再大談PVP。寶僑讓經營高層成為傳教士，不斷地向員工闡述「我們是什麼樣的一家企業」，以落實貫徹它不離主軸的經營方向。

⊙連結＋發展

　　這個想法，是認為「公司之外有很多不錯的想法，因此可以妥善挑選一些合適的選項，將它們事業化」。寶僑前執行長賴夫利（A. G. Lafley）於2000年接任執行長一職後，便徹底落實地推動這項措施。他在自己的著作《創新者的致勝法則》（*The Game-Changer: How You Can Drive Revenue and Profit Growth with Innovation*）當中提到「我們發現了一套嶄新的創新模式」。

　　賴夫利要求不僅是商品開發，就連設計、採購、生產、銷售、行銷等，所有供應鏈裡的環節，都要從外部找來一半的新點子。

　　所謂的外部，具體而言包括只銷售技術的新創企業，也有大學等研究機構及個人，甚至也會借重供應商的智慧。還有創投公司和顧問公司，就連稍後會介紹的競爭對手，也都是寶僑學習的對象。

從解決問題邁向發掘機會

　　賴夫利在2013年出版了《玩成大贏家：巨擘寶僑致勝策略大公開》（*Playing to Win: How Strategy Really Works*）這本書，書中介紹了寶僑式科學策略流程。

　　我在一橋大學研究所裡有開設問題解決法的課程。我所教授的麥肯錫

式問題解決法，是從「課題」（issue）開始切入。答案的品質好壞，取決於課題如何設定，因此要徹底地想清楚「問題是什麼」、「課題是什麼」。

然而，**寶僑式的問題解決法卻不是從「課題」切入，而是從「機會」（opportunity）開始**。其實「課題」與「機會」是一體兩面，因為能解決課題，就能連結到實現下一波成長的「機會」。

從「課題」開始切入，眼裡看到的都是問題，內心不免泛起一陣悲壯感；另一方面，從「機會」開始切入，內心會充滿著柳暗花明又一村的期待。「找到機會向前進」的這種發想，堪稱是寶僑式問題解決法的原點。

⊙科學策略擬訂流程

賴夫利寫下了**寶僑的「科學式策略擬訂流程」**（圖4-16），共分為七個步驟。

步驟一是在沒有任何限制下設定出想得到的選項。

在步驟二當中，還要把這些選項的可能性再擴大。

到了步驟三，才開始思考要具備什麼條件才能讓這些選項成功。若從一開始就先急著考慮「成功條件」，容易扼殺掉許多可能的幼苗，所以才刻意把這個步驟往後放。

然後是到了步驟四，才開始思考障礙條件。在這個階段，要考慮「中斷賽局者」、「賽局殺手」究竟是什麼。

步驟五和步驟六是在設計測試「是否符合成功及障礙條件」的測試，並予以執行。這裡最巧妙的設定，就是要將這兩項工作交給最強烈反對的人來執行。

究竟為什麼一定要交給持批判立場的人呢？這是因為置身事外者往往會不斷批評，而若能從中選出反對得最合理的人來主持測試，且得出連這個人都能認同的答案，策略成功的機率就能一舉攀升。

圖4-16　寶僑的「科學式策略擬訂流程」

① 設定選項

針對經營上的課題，至少設定出兩個可能成為解方的MECE（彼此獨立、互無遺漏）式的選項

不該做的事
讓思考只停留在課題層次，而列出做不到的理由

該做的事
把「維持現狀」也列入一個選項，並評估它是不是一個正確選擇

② 產生可能性

盡可能拓寬思考框架，就各個選項預設各種可能

不該做的事
先想做不到的理由，進而從頭否定各種可能性

該做的事
跳脫過去所處的位置、框架（例如從攻擊者的立場來思考）

③ 明述條件

針對各種可能，仔細考慮「必須具備什麼條件，這個可能才會成立」

不該做的事
在這個階段也大談做不到的理由，否定任何可能

該做的事
將疑慮事項化為疑問句，轉入下一個步驟，而不是否定句

④ 找出障礙

從這些成功必備的條件當中，找出實現各種可能之際最致命的障礙

不該做的事
將所有成功條件視為障礙，要求測試

該做的事
讓持反對意見者也能就最致命的障礙（killer factor）達成共識

⑤ 設計測試方法

針對每項致命性的障礙，設計出充分且必要的測試方法，以確定成功條件可以成立

不該做的事
讓新選項的倡議者主導測試

該做的事
讓最質疑各項可能的人主導該項測試

⑥ 執行測試

運用為確保成功條件可以成立，所設計的小規模測試方法，對每項致命性的障礙進行測試

不該做的事
交由外部顧問等第三者測試所有可能

該做的事
篩選出最致命的條件，就個別單項進行測試

⑦ 選擇

根據測試結果，判斷成功條件是否會成立，決定可否執行

不該做的事
即使實驗結果看起來是正向的，仍對策略執行與否裹足不前

該做的事
先從小規模開始做起，並擬出橫向擴展的執行計畫

資料來源：〈把策略藝術變科學〉（Bringing Science to the Art of Strategy），《哈佛商業評論》2012年9月號

這一連串的流程，其實是從科學發現的歷史當中所學到的。

以往的經營手法未必堪稱科學，但經營必然脫離不了「政治」，因此，經營團隊往往只考慮到「聲音大的人就贏」，或要「打倒反對派」。

寶僑的特色，就是把科學而公平地「觀察可能性，再進行實驗，驗證結果」的過程，融合到企業的策略擬訂方法裡。它們採取「先經實驗測試後，再進入下一步驟」的方式，讓PDCA持續運轉，才得以有組織地持續推動創新。

發現新的大眾市場

讓我們舉一個具體的實例，來看看寶僑的經營策略。

在寶僑歷史最悠久的美妝保養系列產品當中，有一個品牌叫做歐蕾（Olay），以往推出的都是走大眾路線的護膚保養品，但寶僑想把它推向高級（Prestige）市場。

然而，在高級美妝保養品市場當中，雅詩蘭黛和萊雅（L'Oréal）早已建立了穩固的地位。寶僑認為過去都在超市販售的歐蕾，在這樣的高級市場不可能暢銷，便採取了一個策略，就是鎖定**大眾與高級之間**的市場（圖4-17）。

為此，歐蕾的產品必須拉升到更高的價格帶。而根據剛才介紹過的策略擬訂流程步驟六——執行測試的結果，得出了兩個價格點（price point）。

一般消費者認為的大眾商品，價格是12.99美元以下，而18.99美元以上就會被當作高級商品。因此，若品牌要定位在兩者的中間地帶，定價就必須設在這兩個價格之間。

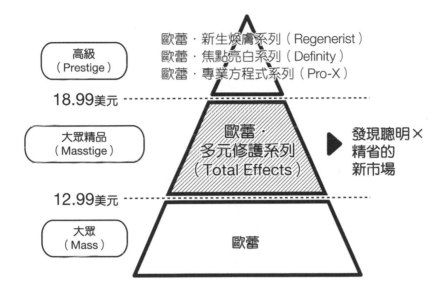

圖4-17　**寶僑──發現新成長市場：以美妝保養品為例**

高級
（Prestige）

歐蕾・新生煥膚系列（Regenerist）
歐蕾・焦點亮白系列（Definity）
歐蕾・專業方程式系列（Pro-X）

18.99美元

大眾精品
（Masstige）

歐蕾・
多元修護系列
（Total Effects）

▶ 發現聰明×
精省的
新市場

12.99美元

大眾
（Mass）

歐蕾

⊙實現聰明精省的大眾精品策略

寶僑將這個新的價格帶命名為「大眾精品」（Masstige）。

「大眾精品」這個詞彙，後來不僅是在美妝保養品業界流傳，連在葡萄酒等其他業界也都廣為使用。

以葡萄酒而言，高級葡萄酒自然價格不菲，日常酒（Daily Wine）平價親民，而在**兩者之間那些「略具水準的葡萄酒」**，即為**大眾精品**。其實這無疑就是我所主張的「聰明精省」。搶攻**大眾精品市場**，品牌就會更具**物超所值的形象**，進而可以吃下廣大的大眾市場。

以「連結＋發展」過關斬將

　　寶僑出現大幅度的成長，是在賴夫利首度接任執行長一職的2000年起到之後的十年之間。而驅動當時成長的因子，就是前面介紹過的「連結＋發展」。

⊙靠著與競爭對手的連結而實現的「Swiffer」

　　「連結＋發展」策略當中最著名的，就是「Swiffer」這項商品。

　　它是一種不需用水，就能以靜電清除灰塵的拖把。我雖然沒在日本的市面上看過這款商品，但它在美國非常暢銷，堪稱是最知名的清潔用品。

　　值得矚目的是，**這款產品所使用的替換式除塵紙，並非寶僑的產品，而是由嬌聯（Unicharm）所生產。**

　　在紙尿褲及生理用品市場上，嬌聯堪稱是寶僑的宿敵。然而，對嬌聯而言，好不容易開發出劃時代的除塵紙，卻沒有清潔用品的銷售通路，甚至也不具清潔用品品牌的知名度。

　　而另一方面，寶僑若想自行開發出同樣的除塵紙，需投入大量的費用及時間。因此，便促成了這段由兩家競爭廠商聯手合作，共創雙贏的關係。就這樣，相較於閉門造車式的研發（R&D），「連結＋發展」在成本上和開發速度上，都獲得了大幅的改善。

　　賴夫利2000年甫就任執行長之際，**便訂下了「50%的創新要以來自外部的點子為基礎」這項方針**。這項方針相當成功，在賴夫利任內的這十年間，寶僑大幅成長，營收翻倍，獲利更彈升四倍，而企業價值則達到了千億美元。

⊙與其他企業連結所需的「籌碼」？

在寶僑，大家把自家企業為了實現這種「連結＋發展」所提供出來的東西，稱為「籌碼」。

想當然耳，除非寶僑主動端出「某些對於對方有利的東西」，否則對方就不會拿出任何資源。而寶僑所認為的「籌碼」，舉例來說有以下這些東西：

- 生產流程、技術祕訣
- 消費品行銷
- 專利
- 設備
- 公司的忠實顧客
- 與政府間的有力關係

為了讓「連結＋發展」快速延伸發酵，如何建立廣泛而深入的外部網絡，便成了一個重要的關鍵。因此，寶僑就以圖4-18所呈現的組織結構，成立了一個專門負責向外展開天線、找尋商機的「連結＋發展」部門。

這個專責團隊會親自走訪各式各樣的企業，發掘新點子。這種做法也堪稱寶僑的特色之一，是其他公司所沒有的。

成長的反動與急衰

當時，亨利・伽斯柏（現為加州大學柏克萊分校哈斯商學院教授）所提倡的「開放式創新」受到各界的矚目，而寶僑的「連結＋發展」也被當

圖4-18 **寶僑的事業開發體制**

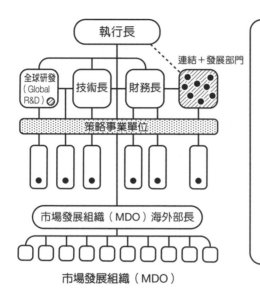

- 事業單位會視需要，請求公司提供一筆專用的事業開發投資

- 連結＋發展部門獨立編組團隊
  - 負責核決公司整體目標與特定專案
  - 召開評測進度的定期會議

- 財務誘因整合
  - 事業開發成本由事業單位負擔
  - 交易量累計在事業單位的計分卡
  - 事業開發的獎金與事業單位連動

*BCG製表

作是「開放式創新」的成功案例，廣為流傳。

　　然而，伽斯柏教授本身對於「連結＋發展」，其實是抱持著懷疑的態度。他向我提過：「開放式創新需要對彼此承諾，且更認真地全力一搏」、「不能過度仰賴外部，要把自己能提供出去的東西淬鍊得更好」。

　　「連結＋發展」手法的名氣變得如此響亮，儼然成為開放式創新最具代表性的案例。而這對伽斯柏而言，造成了極大的困擾。

⊙樂金電子導入連結＋發展後的悲劇

　　實際上，正如伽斯柏教授所預期的，「連結＋發展」在風行一時之後，曝露出了極大的缺陷。

　　當時我還在麥肯錫任職。在此，請容我介紹當年我曾經親身遭遇到的一場悲劇。

2007年，接下韓國樂金電子執行長大位的南鏞（Nam Yong）禮聘麥肯錫團隊提供服務。南執行長和我，是從他擔任樂金集團董事長室主任的1990年代起就認識的老朋友，但由於我當時負責三星的相關業務，因此並未加入這個團隊。

為樂金服務的這個麥肯錫團隊，向南執行長宣揚寶僑這套「連結＋發展」模式，而南執行長也對它深深著迷，遂決定在樂金導入，並從寶僑挖角了好幾位大將。換句話說，當時是打算靠麥肯錫團隊和寶僑的老員工，在樂金導入「連結＋發展」模式，以期改變樂金。

起初看似一切順利，結果後來樂金業績卻面臨急遽下滑的局面。

就技術方面而言，三星是即便把其他企業踩在腳下，也堅持要「自給自足」並「納入麾下」的一家公司。相對地，導入「連結＋發展」的樂金，則是運用了其他公司的技術，想藉著商品開發的速度來與其他競爭者一較高下。然而，這套模式在消費品業界或許還行得通，但在科技公司推行，會動搖公司的根本。

後來又因為受到金融海嘯的衝擊，南執行長於2010年黯然下台，麥肯錫團隊也被趕出樂金，從寶僑延攬來的成員也紛紛去職。負責出面收拾殘局的，是出身自創辦人家族的具本俊（Koo Bon-Joon）副董事長。他大刀闊斧地改革，企圖將樂金拉回成一家以技術為本位的公司。然而，樂金要追回與三星之間的差距，可是件非比尋常的難事。

樂金的失敗，就像是暗示了寶僑的將來。不久之後，寶僑也迅速地衰敗失勢。

賴夫利重出江湖

寶僑的前執行長賴夫利，和奇異的傑克·威爾許，都一直很貪戀著

「當代知名經營者」的名聲。賴夫利於2009年卸下執行長一職之後，將「寶僑的成功祕訣」寫成了前面介紹過的《創新者的致勝法則》一書，開始過著優哉的演講生活。

⊙新執行長上任後股價下跌的原因

　　從賴夫利手中接下執行長一職的是鮑伯‧麥克唐納。賴夫利是個謀略家，而麥克唐納則是陸軍軍官學校出身，是個很真誠的人，甚至還有「誠信先生」（Mr. Integrity）的稱號。

　　麥克唐納一坐上執行長大位，寶僑的每股純益（EPS）就開始下跌。這波跌勢後來一直持續到2012年（圖4-19），麥克唐納則是在2013年黯然去職。

　　寶僑經營狀況低迷不振的直接原因，是金融海嘯之後的景氣萎靡。再

圖4-19　寶僑的每股純益走勢

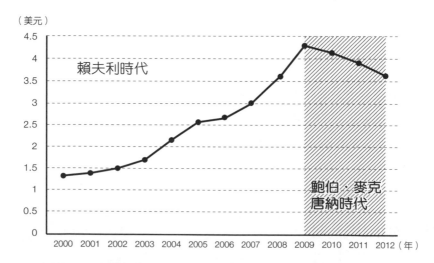

資料來源：P&G Annual Report

加上原本在賴夫利掌權時代錯失先機的新興國家投資，到了這時又加速過猛，導致寶僑的業績迅速下跌。然而，寶僑衰頹的真正原因，其實另有隱情。

　　早在寶僑改由麥克唐納掌權之前，就已開始迅速地縮編研發團隊（圖4-20）。換言之，**昔日以研發見長的寶僑，因為實施「連結＋發展」策略，已逐漸淪為一家普通的公司。**

　　為什麼寶僑會陷入這樣的窘境呢？理由其實非常簡單。

　　寶僑認為公司外部有很多好的智慧，只要成立事業部，仰賴外部資源開發商品，會比靠公司內部研發部門來得更迅速。然而，這種守株待兔的做法引來了反效果——寶僑自己的研發部門日益弱化。

　　後來，寶僑和其他公司之間的關係，也開始出現問題。

　　從其他企業的角度來看，寶僑的確是擁有世界級的銷售通路。然而，若只有這點優勢，那寶僑就和經銷商沒什麼兩樣了。與其要被寶僑抽一手

圖4-20　**寶僑急遽縮減研發（主要大廠研發費用對營收佔比）**

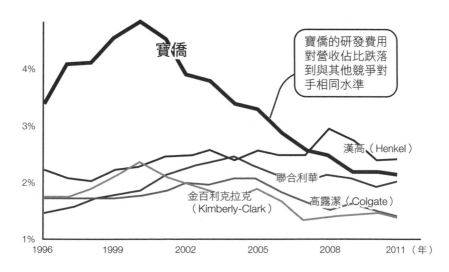

毛利，倒不如直接變成沃爾瑪和好市多等通路的自有品牌，在成本競爭力和銷售力上，都會取得絕對的優勢。

換言之，如果寶僑在技術水準方面沒有任何值得提供給合作對象的誘因，這些企業就失去與寶僑合作的加乘效益了。

就這樣，寶僑內部的開發能力已經枯竭，又無法從外部帶回新想法，因此就越來越推不出新商品了。

⊙寶僑能否東山再起？

正如伽斯柏教授發出過的那個警訊所言，開放式創新必須相當慎重地推行，否則它將成為縮減公司壽命的一帖毒藥。樂金和寶僑的失敗，意外地證明了這個說法。

結果，麥克唐納在激進派股東的壓力下被迫請辭，原本閒雲野鶴地享受著退休生活的賴夫利又被找了回來，於2013年回任執行長一職。

其實賴夫利過去曾以亞洲區最高主管的身分，在日本停留過一段時間。說穿了，當初他會獲得拔擢為執行長，是因為他是寶僑旗下子公司──蜜斯佛陀（Max Factor）成功創造SK II銷售佳績的大功臣。當年日本的寶僑發現「釀酒的酵母對手部的美容有益」，賴夫利把這項發現包裝成了全球暢銷商品。

換言之，賴夫利其實是個創新高手。但諷刺的是，這位創新高手卻因為太過急於追求成長，而使得整個寶僑都轉向追求守株待兔、好逸惡勞式的創新。

重回寶僑的賴夫利很腳踏實地努力，從根本開始重新整頓公司。他大刀闊斧地整併組織，裁減六成的品牌，為寶僑的體質改善奠定了基礎。自2015年11月起，他將執行長一職交棒給在寶僑任職已屆三十五年的老將大衛・戴懷德（David S. Taylor），自己則出任負責指點戴懷德的董事長。

　　然而，在美元升值的拖累下，原本就已表現欠佳的寶僑，2015年6月分的稅後純益衰退四成，經營團隊也並未提出能讓公司再創成長高峰的具體方案。而過去向來被嘲諷為是烏龜（花王）和兔子（寶僑）比賽的花王（Kao），在同一時期改寫了史上最高獲利紀錄。兩相比較之下，更讓人體會到沒有品質（Q）的跨國成長（G）究竟有多危險。

　　寶僑究竟能否東山再起，現階段都還是個未知數。要是它無法再創成長高峰，就一定會跌出這份百人企業的排行之外。

　　我期盼不會再有一家「傑出企業」消失，但這應該都要看寶僑究竟能做到什麼程度的軸轉（以軸心腳為基礎的轉向）吧。

CSV 經營的先行者
排名第八十九名

雀巢

　　相較於寶僑，同屬於消費品業界的雀巢顯得體質強健許多。在這次的排行榜當中，雀巢雖然被寶僑取得領先，但我給雀巢很高的評價，認為它是一家「會長命百歲的公司」。

　　雀巢較寶僑更具優勢的原因之一，在於它是歐洲企業。歐洲企業不像美國企業那樣，不會被投資人逼得那麼緊，故可按照企業自己的步調來經營。歐洲企業當然也想追求成長，但他們所追求的，終究還是有品質的「永續」（sustainable）成長，不會短期硬拚績效。

致力於三個社會議題

　　雀巢在傳統上，向來採取深耕各國的在地化策略，多年來雄踞全球食

品業界的龍頭地位，令同業望塵莫及。然而，進入2000年代之後，全球
景氣陷入低迷不振的局面，雀巢的業績也隨之衰頹。因此，雀巢採取將各
國分公司的部分功能，集中到負責統籌各國分公司的區域統籌公司轄下等
措施，大幅調整經營策略，轉向既重視地區性，同時又追求規模經濟的
「全球在地化策略」。

在這個轉變的過程中，雀巢以總公司為核心，展開了將經營主軸單
純化的一番嘗試。當時，彼得‧包必達（Peter Brabeck-Letmathe）執行長
（現為董事長）推動的是創造共享價值（CSV）經營。「創造共享價值」
這個概念，雖然是因為哈佛商學院教授麥可‧波特所發表的論文才一舉竄
紅，但雀巢早在它竄紅的至少五年前，就已經開始推行這樣的經營手法。

雀巢公開表示自己將在三個領域當中「跨國性地解決社會議題，同時
追求成長」。而所謂的三個領域，指的就是①營養、②水資源、③農業與
地方發展。

第一個領域──「**營養**」，正是雀巢的事業基幹所在。雀巢將自己的
本業，從以往的「食品」這個「方法」，重新大幅修改定義，更改為「營
養」這個「目的」。

第二個領域──「**水資源**」，是雀巢的價值鏈當中最重要的部分。當
水源枯竭成為全球性的重大課題之際，對以水為產品主要原料的雀巢而
言，這同樣也是個攸關存亡的問題。

第三個領域──「**農業與地方發展**」，是想對企業價值鏈上的生態系
統發展做出貢獻。雀巢希望能傾力與各地方共同建構持續性的雙贏關係，
而非只是搾取資源。

波特教授提出了以下三點，可作為實踐CSV的槓桿。

①透過產品來貢獻社會

②提升整個價值鏈的生產力

③促進地方聚落成長，以獲得經濟上的擴張

　　或許各位會覺得很驚訝，雀巢所提出的三個領域，其實根本就是波特教授的這三個槓桿。然而，稍後會再為各位詳述，其實波特教授正是雀巢的CSV經營顧問。了解這個背景之後，或許各位讀者就能理解兩者為何如出一轍了吧。

　　雀巢基於CSV宣言，以致力改善三個社會議題，並同時提升經濟價值為目標。

　　圖4-21這張圖，呈現了雀巢經營模式的全貌。

　　位階最高的是「創造共享價值」，也就是CSV；第二階放的是永續性（sustainability），以往它曾被擺在最高位階；而最下層則是法令遵循。在

圖4-21　雀巢：CSV經營的全貌

雀巢就是以這個金字塔為主軸，推動公司經營。

　　「以『企業能為社會做什麼』（Purpose，目的）為主軸來思考」，是這本書的核心訊息。雀巢在CSV經營當中，很鮮明地呈現出這個概念。

⊙將CSV埋入公司治理

　　雀巢並非只把創造共享價值當作一個口號來宣揚，而是把兩個執行CSV的組織，深埋在公司治理的結構裡（圖4-22）。

　　第一個組織是「雀巢社會董事會」（Nestlé in Society Board）。這個會議由雀巢內部的董事組成，並由執行長保羅・薄凱擔任主席，每季召開一次，是一個檢視雀巢整體事業是否依循CSV推動的內部稽核組織。

　　另一個組織是「CSV評議委員會」（CSV Council）。這個委員會由十二位獨立專家學者組成，每年召開一次會議，向董事長及執行長針對CSV的課題設定等內容提出建言。委員除了以提倡「三重底線」（Triple Bottom

圖4-22 雀巢的CSV公司治理結構

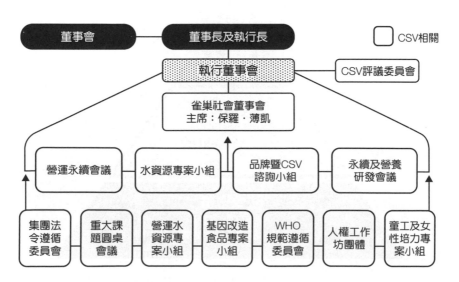

Line）[24]而聞名約翰・艾金頓（John Elkington）、曾任聯合國兒童基金會（UNICEF）執行長的安・威尼曼（Ann Veneman）之外，還匯集了公共衛生、營養學和農業開發等領域的專家，而波特教授也名列其中。

對利害關係人所提供的價值

聽了雀巢的案例之後，我覺得最了不起的，就是表4-2所呈現的**對各種利害關係人所提供的價值**。

這張圖的縱軸上列出了六種利害關係人（消費者、供應商及經銷商、同業、員工、社區及政府、股東），並從「經濟價值」、「知識價值」、「社會價值」這三個觀點，呈現出雀巢為各種利害關係人分別創造了什麼樣的價值。

⊙創新所帶來的增益

波特教授的創造共享價值，是以兼顧「經濟價值」和「社會價值」為目標。而雀巢的這個架構，則是在上述兩者之間又加入了「知識價值」。

我向雀巢的CSV董事詢問箇中原因，對方給了我一個很簡單的答覆。

「如果光是只有經濟價值和社會價值，便只是將現有價值一分為二而已。要創造新的價值，那中間的這個『知識價值』，其實才是最重要的」董事給了我這個答覆。

經濟學者托瑪・皮凱提在《21世紀資本論》當中闡述了「財富分配

---

[24] 約翰・艾金頓於1977年提出「三重底線」這個論點。他認為一個企業要能永續發展，最重要的不是只有獲利極大化，而是要堅持「三重底線」的原則——企業盈利、社會責任、環境責任三者兼顧。

表4-2　**雀巢：對各種利害關係人所提供的價值**

提供利害關係人的共享價值		經濟價值	知識價值	社會價值
▶	消費者	創造對消費者而言的「物超所值」	提供營養及健康的相關知識	提供聰明精省商品
▶	供應商及經銷商	提供對原物料或包裝廠商而言的經濟價值	提供知識給農民，改善食物的價值鏈	建置可永續的流程，包括穩定的作物管理及家畜的健康管理等
▶	同業	透過價格、成本撙節壓力，提高同業的生產力	透過模仿與競爭傳播知識，提升食品產業的整體效率	勞動、環境基準的改善
▶	員工	確保員工及其家人的工作與收入	實施員工教育訓練	保障公眾及職場的安心、安全與健康
▶	社區及政府	繳納稅負、提供基礎建設等	提供兒童健康等領域之社區教育	地方發展、資源的永續利用
▶	股東	提升股東價值	增加資本市場對生態系統整體價值提升的理解，並藉此提升股東價值	為年金基金等重視ESG*之股東提高股東價值

*ESG：環境（Environment）、社會（Social）、治理（Governance）

論」，廣受全球矚目。然而，雀巢卻認為在分配之前，必須先思索如何創造財富。**這是以知識價值為引爆劑來誘發創新，並將零和（zero-sum）轉換為增益（plus-sum）視為先決條件的一種發想。**

在雀巢的CSV概念當中，雖然把創造社會價值當成了一個目標，但這並非單純的行善。雀巢對每一項CSV活動，都要求必須達到15%以上的投資報酬率（ROI）。要達到這個標準，就必須以知識價值為本，做出相當程度的創新才行。

這個架構非常值得參考。其實我個人也曾推薦多家企業使用這個架構，以重新定義公司的價值創造活動。

⊙巴西的最後一哩路

我舉兩個巴西的例子，和各位一起來看看雀巢CSV的實際案例。

第一個例子是「**雀巢配送服務**」（Nestlé comes to meet you）。請偏鄉的窮苦學生配送雀巢產品，雀巢則藉此贊助學生們的學費。這個做法，可以說是雀巢版的「送報獎學金學生」[25]制度。

在布建通路，將商品送到顧客手上之際，大家都說最困難的就是「最後一哩」（last one mile）。[26]而這個計畫，不僅創造了社會價值，還成功地建立起雀巢專用的銷售通路。

日前，我在某家企業的講習會上提及此事，有位巴西籍的員工舉手說「當年我也是其中的一員」。他很感激這項專案，還說「我今天能在這裡，都是因為這項計畫的庇蔭」。

第二個例子是「**水上超市**」（Floating Supermarket）。亞馬遜河的下游有大型市鎮，上游卻是叢林。而「水上超市」這套機制，就是將雀巢產品用船隻運到如此交通運輸不便的地方銷售。

亞馬遜河流域的深處，是連知名電商通路亞馬遜公司（Amazon.com）都不願配送的偏僻之地，聽起來很像個笑話，但卻是真實的。

這也是一個為金字塔底層民眾打造「最後一哩」的案例，是非常了不起的嘗試，但可惜的是目前這條通路只販售雀巢商品。要是可以讓嬌生、寶僑等公司的產品都上架，雀巢應該就可以成為一家提供更多價值的公司了吧。

---

[25] 日本的報社會以「送報獎學金學生」的制度，雇用家境貧窮的學生送報。學生除了可以領到送報的薪水之外，還可以住在報社所提供的宿舍，以減輕經濟負擔，但由於早晚都要送報，白天還要上學，因此非常辛苦。

[26] 從距離顧客最近的物流配送據點，將商品送到顧客手上的這一段路。

CSV的落實度

雀巢CSV的特色，是連把CSV落實到第一線行動的工作，都做得很仔細。

正如圖4-23所示，首先要從「創造共享價值」（CSV）這個基本思維出發，接著再將它分成五個「職責領域」，並設定績效指標，再訂出各部門的「職責概要」，並擬訂具體的行動目標，以便第一線執行。

正因為雀巢的CSV做得如此徹底，所以波特教授才會大讚它是「CSV的最佳實踐」。雀巢不是只把CSV當成口號，而是落實到行動上，並且每季追蹤，還確實地反覆PDCA，檢討如何改善精進。

雀巢甚至還徹底到把「哪些事項做了什麼改善」攤在陽光下，向世人說明。CSV落實到這樣的地步，全球已無人能出其右。

圖4-23　雀巢：CSV經營的全貌

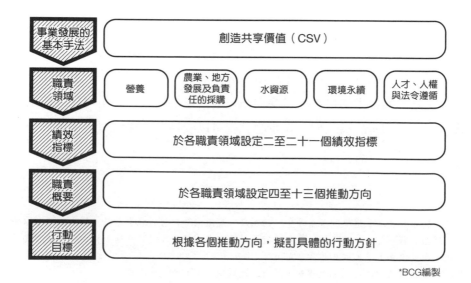

*BCG編製

⊙雀巢造成更多肥胖？

雀巢會如此徹底地推動CSV，其實是有原因的。

原因之一是「拒買雀巢」（Boycott Nestlé），換言之就是有人發起了一項聲稱「**雀巢是社會公敵**」的抵制活動。在巴西和墨西哥，每十個孩子當中就有一人過胖，而雀巢正是製造問題根源的罪魁禍首，因此成了眾矢之的。

問題還不只是肥胖而已。其他還有諸如「配方奶是不自然的飲食，依賴配方奶是不對的」等批判，更是層出不窮。

因此，**雀巢必須不斷地展現「我對社會是有益的」那一面**。從轉守為攻的角度來看，CSV也會是雀巢在全球策略上不可或缺的一塊布局。

⊙對金字塔底層使出王牌

雀巢積極推動CSV的另一個理由，就是食品業界所處的大環境。

2015年，卡夫（Kraft，美國的食品大廠）與亨氏（Heins，以番茄醬產品聞名）正式合併。兩強合併的背景，是由於食品業界現正面臨到成長碰壁的這個現實。

姑且不論其他國家如何，至少在先進國家人口減少的情況下，無法期待需求再有多大的成長。換句話說，剩下的成長空間就只有新興國家，因此雀巢目前也把重心加速轉往新興國家。**既然是為了追求企業的成長而進軍新興國家，因此就不能奉行往社會價值一面倒的企業社會責任（CSR），而必須採行在追求社會價值之餘，也同時追求經濟價值的CSV**。

在這樣的背景推波助瀾下，雀巢特別積極推動以金字塔底層為對象的CSV。波特教授所倡議的CSV經營，基本上就是以金字塔底層顧客為對象，而實際上，波特所介紹的案例，也幾乎都是針對金字塔底層的。

若光是為了經濟價值而進軍新興國家，便成了收益的掠奪者，將飽受社會抨擊；然而，徒以社會價值為目的，事業將無法長久。雀巢把這一套企圖同時獲得經濟價值與社會價值的CSV，視為金字塔底層策略的一張王牌，並寄予厚望。

邁向 CSV2.0

在先進國家當中，CSV其實應該也能在解決社會議題之際，成為一項有力的切入點。

例如伊藤園（Ito En）想透過日本茶，在歐美推廣健康的飲食文化。此外，它們也為日本的茶葉產地提供援助，孕育價值鏈上游的優質資源。

伊藤園於2013年榮獲波特獎（Porter Prize），[27] 當時波特教授就曾盛讚伊藤園在先進國家所推動的CSV。

⊙以超越雀巢為目標的味之素

有一家企業試圖以仿效雀巢來超越雀巢，那就是日本的味之素（Ajinomoto）。它們推動的策略不叫CSV，而是ASV（Ajinomoto Group Shared Value）。

其實我目前是以味之素的獨立董事身分，略盡個人棉薄之力，輔導它們實踐ASV經營模式。味之素在2015年提出了一份以ASV為主軸的企業永續報告書，現在更積極地編製整合性報告書（Integrated Report）。

推動過程中最大的課題，就是要如何量化。仔細觀察雀巢所訂的關

---

[27] 波特獎是日本一橋大學國際企業策略研究所（ICS）於2001年7月所設立，用以表揚在產品、流程、經營手法上創新，並執行獨特策略，因而創造且維持高收益的企業。

鍵續效指標（KPI）（圖4-24），會發現不少內容都會讓人搔頭不解，質疑「這也算是社會價值」？再者，社會價值究竟該如何連結到經濟價值？雀巢也幾乎都還沒有著手釐清。

但願味之素能朝著凌駕雀巢的CSV2.0邁進。

⊙ 從日本到世界 J-CSV 的胎動

日本雀巢也很積極地發展次世代CSV。

例如奇巧巧克力（KitKat）[28]就與郵局合作，推出一檔為考生加油的「奇巧必勝」活動，並大獲成功的案例，各位應該都還記憶猶新。之後，地區限定版的奇巧巧克力，也想為地方創生盡一份力。

圖4-24　**雀巢：CSV經營的主要KPI事例**

營養
- 達「雀巢基本營養」標準以上的產品（佔總營業額比例）
- 以營養或健康為考量而加以改良的產品數量
- 加強高營養價值原料或必須營養素的產品數量
- 降低鈉、醣類、反式脂肪、總脂肪、卡路里或合成色素之產品數量
- 經產品測試計畫「60/40＋」分析、改善或確認之產品（營業額）
- 加入雀巢所認同的健康價值品牌（Branded Active Benefit，簡稱BAB）的產品（營業額）
- 標示「Nestlé Nutritional Compass」（營養資訊、產品資訊）的產品（佔全球總營業額比例）
- 包裝正面呈現每日卡路里指南（GDA）的歐盟商品（佔營業額比例）
- Portion Guidance（讓消費者了解一餐分量多寡的巧思及資訊提供）產品（營業額）
- 「買得起的價格帶」產品群（PPP）的品項數
- 「買得起的價格帶」產品群（營業額）

農業、地方發展與負責任的採購
- 參與潛能開發計畫的研習課程後，實際從事農業的人數
- 「雀巢永續農業倡議」（SAIN）計畫的參與市場數
- 因導入SAIN計畫而實施直接採購的市場數佔比
- 完全遵守「雀巢供應商規範」的供應商佔比
- 於完全遵守「雀巢供應商規範」狀態下所採購的金額佔比

水資源
- 總取水量

---

[28] KitKat這個產品名稱的日文發音，與日文當中的必勝（きっと勝つ）為諧音。

　　此外，奇巧巧克力專賣店「巧克力工廠」（Chocolatory），是雀巢透過直接面對顧客銷售的方式，來重新建構價值創造及傳播流程之舉。就這層涵意而言，它是一個相當創新的嘗試。

　　再者，將咖啡機出借給企業辦公處所，藉此讓會員推銷咖啡的「雀巢咖啡大使計畫」，在日本的會員人數已增加到十七萬人。這已不是「最後一哩」，而是堪稱「最後一吋」的策略，是很創新的一套行銷手法。

　　這種把顧客也包羅進來的直銷模式，不論是從「為辦公室生活獻上聰明精省的價值」觀點，或是從「價值鏈整體的效率化」的角度來看，都可以說是很高明地實踐了CSV。

　　2015年12月，日本雀巢實驗性地展開「雀巢健康俱樂部」（Nestlé wellness club）這項綜合健康管理服務。這項服務是在咖啡機專用的抹茶膠囊當中，依顧客個別需求，加入缺乏的營養素，並定期配送給顧客。

　　此外，雀巢健康俱樂部還發放量測運動量的手錶型儀器，以及可測量體重和體脂等指數的體組成計給顧客，再依據儀器所蒐集到的健康指數，由雀巢組織的營養師團隊提供運動菜單等建議。

　　再者，為預防失智症，雀巢健康俱樂部還在線上提供活腦訓練服務。它甚至還提供顧客簡易的血液檢查套組，每半年追蹤一次健康狀況，可說是一套相當完整的健康管理服務。

　　後續值得關注的是：這些在日本推出的活動如何拓展到海外。事實上，奇巧「巧克力工廠」和「雀巢咖啡大使」已逐步推廣到雪梨、墨爾本，甚至是亞洲各地。

　　而在雀巢內部，源自日本的CSV（J-CSV）也逐漸獲得其他先進國家採用。我很期盼未來有更多企業會以課題先進國──日本為起點，將次世代CSV（CSV2.0）推廣到全球。

第五章

日本七家企業先行者的傑出表現

Global
Growth
Giants

在這次的成長企業排名當中，日本企業共有十家進榜，這些企業有幾個共通點。

第一個共通點，是它們**大多集中在百大企業的後段班**。除了第二十名的迅銷之外，其他都排在第五十名之後，甚至還有六家是集中在九十到一百名之間。

第二個共通點，是它們都**集中在特定業界**。尤其以運輸機具業界最為集中，若把小松和普利司通也列入計算，十家上榜企業當中就有五家是屬於運輸機具業。如果再加上第一百零一名的遺珠——日產汽車，榜上的日本企業就有過半數都屬同一業界。除此之外，另有兩家啤酒公司、一家藥廠、一家耐久財，以及一家成衣企業進榜。

另外，因為2000年以後才辦理首次公開發行（IPO）而未列入評比的企業當中，也有幾家快速成長的公司。尤其是在2014年才上市的瑞可利，若以成長曲線來和其他榜上有名的企業相比，排名可相當於第三十四名，在日本企業當中僅次於迅銷，來勢洶洶。

在本章當中，將詳細解說十家日本企業當中的六家，外加上瑞可利。我個人對於這七家企業的內情都知之甚詳，因此會為各位介紹我深入挖掘的真相。

聰明精省策略的旗手
排名第二十名

迅銷

迅銷是唯一搶進前二十強的日本企業。**它是最能體現我所定義的21世紀成長企業特質——「聰明精省」的日本企業表率。**

不追流行，追求機能性

在一般所謂的高級服飾品牌當中，高質感是一個很重要的關鍵。另一方面，日常服飾往往以便宜取勝，導致「便宜沒好貨」。這種現象，通常與優質（聰明）又低價（精省）是完全相反的概念。

而「聰明精省」則是一個以「品質好（聰明）、價格便宜（精省）」為訴求的策略，或可說是打「物美價廉」戰。迅銷正是超脫了「品質」與「便宜」之間的相互矛盾，在成衣業界掀起了一波創新。

迅銷常會與H&M或ZARA歸為同類，認為它們都是「自有品牌服飾專賣零售商」（specialty store retailer of private label apparel，簡稱SPA），[1] 但其實不然。有別於H&M或ZARA，迅銷不追流行，而是徹底地講求機能性，把銷售主力集中在簡潔的基本款商品上。

換言之，迅銷的特色就是「不賣有流行新舊的產品」，追求的方向和崇尚流行的SPA正好完全相反。

從開放式創新到虛擬企業

迅銷在經營上也走精省路線。相較於擁有成衣廠的ZARA，**迅銷做的是無廠成衣，也就是沒有自營工廠的成衣廠商**。迅銷集團派遣集團內稱為「匠」[2]的技術人員進駐位在中國或東南亞各地的工廠，進行品質管理。

1　意指對原料採購、策劃、開發、生產、物流、銷售、庫存管理等，從生產到銷售的所有環節實施一站式管理的服裝生產零售企業。
2　「匠」在日文中是指手藝精湛、經驗老道的專業師傅。

⊙與東麗緊密的共創關係

　　另一方面，**迅銷為開發高機能的商品，與世界頂尖的原料大廠結盟。**其中最經典的案例就是與東麗合作，開發出了「吸濕發熱衣」、「特級極輕羽絨外套」等暢銷商品。

　　從迅銷與東麗結盟，到開發出吸濕發熱衣，中間歷經了五年的歲月。雙方就是花了這麼多的時間，讓彼此合而為一，對品質與便宜的兼顧堅持到底。透過這樣的共同作業，雙方建立起緊密的共創關係——**由優衣庫提供商品企劃能力，東麗則提供依企劃內容製作產品所需要的技術。**

⊙這不是開放式創新！？

　　我曾對柳井董事長說：「這真是開放式創新的經典案例啊！」柳井董事長一聽，便說：「所以我才會說學者都隨口胡謅，讓我很頭大。」

　　柳井董事長說：「開放式創新就是所謂的自由戀愛，如果雙方個性不合，就宣告分手。但東麗和優衣庫已是合而為一的『虛擬企業』，也就是所謂的結婚。」

　　實際上，「優衣庫的東麗團隊」和「東麗的優衣庫團隊」之間，關係比一般企業當中的兩個部門還要更密切。然而，它們並不是「感情好」的那種融洽關係。它們所建立的，是**雙方你來我往，對彼此提出不合理的要求，但基於「已經結了婚」的信任感，還是設法達成對方的期待。**

　　因為這兩家企業「聯姻」而誕生，並成長為暢銷商品的吸濕發熱衣，每年都會打出新的主題訴求，例如「除臭」、「發熱度提升」、「穿著舒適」、「保濕」等，至今仍不斷地進化。

　　就東麗的角度而言，迅銷所祭出的新主題，在技術上全都是天方夜譚的離譜要求，甚至應該會讓它們想破口說出「這些人完全不懂紡織！」然

而，聽到迅銷說「要是能做出來，就會賣翻天！」東麗便將士用命，做到了迅銷這些悖離常識的要求。

就在雙方這樣你來我往的互動之下，又催生出了「輕盈涼感衣」、「特級極輕羽絨外套」等暢銷商品。正因為迅銷與東麗之間的關係，和世間所謂「開放式創新」的那種輕浮隨興，有著不同層次的嚴謹和信任，所以創新才能如此接二連三地誕生。

格萊珉優衣庫的挑戰

「格萊珉優衣庫」（Grameen Uniqlo）這個實驗性的嘗試，也引發了熱烈的話題討論。它是由孟加拉格萊珉銀行（Grameen Bank）集團與優衣庫共組的合資公司，所發展出的一個源自日本的社會企業（social business）。

⊙鎖定3,000美元俱樂部

其實這項嘗試，對迅銷而言是非常罕見的創舉，因為只要人均GDP不超過3,000美元，就不會成為購買優衣庫商品的市場。而孟加拉的人均GDP才剛剛超過1,000美元，還不是迅銷的市場。

在交通工具的世界裡，是當人均GDP突破3,000美元之後，民眾才會從原本兩輪的機踏車，改為駕駛四輪的汽車。這剛好和民眾開始選購優衣庫產品的時機相同。

以近期來看，印尼和菲律賓的GDP才剛剛突破了3,000美元。而泰國的人均GDP從很早以前就已超越3,000美元，實際上也已出現道路壅塞的情形。印尼自2014年左右起，因汽車所造成的道路壅塞問題開始惡化。反之，尚未突破3,000美元的越南，民眾目前仍以機踏車為主要交通工具。

⊙孟加拉是切入金字塔底層市場的試金石

連在越南都還尚未展店的優衣庫，為何會選擇進軍全亞洲最貧窮的孟加拉呢？

最主要的原因，是由於柳井董事長遇見了穆罕默德·尤努斯這位最好的合作夥伴。尤努斯博士建立微型信貸（microcredit）機制，協助孟加拉貧民經濟獨立的功績，讓他在2006年獲頒諾貝爾和平獎。

尤努斯博士倡議「社會企業」的概念。這個概念並非要興辦依靠捐款或者非營利的組織，而是以獲利為目標的事業，並將賺得的利潤再繼續投資，以維持事業能持續成長的思維。

柳井董事長應該是認為，若能和尤努斯博士合作興辦事業，就能打造出一個適合亞洲最貧困國家的嶄新商業模式吧。

另一個原因，則是由於孟加拉以紡織為主力產業。因為ZARA、H&M和蓋璞（GAP）等快時尚品牌因為實施「中國加一」而將生產據點從中國遷出之際，多半選擇了落腳在孟加拉。

然而，這個選擇是因為當地的工資低廉，而不是因為當地有市場。工人在紡織成衣廠工作的勞動條件極為惡劣，約莫兩年前，這些快時尚品牌設廠的紡織重鎮發生了大樓倒塌意外，導致數百人喪生，演變成相當嚴重的問題。換言之，以往孟加拉只不過是歐美企業壓榨的對象罷了。

有鍵於此，柳井董事長與尤努斯博士合作，**選擇孟加拉作為他們加速市場成長、進而孕育市場的實驗對象**。如果這個實驗順利，優衣庫接下來就可以進軍柬埔寨、緬甸，甚至是非洲。而過去優衣庫所設定的3,000美元這個市場底限，有可能再下修到1,000美元的水準。

實際上，孟加拉的GDP每年都有8%到9%的高成長率，只要市場繼續順利成長，人均GDP不出幾年就能突破3,000美元。

⊙從格萊珉小姐到格萊珉商店

圖5-1呈現出了格萊珉優衣庫的商業模式。我在前一章曾介紹過全食超市的「幸福圈」（請參閱圖4-14），不知道各位是否也已經察覺到，這兩者頗有相似之處？

在當地採購布料，在地生產，在地銷售。透過這樣的產銷手法，邁向一個自產自銷的循環模式，讓利潤回流在地。

當地人因為這些工作而獲得薪資報酬，可處分所得也隨之增加，甚至連消費也開始增加的話，那麼經濟就會開始自主運作。這樣的嘗試，在先進國家的紡織業界當中是前無古人的創舉。

原先是規劃讓格萊珉銀行的格萊珉小姐們（Grameen Lady）以沿街兜售的方式，銷售優衣庫的商品。然而，格萊珉優衣庫隨即發現這種銷售型

圖5-1　格萊珉優衣庫的事業發展流程

1 商品企劃
在孟加拉，一件T恤市價大約是0.6塊美元。格萊珉優衣庫為了盡可能以人人都買得起的價格，提供優質的商品，於進行商品企劃的過程中，在當地實施多次市場調查。

2 資材採購
與孟加拉當地的紡織廠簽約，以低價採購高品質素材。

3 生產
售價固然要壓低，但關鍵是品質不能因此妥協。格萊珉優衣庫運用優衣庫多年來形成的一套獨家標準，選在當地能認同「社會企業」理念的工廠生產，同時藉此增加當地的就業機會。

4 銷售
門市銷售：由當地員工負責門市營運。格萊珉優衣庫負責強化品牌與行銷機能，並以增加銷售量及培育當地人才為目標。

5 購買、穿著
相較於當地其他廠商，格萊珉優衣庫的商品售價的確偏高，但它的品質精良、堅固耐穿，絕對物超所值。要讓民眾了解這一點之後再選購，並且讓民眾在長期穿著後，實際體會產品品質的差異。

6 獲利再投資
將銷售服飾所賺得的利潤，再投資到「社會企業」上。讓當地民眾自己來蓬勃發展這個事業，以改善他們的就業情況與生活，進而讓他們萌生經濟獨立的念頭。

資料來源：迅銷官方網站「社會企業」

態的效率非常差。畢竟服飾的顏色和款式都五花八門，拿在手上沿街兜售的方式是行不通的。

　　到頭來它們還是認為需要店面，所以目前開設了大約十家門市。我個人也曾於2014年造訪孟加拉的首都達卡，當時格萊珉優衣庫的門市，已呈現出即將大紅大紫的熱鬧景象。

⊙改變服裝，改變世界

　　由於我個人目前擔任迅銷的獨立董事，因此經常與柳井董事長討論CSV。當問到格萊珉優衣庫時，柳井董事長回答：「格萊珉優衣庫還不算是CSV。」

　　要成為CSV，就必須在解決社會議題的同時，創造出龐大的經濟價值。柳井董事長想表達的，應該是格萊珉優衣庫才剛起步，尚未對社會創造出那種等級的震撼吧。

　　我又追問：「那麼對迅銷而言，CSV又是什麼？」董事長給我的答覆是：「我們自己的事業，本身其實就是CSV。」

　　「改變服裝，改變常識，改變世界」這是迅銷的企業理念。「改變服裝」當中，隱含著一份期盼，就是要將過去用來保護自己，或用來妝點身體、展現自我的衣服，改變成在生活中更自然穿搭的服裝。而這樣的想法，在優衣庫是用「服適人生」來表達，取其「扎根於生活的服飾」之意。

　　同時，優衣庫也用了「元件服飾」（Component Wear）的概念。這個概念，想傳達的是一種「歡迎和其他品牌自由混搭穿著」的訊息。

　　換言之，這個概念等於是公開宣告：優衣庫的服裝可以是「穿著的一部分」。這和向來排他性較強的時尚品牌正好完全相反。就像這樣，**把服裝變成不再特別的東西，正是所謂的「改變服裝，改變世界」**。

　　這種思維其實也與無印良品的價值觀相通。無印良品追求的不是「就

要這樣」，而是「這樣就好」的世界，並企圖透過這樣的思維，為顧客營造出能感受到「幸福就在自己身旁」、「自己正閃閃發光」的瞬間。

迅銷也以「服適人生」這個概念，來追求讓人反璞歸真的價值觀。柳井董事長認為這才是「迅銷式的CSV」。

從「全球一體」到「全球即在地」

柳井董事長從過去就一直以「全球一體」（Global One）為經營上的關鍵字。所謂的「全球一體」，代表的是「以相同的價值觀、相同的經營模式、相同的銷售手法，銷售在全球都暢銷的產品，而非各國各行其道」。

然而，近年來柳井董事長的發言，開始出現了些微的變化。因為光是推行「全球一體」，恐有流於強加單一價值觀之虞。所以，迅銷在2014年，提出了「全球即在地，在地即全球」（Global is local, local is global）的年度標語。

過去迅銷為了執行「全球一體」的概念，原本打算將全體員工都納入「全球員工」，而現在已開始增加「在地員工」，也就是地區員工的人數。換言之，迅銷想打造的是一個雙層結構：讓在地的優點，在全球共通的基礎上扎根。

⊙用「單店經營」挑戰標準化與規模化間的兩難

在前一章提到星巴克時，我為各位介紹過它「從連鎖店轉型為單店經營」的過程。就像在日本也有大榮超市破產的前例，顯見席捲20世紀的那套連鎖店理論已不復成立，理由是因為大眾「已經厭倦標準化的東西」。然而，若不標準化，企業又無法擴大經營規模，形成兩難。

　　面對這樣的兩難，柳井董事長釋放出的是「單店經營」的訊息。所謂的單店經營，是指「由各單店自行負責追求在地人想要的門市樣貌」。

　　實際上，這套做法並不是完全放手讓各單店隨心所欲地經營，而是**統一構成門市的要素，再像樂高積木般變換組合，以呈現門市的個別特色**。例如兒童用品的空間規劃，在各店就呈現了很大的變化。

　　運用這樣的手法來演繹門市個別特色之際，關鍵在於目前星巴克也致力推動的「創造性慣例活動」。

　　缺乏創造性慣例，會讓人很快就感到厭倦；而空有創造性，則無法將規模做大。「創造性慣例」這套機制，就是在獎勵各單店發揮創意巧思，企業再擇優列入新慣例，在旗下所有門市推行。

　　眾所周知，生命是由於個別細胞的進化，而引發整個組織的「動搖」，進而造成組織結構的共振，讓整個生命呈現動態進化。而要將這個稱為「自組織化」的進化過程帶進企業之際，掌握成敗關鍵的就是「創造性慣例」。

　　迅銷企圖藉由「單店經營」的概念，將「持續進化」這個機制埋入整個企業組織當中。

以「來自日本的跨國企業」為目標

　　最近，在柳井董事長常提及的關鍵字當中，還有一個奇妙的詞彙，那就是**「來自日本的外資」**。

　　這個詞彙想表達的真正意涵，應該是「迅銷不過是恰巧發源於日本的跨國企業」。迅銷講究的「高品質」和「最先進的科技力」等，都是日本企業獨有的強項，但迅銷要超越這些「日本特質」，**以期成為一家擁有「普世價值觀」——世上所有人都能接受的價值觀——的企業**。柳井董事長想必

是認為，只要能做到這一點，迅銷就能實現「改變世界」的大志了吧。

　　我認為許多日本企業都應該以柳井董事長的這種思維為目標。舉例來說，在優衣庫的關鍵字裡有「質感」一詞，要詮釋這個詞其實並不容易。然而，觸感或穿著感受的「舒適」，應該是個全世界共通的價值。尤其日本消費者對於「質感」特別講究，為了因應這樣的需求，日本企業多年來已淬鍊出了一個「匠的境界」。

⊙X品質：日本企業圈的新成功模式

　　日本人對「質感」的這份講究，應該在全世界的「食衣住行」領域都能適用。

　　若能成功向全世界宣揚這種「質感」的價值，那麼繼迅銷之後，應該就還會有實現跨國成長的其他企業出現。

　　我把上述這個概念稱為「X品質」（QoX）模式。將各式各樣的生活場景代入X，就能看到諸如「餐飲品質」（Quality of Eating）、「行動品質」（Quality of Mobility）、「精神品質」（Quality of Mind）等不同可能。我認為這種講究質感的價值訴求，正是日本企業的下一個成功模式。

　　有一套已成為全球標準的品質管理手法，名叫「全面品質管制」（TQC）。它是一套在戰後，由從美國來到日本的統計學者愛德華茲‧戴明（William Edwards Deming）博士所創建的手法。

　　當時，日本產品是粗製濫造商品的代名詞。但在日本企業學習全面品質管制並加以千錘百鍊之後，終於做出了全球最好的品質。這一套由戴明博士帶進日本的品質管理手法，堪稱是在日本人手中完成的。

　　曾將產品品質大幅提升至今日水準的日本，若能把「商品品質」進一步昇華為「體驗品質」（Quality of Experience），那麼日本企業要再次獨步全球，應該就不會只是個夢想。

┃運用一連串的聰明精省來開拓新市場
┃未列入評比，相當於第三十四名

瑞可利

瑞可利的股票才剛於2014年上市，故本次並未列入評比。然而，它在2000年以後的成長幅度，其實已呈現相當於全球第三十四名的高度成長。

以蝴蝶結圖為商業模式

瑞可利的商業模式，可用「**蝴蝶結模式**」這個簡單的模式來詮釋（圖5-2）。

一言以蔽之，它是個用來創造市場的模式。

要創造市場，就需要有「賣方」和「買方」。若這兩者無法取得平衡，就無法共享市場的好處，淪為失衡的「賣方市場」或「買方市場」。為避免失衡，就要均衡地培養買方和賣方——這就是瑞可利的基本思維。

圖5-2　**瑞可利的商業模式：蝴蝶結模式**

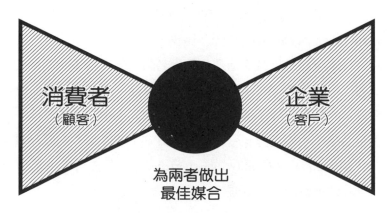

⊙農耕民族vs狩獵民族

因此，瑞可利經常被視為是市集（Marketplace）模式的代表案例，但它其實與亞馬遜或樂天市場所走的媒合平台模式大不相同。

一般的媒合平台模式，事業主軸是打造出一個平台，讓已顯現的需求和供給更有效率地串連。而瑞可利和它們的不同之處，就在於**瑞可利是「創造一個前所未有的市場，並加以培養」**。

「培養新的需求，並培養適當的供應商」，換言之，瑞可利在本質上的特色，就是它願意悉心培養蝴蝶結的兩端。重視「培養文化」而非「掠奪文化」的這種價值觀，和前一章所介紹過的阿里巴巴頗有共通之處。

瑞可利以農耕民族式的形態，投注時間創造出市場之後，就會有狩獵民族式的媒合平台業者出現，搶食市場大餅。於是瑞可利就要提供更優質的服務來對抗它們，同時還要持續開拓新的市場。瑞可利就是一家背負著這種宿命的企業。

一連串的聰明精省

瑞可利的商業模式，基本上就是「蝴蝶結模式」，但以「聰明精省」的方式發展。

能連續開創出聰明企劃的公司，對於營運效率多半不會太在意；相反地，以營運見長的公司，就算很懂得如何「持續改善」（Kaizen），也都不擅於「創新」。然而，**瑞可利既有「催生創新事物」的聰明，又兼具「有效率地提供新事物」的精省**，兩全其美。

若要比喻的話，瑞可利或許可以說是一家「融合Google和豐田的公司」，因為它兼具了Google的創造性，以及豐田汽車持續改善的卓越之處。

⊙淬鍊卓越營運

　　瑞可利起初是從情報雜誌業界開始拓展事業版圖，陸續推出了《就業雜誌》（*Shushoku Journal*）、《就業資訊》、《住宅資訊》等雜誌（圖5-3）。

　　隨著網路的普及，這些資訊轉變為免費傳播之後，瑞可利便在2000年創辦了《Hot Pepper》這本雜誌，建立了「免費情報雜誌」這種商業模式。

　　《Hot Pepper》開創了一個新的事業領域，被稱為「微域媒體」。它不是涵蓋全國各地的大眾傳播媒體，而是傳布特定區域的廣告資訊。

　　漸漸地，這樣的資訊內容也被網路世界收編。因此，瑞可利打出的下一張牌，是在2004年創刊的《R25》。它是以公認為「不看電視，不讀報紙」的25到35歲男性為目標族群，並以「花一點時間就能搞懂常識，讓你不失態」為概念，所推出的「零碎時間情報雜誌」。這本雜誌後來大受歡迎，讓瑞可利成功爭取到豐田汽車和松下等大企業投放宣傳廣告，而這些都是以往瑞可利拿不到的廣告訂單。

　　就這樣，瑞可利持續發展**「火耕農業」**——當腳下這畝田的地力耗盡，就開闢下一畝田。若各位覺得「火耕農業」這個說詞太過悲壯，或許改用「遊牧民族」來形容會更恰當。

　　過去，法國後結構主義的旗手吉爾・德勒茲和菲利克斯・瓜塔里曾在兩人合著的《千高原》（*A Thousand Plateaus*）中，提倡「知識分子要成為遊牧民族」的論點。而瑞可利堪稱就是一群商業遊牧民族。

　　將這種經營模式化為可能的，是瑞可利在事業第一線上的優勢。瑞可利擁有「能牢牢掌握廣告主，穩紮穩打的營業團隊」以及「與刊物發放地點之間的交集」，是相當精實的競爭優勢。

圖5-3　聰明精省的遊牧民族瑞可利

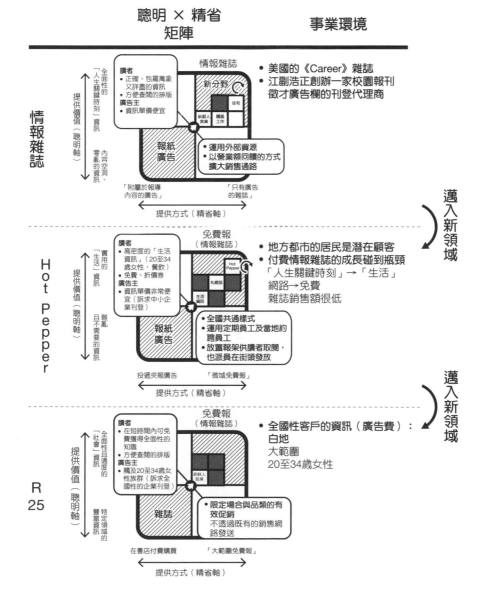

志在找到「白地市場」的一群遊牧民族

瑞可利把「前所未有的市場」稱為白地市場。從創辦人江副浩正先生掌權時期起,「開拓白地市場」的DNA就在瑞可利代代相傳,一脈相承至今。

帶著這樣的DNA來觀察趨勢脈動,就能不斷找出「新市場的種子」。而能注意到「只要有個像這樣的資訊節點,大家一定會爭相找上門來」的這種發想能力,已成為深刻在瑞可利的一個DNA。

⊙事業建構的機制:RING委員會

瑞可利的強項,不僅只是在於「著眼點」而已,它「將創意想法發展到極致的工夫」,也有非常卓越之處。為此,瑞可利設有「RING[3]委員會」,它可以說是「讓創意想法孵化成事業的一套裝置」(Business Incubator)。

首先是由員工把創意想法提報到「RING委員會」,經委員會審查後,認為將來有望者,由委員會指派專人,負責把這個想法打點成隨時可進行事業開發的狀態。這時若委員會判斷「可行」,就會再投入更多資金和人力——簡單來說就是這樣的一個機制。

現在很流行的一種投資模式是:公司單純只提供資金,再來就是期待新事業自己成長茁壯的「企業創投」(Corporate Venture Capital,簡稱CVC)。這種做法過去幾乎不曾成功地把新事業培養成企業新的主力事業。相對地,瑞可利則是把「先催生出小型事業,再慢慢養大的流程」,巧妙地埋進了企業裡。

---

[3] RING是「Recruit Innovation Group」的簡稱,是瑞可利自1981年起就設立的一項制度。它雖然是用來開創新事業的一套做法,但推動初期的目的,是為了讓「員工皆經理人」的企業文化滲透到公司各處,直到1990年起才轉型為專門處理新事業提案的機制。

初期階段的創意想法，誰都不知道能否順利成長茁壯。因此，一般企業在發展創意想法的初期階段，團隊成員都是兼任，而且還是以相當有限的人數，滴水穿石式地慢慢做。

然而，在瑞可利，沒有一定水準的創意想法，根本就過不了RING委員會的審查。而一旦審查判斷提案可行，團隊成員就會專職負責該案，公司也會提供預算。做不起來的想法，就會在過程中遭到淘汰。在這樣嚴格篩選下，善加運用資金與人力過關斬將，好的想法才能長成獨當一面的事業，推出問世。

⊙瑞可利的兩個DNA

就像蘋果兼有靜態和動態的兩個DNA一樣，瑞可利也有兩個DNA。

它的**靜態DNA是「蝴蝶結模式」**。瑞可利自從公司創立以來，就懷有「成為資訊節點」這個使命感，並一脈相承至今。即使（其實應該說「越是」）時代劇烈變化，市場橫跨全球，這個DNA應該都會繼續保存下去。

而它的**動態DNA，是接連開拓白地市場，並在新天地建構出獲利機制的本領**。江副創辦人為瑞可利留下了「自己創造機會，再藉機會改變自己」的社訓。瑞可利在挪移腳步、跨入新市場的過程中，也同時轉移自己的優勢——這種持續反學習（Unlearning）的「挪移」（Pivot）能力，才是瑞可利得以超越時空，持續進化的祕訣。

以「Rikunabi」抨擊為契機而回歸原點

我自2015年起，便成為瑞可利企業社會責任（CSR）評議委員會的成員至今。在這個委員會當中，大家所討論的，是瑞可利的企業宗旨（Purpose）。

　　近年來，部分媒體抨擊瑞可利旗下的「Rikunabi」，[4]是「造就時下這種扭曲求職戰線的始作俑者」。就企業的角度來看，所有學生都穿上一模一樣的求職套裝，面試時就像機器人般說出千篇一律的回答；而從學生的立場而言，被迫寫下數不清的履歷書表，再到成千上百家的企業接受面試，都還不一定能拿到企業的內定錄取通知。媒體譴責Rikunabi，說這種對企業和學生而言都很不切實際的求職市場，就是由Rikunabi一手打造出來的。

　　瑞可利原以為這套做法對學生和企業有益，才開創出這種新的求職市場。如今這樣的輿論批判，對瑞可利而言應該是個晴天霹靂。

　　然而，反省造成這個局面的原因，瑞可利這才發現必須徹底反思「求職活動原本該有的樣貌為何，而非回應目前的市場需求」。它們認為**要從「未來真正需要的是什麼」、「對社會有益」的角度切入，開創新的市場。**

　　舉例來說，未來社會上將越來越需要女性投入就業。在早期女性轉換工作尚屬罕見的時代，瑞可利就已發行了《Travaille》[5]這本雜誌，開創出了新的轉職就業市場。最近則是推展「iction！」，它是一個為育兒中的上班族打氣的活動，瑞可利藉此積極與公司內外部合作，致力打造「讓育兒與工作更能兼顧」的社會。

　　此外，「地方再生」現已成為一個重大的社會議題，但早在吸引外國觀光客入境旅遊（inbound）蔚為話題的許久之前，瑞可利就已透過《Jalan》[6]來重新挖掘日本地方城市的魅力，將來日本的旅客送到這些地方

---

[4]　日本規模首屆一指的求職網站。

[5]　於1980年創刊的雜誌，刊登女性轉換工作的職缺，在女性婚後多半走入家庭的日本社會風靡一時，「Travaille」一詞在當時甚至還成為「女性轉職」的代名詞。現已轉型為求職網站和免費報。

[6]　1990創刊的雜誌，內容為日本國內各地的旅遊資訊，其中又以旅館的介紹為大宗，並於2000年起衍生出訂房網站服務。

去。現在，瑞可利則是與地方自治團體及大學等聯手合作，動員有專業技術的銀髮族及想從事地區相關工作的學生，開始耕耘地方振興領域。

面對實踐CSV的本質課題

為「解決社會問題」而用心推動CSV的過程中，瑞可利開始重新發現蝴蝶結模式的本質。

不論是少子高齡化也好，環保、健康問題也罷，有著社會問題的需求方無窮無盡，可是相對地，長照、教育、醫療院所等供給方，卻極端地不足。

會形成這樣的失衡，其實原因很清楚——因為這些需求的獲利模式都還未成型，因此沒有企業願意挺身而出，把這些需求認真地當作事業來經營。

CSV的本質，並不是在找出社會上的課題，而是要如何創造出能將這些課題轉換為經濟價值的商業模式。而這種**建構商業模式的本領，以往應該是瑞可利在本質上的強項才對**。

瑞可利於2014年股票掛牌上市，一償宿願。在獲得資本市場的大筆資金挹注之後，今後瑞可利將以「全球」和「資訊科技」這兩個關鍵字為切入點，以達到非連續性的成長。

另一方面，在「社會公器」方面，瑞可利也會被要求扮演越來越吃重的角色。因此，瑞可利不僅是要在「全球」及「資訊科技」方面立足，更重要的是要在「日本」及「真實社會」上站穩軸心腳。主張要「解決社會問題，並藉此創造出經濟價值」的CSV經營，才是瑞可利這家企業存在的宗旨，更是它的DNA。

瑞可利將透過連結虛擬與真實世界，奮力發展出一套源自日本的跨

國型次世代CSV模式（J-CSV），並以跨國成長型企業之姿，更加大展鴻圖。

大阪的社區小工廠躋身全球頂尖企業
排名第五十五名
大金工業

大金是1924年在大阪所創立的一家專業空調設備大廠，目前總公司仍位於大阪。

其實一直到現在，市面上才有像戴森（Dyson）這種專做吸塵器單一品項的家電大廠。如果是早期，根本無法想像家電大廠可以憑單一品項，就成長到如此龐大的規模。

幾乎所有家電製造商都有空調產品，卻沒有任何一家是只憑空調事業就賺到如此豐厚的利潤。由此可見，大金是一家相當另類的家電大廠。

「緊迫盯人」成癮的企業

若以一句話來概括大金的特色，那就是「緊迫盯人」。這是大金內部也經常用到的詞彙，藉以呈現這家企業「**一旦決定的事就絕不放手**」、「**不偏不倚，不見異思遷，一旦決定的事就要貫徹到底**」的作風。

大金於2014年歡慶創業九十週年。它在大正時代（1912年到1926年）草創當時，公司名稱用的還是大阪金屬工業所，製造的是飛機零件和內燃機。在第二次世界大戰期間，大金也生產過潛水艇的空調設備，是一家典型的社區工廠。它並非從一開始就是空調專業製造商，而是到了二次大戰後，才轉型為專注空調領域的廠商。

⊙緊迫盯人營業法

大金「緊迫盯人」最典型的例子，就是一種稱為「緊迫盯人營業法」的業務拓展手法。這種方法，簡而言之就是**日本企業的看家本領——「挨家挨戶上門推銷」**。日本的傳統優良企業，至今全都還會挨家挨戶推銷。

大金的獨特之處，在於它推銷的對象。 一般的空調設備製造商，會想到的推銷對象是有權決定設備者，也就是大樓的承造人或營造廠。而**大金施展「緊迫盯人營業法」的對象，是建築師事務所**。

建築師事務所的角色，是在接到由起造人或營造廠所發包的建案之後，負責進行設計工作，換言之就只是個下包廠商，並沒有決定採用哪一家空調產品的權限。但大金卻對這個業界的業務推廣著力甚深。

大金的推銷手法，是讓這些建築師事務所安裝大金所提供的電腦輔助設計（CAD）軟體。有了這套精良的設計軟體，建築師事務所就能輕鬆設計出符合建案規格需求的空調系統和管線配置。大金免費提供軟體，並教授軟體的操作方法。如此一來，**建築師事務所就會用大金的設計軟體來繪製設計圖，屆時即使設備供應商要以競標方式遴選，大金也會比其他廠商有利**。

大金就以這套對建築師事務所緊迫盯人的業務手法，先鞏固了它在日本國內業務用空調設備市場的地位。

在中國趕上了末班車

大金把這套在日本國內成功的「緊迫盯人營業法」，也帶到中國去發展。於是，大金目前已席捲了整個中國的空調設備市場。

大金於1996年進入中國市場。比起早在1979年、也就是松下電器產

業時期即已打入中國市場的Panasonic，[7]足足晚了二十年之久。當時三菱電機（Mitsubishi Electric）和日立等家電大廠都已積極大舉搶進中國，落後的大金被嘲諷是「趕上了末班車」。

⊙在中國過關斬將

大金起步雖晚，但隨即在業務用空調設備市場急起直追。

中國剛好從1996年左右起，為了迎接北京奧運和上海世博會，開始高度發展成長。都會區當時正逢大樓興建熱潮，大金接連搶下了那些新大樓的空調設備訂單，箇中的祕訣就是「緊迫盯人營業法」。

大金從日本派出許多資深業務到中國去，這些人當然不會說中文，於是他們在當地僱用學生當翻譯，把大金的「緊迫盯人營業法」傳授給了中國的經銷商。

這套能提高營業成功率的做法，讓中國的經銷商也蜂擁而至，並運用這套在日本蘊釀出來的「緊迫盯人營業法」，挨家挨戶地打點好中國的建築師事務所。

在大樓搶建熱潮下，建築設計案比比皆是，**而大金這套能正確設計空調設備的軟體大受歡迎，便在中國市場上畫出了一張又一張的大金式設計圖**。

大金能在日本和中國都取得如此無與倫比的市佔率，並不是因為它有任何創新的策略或商業模式，而是因為它貫徹執行了「正確的挨家挨戶推銷法」。這股「緊迫盯人」的毅力，正是大金的過人之處。

7　國人所熟知的松下電器，日文公司名稱原為「松下電器產業株式會社」，直到2008年才更名為「Panasonic株式會社」，但由於考量到知名度等歷史因素，在台灣及中國的公司名稱至今仍沿用「松下電器」。

⊙中國大金的經銷商大會

2010年9月，在釣魚台附近海域爆發了中國漁船衝撞事件，中日關係一夕惡化。就在事件發生的半年後，我有幸參與在上海所舉辦的大金經銷商大會，親眼目睹盛況。

會中接連播放了許多中國經銷商老闆們的成功案例。

「我們夫婦拚了命的工作，現在事業很成功，成了地方上的名流。」

「我現在有錢了，就到地中海享受了一趟郵輪之旅。」

會中不斷地介紹這些成功案例，最後與會人士還齊聲高喊「大金萬歲！」如此盛大的活動，讓人不禁懷疑「中日關係真的有那麼差嗎？」

在中國用的品牌名稱是「大金」，這或許正代表了在中國，凡是能為經銷商賺進「大金」的企業，都會大受歡迎吧。

內建大金

大金在中國的業務用空調設備市場大獲成功，但在消費者市場卻陷入苦戰。一般家用的空調販售通路在家電用品店，專攻建築師事務所的「緊迫盯人營業法」模式，根本就攻克不了這個市場。

大金商品的性能極佳，在中國是屬於精品市場的空調，市面上甚至還有「大金的冷氣和東陶（Toto）的溫水洗淨便座都高不可攀」這種說法，高貴程度可見一斑。

大金的空調能有如此卓越的性能，祕密就在於它們內建了變頻器。所謂的變頻器，簡單來說就是會自動開關機，好讓環境保持適當溫度的一種裝置。空調只要內建這個裝置，使用的電費成本就會降低，二氧化碳排放量也會減少，所以很環保。只不過，由於初期購置成本較高，即使產品再

好，也還是「高不可攀」。

　　大金在中國的競爭對手，是一家叫「廣州格力電器」的本土家電大廠。相較於大金走高品質的精品路線，格力則是以便宜取勝。它的產品不只在中國銷售，在全球各地都狂銷熱賣，是家電業界的梟雄。

　　2000年代初期，追求極致聰明的大金，和講究精省至極的格力電器，在市場上各為一方之霸。然而，隨著中國「新富階層」的抬頭，位於「聰明」和「精省」兩極中間的區塊，成了新的大眾市場，並急遽擴大。而這也就是在前一章談到寶僑時所介紹的「大眾精品」（介於大眾和精品中間）市場。

　　「從精品市場這個神壇走下來的大金，與極力想從大眾市場往上爬的格力電器，終於要在中產階級市場正面交鋒了嗎？」市場上大家都屏息以待。

⊙大金式的合作

　　然而，大金和格力電器卻毅然決然地攜手合作。合作機制是由大金提供變頻器的技術，而格力電器則是負責以低價生產成品，並**將「內建大金」（Daikin Inside）的空調，擴大銷售到中國全國各地**（圖5-4）。

　　這裡尤其值得關注的是：大金做出了「提供變頻器技術」的這個決定。變頻器是個很難磨合的技術，連歐美大廠都做不出來，堪稱是日本企業的看家本領。大金把這套技術，提供給擁有廣大銷售網，能供貨到中國每個角落的格力，實現了兩強合作所構成的「聰明精省」模式。

　　這個模式的風險相當高。「養虎為患」的結果，對方很可能攻其不備，導致大金技術遭竊。事實上，此事也在大金內部引起軒然大波，其中尤以技術長（CTO）的反彈最大，高喊「技術絕不能交給別人」。

　　對此，據說大金的井上禮之（Inoue Noriyuki）董事長反將了他一軍

圖5-4　**大金×格力電器：合作搶攻中產階級市場**

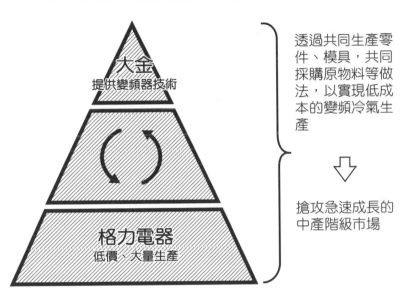

透過共同生產零件、模具，共同採購原物料等做法，以實現低成本的變頻冷氣生產

搶攻急速成長的中產階級市場

說：「保護技術並不是技術長的工作」、「公司投資開發出來的技術，應該要讓它擴大普及到整個市場，把投資賺回來。而用賺回來的這些資金，開發次世代的技術，才是技術長本來該做的工作吧。」董事長的「登高一呼」，排除了公司內部的反對聲浪，讓大金得以拍板敲定這項合作。

這種讓自己現有的技術成為大眾商品，再耕耘下一個新技術的做法，讓人聯想到前面介紹過的瑞可利所採行的「火耕農業模式」。仔細回想，松下幸之助的「自來水哲學」，也是大膽建議企業要採行這種大眾商品化做法的思維。

在原本「聰明」的產品上，加入「精省」的元素，以自行創造出龐大的次世代大眾市場──儘管所屬的企業不同，但這套古聖先賢的智慧薪火相傳，穿越了半世紀以上的時間，至今仍活在大金這家企業裡。

⊙大金的全球策略

其實前面的這段故事，有兩個不為人知的祕辛。

其一是大金雖然提供了變頻器，但其實並未移轉技術。**大金把變頻器變成黑盒子，當作一個零件賣給格力，技術本身並未被竊**。變頻器的功能好壞取決於磨合技術，除非有完整的技術移轉，否則國外廠商無法輕易仿製出相同的東西。

況且冷氣的變頻器是機體當中利潤最高的部分，如果空調廠商還要生產變頻器以外的各項零配件、組裝成品，甚至還要自行銷售，利潤自然就會降低。所以，大金在中國是把「最有賺頭的零件」，交給了格力電器這家最有力的經銷商來擴大銷路，豈有不大發利市的道理。

再者，日本這項獨家的變頻器技術，受到當時空調業界龍頭——北美的開利（Carrier）所祭出的策略影響，面臨可能被排除在世界標準之外的危機，也就是處於典型「加拉巴哥化」的慘況之中。

因此，大金才會把變頻器提供給格力電器，藉以讓自己的變頻器在中國市場上成為實質標準（de facto standards）。

而且格力電器後來還收購了開利在南美的空調事業，在南美市場的變頻攻勢更為凌厲。再加上大金自己也在2012年收購了美國民間空調設備製造的龍頭大廠古德曼（Goodman Global），企圖翻轉美國的變頻器市場。

原本想讓大金陷於加拉巴哥化的開利，反倒是自己跌入了加拉巴哥化的泥沼，事業因而沒落。其實大金的盤算，就是要拉攏中國大廠，以便在這場世界標準化之爭當中，讓自己原本的劣勢轉趨有利。

大金能夠如此堅毅不撓，背景在於它抱持著一份「我們就只有變頻空調」的急迫感。舉例來說，如果是一家像Panasonic這樣的綜合家電大廠，就會見異思遷，覺得「要是空調賣不好，再來就改賣……」然而，大金就只有空調，所以才會認真地想著「要靠這項產品奪天下」，並且不

斷地研擬出新策略。

緊迫盯人式共同開發

這裡再介紹一個大金運用「緊迫盯人」強項的案例——「緊迫盯人式共同開發」。

用來當作空調冷媒的氟氯碳化物，是以氟為基礎所組成的一種物質。大金在氟市場上的地位，僅次於美國杜邦（DuPont），是全球第二名。換言之，大金除了是一家設備公司之外，也是一家化學公司。

氟具有極佳的耐熱性和耐藥性，並具有低摩擦係數的特質。將它塗抹在牙齒上，可用來預防蛀牙的這項功效，也廣為人知。氟的這些特質，也應用在智慧型手機的表面塗層上。

塗抹氟之後，還能保持極佳透明度和反應度，是一種很先進的技術。大金搶先開發出這樣的技術，讓它得以成功獨佔高端智慧型手機市場。而大金可以搶得先機，就是因為它特有的這套「緊迫盯人式共同開發」。

大金將研究機構設在蘋果總公司旁，從推動氟的表面塗層用途開發，直到蘋果採用大金技術為止，徹底落實緊迫盯人的做法。這一招對蘋果奏效後，緊接著大金又與三星共同成立了「緊迫盯人共同研發中心」。就這樣，大金依照智慧型手機市場的排名先後，陸續搶下了各家大廠的訂單。

⊙在中國逆向創新

如今，大金在中國也陸續布局好幾項「緊迫盯人式共同開發」。它不僅是在智慧型手機領域，還針對氟樹脂的各種應用，與各式各樣的企業進行共同開發。大金以位在中國常熟的工廠為據點，從日本派遣生產與開發的核心人才赴中，與當地員工共同推動「緊迫盯人式開發」。

　　這些已在中國實用化的技術，成本低廉還可大量生產。大金打算讓這些技術從中國反向打入先進國家。這樣的反向操作策略稱為「逆向創新」（reverse innovation），[8] 它將可望成為未來大金在全球策略上的一個新的強項。

⊙守護空氣和水

　　在先進國家和正在逐步工業化的新興國家當中，環境污染都已成為很嚴重的社會議題。大金直接面對這些環境問題，並把改善環境問題作為企業長期的願景。

　　大金在它的根據地——位於大阪的淀川製作所，正在推動一項找回乾淨空氣與水源的綠化計畫。據說由於螢火蟲只會生長在有乾淨水源的地方，因此「為淀川找回螢火蟲！」便悄悄成了這項計畫的目標。

　　儘管這個目標看來還需要好一段時間才能實現，但以空調和氟事業席捲全球市場的大金，卻還同時力求創造社會價值。作為一家CSV先進企業，此舉讓人看到了它不辱盛名的一面。

憑藉著「絕對優勢經營」復活
排名第八十八名

小松

　　小松是全球第二大的營建機械製造商，但其實它在1990年代，曾致力於多角化經營。直到2001年坂根正弘（Sakane Masahiro）出任社長（現為顧問），實施結構改革，整頓經營之後，才將原本多角化的經營，

8　由維傑・高文達拉簡（Vijay Govindarajan）所提出的概念，意指把在新興國家所推動的技術創新，或針對新興國家市場所開發的商品、經營創意等導入先進國家，進而普及到全世界。

又聚焦到以建設機械為主業。

　　就如同大金以空調設備這項產品塑造「金雞獨立打法」而大獲成功一般，小松聚焦以建設機械為主業，也再度成功地踏上了成長軌道。

　　小松也是前三住集團（Misumi）執行長（現為董事長）三枝匡（Tadashi Saegusa）在名著《V型復甦的經營：只用二年，徹底改造一家公司！》（V字回復の経営—— 2年で会社を変えられますか）當中所描寫的企業原型。在此謹介紹引領小松上演復活大戲的幾項主要改革措施。

網羅全生命週期

　　建設機械是個博大精深的市場。小松不只是負責建設機械的銷售，從機具的修理、維護到收購，都提供一條龍式的協助，因而進化成為一家供應建設機械「全生命週期」管理系統、解決方案的企業（圖5-5）。

⊙祕密武器 KOMTRAX

　　而掌握箇中關鍵的因素，就是「KOMTRAX」（圖5-6）。這是一套運用GPS及感測器來監控建設機械運作狀況的方案。今日「物聯網」（Internet of Things，簡稱IoT）已是備受各界矚目的次世代技術，但在KOMTRAX導入的90年代後期，它還是個開業界先例的創舉。

　　小松透過KOMTRAX系統，**來監控所有建設機械位於何處、操作何事**。而且最重要的是，這套系統不是經銷商選配，而是小松產品標準內建的配備。

　　搶建熱潮持續延燒的中國，是小松的主要戰場之一。在中國，因為小松所有的產品都內建了KOMTRAX，據說遭竊的情形很少見。萬一機械遭竊賊開走，也能追蹤機械的位置資訊，或是用遠端操作關掉引擎。

圖5-5　小松：建設機械的全生命週期管理

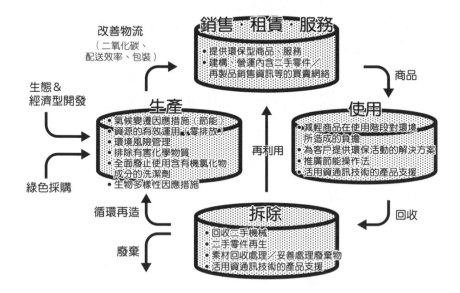

圖5-6　KOMTRAX：建設機械的運作管理系統

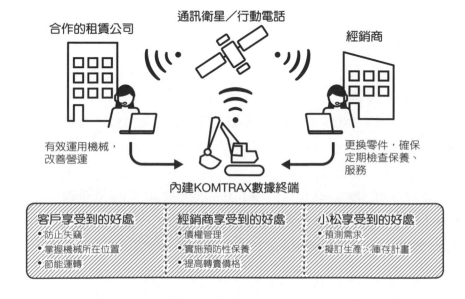

話雖如此，但KOMTRAX的價值並不只有防竊而已。這套系統最大的重點，其實是可以**監控機械的運作狀況**，並針對如何最有效率地運用機械，或適當的保養時機等，為客戶提供建議。

舉例來說，如果機械的實際作業時間遠低於引擎有發動的時間，小松就可以建議客戶「如果能更頻繁地關引擎熄火，就能減少這麼多油耗」。如此徹底地陪伴並支援客戶需求，和大金的強項——「緊迫盯人」頗有相似之處。

很多人都說，**因為有了這套KOMTRAX系統，使得小松比全球任何研究機構都更清楚地掌握中國的資源需求**。就像有人說「中國一感冒，澳洲就得肺炎」一樣，在研判資源需求之際，中國企業的動向是很重要的先行指標。而最能正確掌握這個指標的，竟是小松這家企業。

躍升為絕對優勢企業

於2001年起就任社長一職的坂根先生，祭出了「絕對優勢經營」這項方針。這項方針，等於是宣示小松要「選擇取捨」，除非是全球數一數二的事業或產品，否則一律不做。

⊙打造「源自世界」的全球化經營3.0

一般的日本企業，都會把在日本開發出來的產品再精雕細琢，以期奪下世界第一，也就是所謂的「日籍跨國企業」的觀念。

小松過去也和這些日本企業一樣，凡事都以「源自日本」為主軸。然而，當小松要在全球各地推行絕對優勢經營之際，便將觀念大幅調整為**「源自最適地點的全球化」**。

例如超大型無人傾卸車，您或許在小松的電視廣告當中看過這項產

品，它是一種靠GPS指引的無人駕駛貨車，可在南美及澳洲的礦床等危險案場奔馳。這項產品在日本沒有需求，因此在日本國內並未生產。支援這項產品研發、生產的母廠，不在日本而是在美國。

如上所述，小松「絕對優勢經營」的特色，就是會以幾個產品群為一組，指定全球最適合的地點為它們的母廠，再從母廠把產品推向世界各地。

⊙集中於石川縣的元件開發

小松一方面在全球推行絕對優勢經營，同時又把建設機械的關鍵零件——元件的研發，集中在小松起家的石川縣。

製造建設機械的關鍵零件，要經過極為傳統的磨合，因此需要相當優秀的技師。小松認為在地的石川縣才是真正有保障的人才寶庫，而不是人才流動劇烈的東京。於是小松也和地方上的大學合作，在石川縣培養人才，以延續日本這股世界頂尖水準的製造實力。

其實YKK也在與石川縣相鄰的富山縣，推動同樣的措施。就像這樣，**一方面在日本的地方城市培育工匠職人，同時又在全球各地生產產品，銷往全世界的做法，應該會成為日本企業在追求跨國成長之際的一套勝利方程式。**

小松之道的傳布

小松的全球布局能成功，「小松之道（Komats way）[9]的布道活動」其實扮演了很重要的角色（圖5-7）。

---

[9]　小松之道是小松集團經營層及全體員工在生產現場或職場遵循並延續的一種永續價值觀。小松集團員工透過這個共同的價值觀，凝聚組織活力及改善力，以期提高小松的品質與信賴。

圖5-7 「小松之道」及其擬訂、普及過程

小松之道

擬訂、普及過程（2006年～）

經營層篇
1. 活化董事會
2. 以身作則與員工溝通
3. 遵守商業社會的規則
4. 絕不拖延危機處理
5. 時時思考接班人養成

全公司共通篇
1. 追求品質與信賴
2. 重視顧客
3. 源頭管理
4. 現場主義
5. 方針推行
6. 與商業夥伴合作
7. 人才的培育與著重

「小松以成為活用日本優勢、貨真價實
的跨國企業
——『日籍跨國企業』為目標」
（前執行長坂根正弘）

小松之道
擬訂委員會
委員長：野路國夫（專務董事）
活動：在國內進行大規模的訪談

小松之道
推進室
委員長：兆井秀明（小松之道推進室長）
活動：在全公司各部門進行小松之道具
體化的過程中提供協助（共享培訓規劃、
最佳典範等）

全球經營
管理講習會
品質管理
會議
參與者：各地區本部之高階管理職（26人）
活動：探討小松之道應如何推動

小松
中國
小松
美國
參與者：各地區全體員工
活動：各部門明確擬訂出具體活動內容，
各現場明確設定活動內容及進度

小松之道的根本在於全面品質管制（TQC）。小松曾於1981年獲頒戴明獎（Deming Prize，前身為日本品質管理獎），[10]之後，以全面品質管制手法不斷精進品質，是小松多年來持續懷抱的基本理念。

第一屆戴明獎的獲獎企業為豐田汽車。小松以豐田汽車為參考榜樣，確立了小松獨家的一套聰明精省型品質管理經營手法，再把小松特有的堅持濃縮成一套基本理念，並加入其中，便完成了這套「小松之道」。

接著，小松在全球各地的據點組織性地實施布道活動，也就是傳布這一套「小松之道」的內容。小松一方面發展活用各地地區特性的全球化經營，同時也專心致志地在集團內共享這套作為企業根基的基本理念。

---

[10] 創辦於1951年，是為表揚推動全面品質管理（TQM）的有功者所設的獎項，分為團體獎和個人獎，每年頒發一次。

稱霸日本‧世界二軍
排名第九十三名

朝日集團控股

在這次的全球百大金榜當中,有好幾家啤酒公司進榜。原因之一是**由於啤酒在全球任何一個國家,都是消費量最多的飲料;其次就是由於啤酒業界的寡佔狀態日益嚴重。**

排名第四的是擁有全球啤酒市場25%市佔率的比利時商安海斯布希英博。它是經由不斷併購包括百威啤酒(Budweizer)在內的多家企業,所形成的綜合企業集團。

此外,排名第十的英商南非米勒,安海斯布希英博曾在2015年對它發動過收購,企圖成為一家龐大的啤酒公司,在市價總值上超越雀巢,躍居全球食品業界龍頭。

啤酒公司還有位居第三十八名的海尼根,以及第七十八名的嘉士伯進榜,而日本的朝日是在嘉士伯之下的第九十三名,麒麟則是擠進了第九十五名。最近才只以食品事業上市的三得利,本次雖然不在榜上,未來應該可望進榜。**壟斷日本啤酒業界的三家企業——朝日、麒麟、三得利,從全球的觀點來看,也都是頂尖水準的成長企業。**

在此謹挑選朝日,來和各位一起看看它的經營特色。

深耕QCD

朝日的事業版圖橫跨酒品、飲料、食品這三大領域,有一定的事業廣度,而非只賣啤酒。就這項特色而言,麒麟和三得利所採取的策略也一樣。

從品質、成本、交期(QCD)的觀點來看,首先值得一提的是朝日

品質精良，Super Dry 的「洗練清冽滋味」是朝日的獨家美味，其他競爭者皆難望其項背。

在幕後支持這一滴滴美味的，是朝日的物流系統。**朝日能在日本持續穩坐啤酒龍頭寶座，優勢的根源就來自於它以卓越的物流能力，確保商品的絕佳鮮度。**若在啤酒市場上建立一個「高鮮度啤酒」品類，朝日應該可以成為無與倫比的全球第一。

決定啤酒美味與否的關鍵，就在於它的鮮度。桶裝生啤自然不在話下，如果啤酒的鮮度，能像打開水龍頭就流出啤酒工廠直接送來的啤酒那樣，想必這一定會是最美味的啤酒。以朝日講究到底的物流能力和營運能力，應該可以讓啤酒保持在趨近最美味的狀態才對。

像朝日這樣的企業，若要與世界列強並駕齊驅，就不能只以規模取勝，應該要絞盡腦汁，思考一套方法：以貫徹到底的營運能力為本，打造出與眾不同的品質，與列強一較高下。

隱形併購高手：日果、和光堂、可爾必思的收購

朝日還有一個強項，那就是它很擅於併購。

例如因為日本放送協會（NHK）的晨間連續劇《阿政與愛莉》（於2014年9月至2015年3月首播）而聲名大噪的日果威士忌（Nikka Whisky）公司，其實很少人知道它自1954年起，早已納入朝日集團（當時還是朝日麥酒公司）麾下。朝日對於「阿政」——竹鶴政孝創立日果威士忌以來最講究的生產部門，概不妄自過問，就連日果的業務部門都是在2001年以後，才正式讓渡給朝日啤酒。

朝日在食品領域的併購對象，包括嬰兒食品的和光堂（Wakodo），以及冷凍乾燥食品大廠天野實業（Amano Foods）等。這些企業在各自的

專業領域當中，都如珠寶般璀璨耀眼。

　　在飲料領域當中，最值得一提的併購對象是可爾必思（Calpis）。味之素公司於2007年取得可爾必思的百分之百股權，將它納為旗下的子公司，但之後卻似乎不太知道該如何經營它，於是朝日便出手，在2012年買下了可爾必思。隔年，可爾必思的業務部門雖然與朝日飲料公司整併，但可爾必思出身的岸上克彥（Kishigami Katsuhiko）專務董事升任為朝日飲料公司社長的這項人事安排，讓朝日內外都跌破了眼鏡。2015年6月，朝日宣布進行組織調整，將在集團內部重新整合這些併購而來的企業。

　　朝日將食品事業全部收編在一家新成立的「朝日集團食品股份有限公司」之下，此舉將催生出一個年營收破千億日圓的食品公司。可爾必思則是納入飲料事業部門的核心企業「朝日飲料」麾下。

　　如上所述，**朝日就是極擅於把不同類別的利基企業納入旗下，藉以獲取綜效的一家公司**。而這家公司的核心，就是在2011年所設立的控股公司——朝日集團控股公司。

　　朝日控股公司在泉谷直木（Izumiya Naoki）執行長的帶領下，負責統整集團整體的策略擬訂、併購、公司治理等企業功能。其實不只啤酒公司，各行各業設立控股公司的日本企業越來越多，但其中有不少都只是在實業公司上疊床架屋而已。朝日控股是一支精銳部隊，朝著提升企業價值的方向持續邁進，堪稱是控股公司當中少數的成功案例。

⊙全球「大風吹遊戲」

　　海外事業也同樣隸屬於朝日控股公司管轄，然而，海外併購案進行得卻不如國內順利。

　　例如朝日控股在2011年以982億日圓（約新台幣269億）收購了紐西蘭獨立酒業集團（Independent Liquor），卻於2014年認列200億日圓（約

新台幣54.8億）的商譽減損損失。就結果而言，商譽的攤銷負擔減輕，以及重新整頓大洋洲的物流所帶來的效率化逐漸發酵，使得這項併購未來終於可望為朝日貢獻獲利。

啤酒業界的全球壟斷日益嚴重，市場呈現出「大風吹遊戲」的趨勢，甚至有「幾乎已無划算的待售企業可買」的說法。在這樣的局勢下，安海斯布希英博集團與南非米勒的併購案由於牴觸反托拉斯法，預估將會出售部分事業。

正當我撰寫本書之際，有媒體報導朝日與南非米勒已達成共識，要以約3,300億日圓（約新台幣904億）的價格，收購南非米勒旗下的四家歐洲啤酒公司。本案如果成真，將會是日本的啤酒公司有史以來最大宗的海外收購案。

然而，併購之後的經營絕非易事。歐洲這樣的成熟市場，恐將考驗朝日的經營管理能力。

⊙「戀人」以上，「結婚」未滿？

儘管併購總伴隨著這樣的難題，但另一方面，朝日還很積極地推動與海外企業之間的合作。

例如在印尼，就與當地最大財團──三林集團旗下的核心企業印多福食品合作，成立冷飲公司，新工廠已於2015年初開始投產。

印尼屬於回教國家，因此酒品飲用風氣並不盛。朝日在印尼和馬來西亞等回教國家，改以冷飲為發展主力，應該是個正確的策略。除了茶飲和咖啡之外，若再把近年納入集團旗下的可爾必思推向國際，朝日的全球化策略將可望更向上彈升。

在中國，朝日則是持有當地第二大啤酒製造商──青島啤酒將近20%的股權，並運用青島啤酒在中國的銷售網絡，摸索Super Dry在中國擴大

銷售的途徑。

　　這項合作案有個很有趣的小故事。當時安海斯布希英博原本握有青島啤酒27%的股權，但在金融海嘯後因資金周轉困難，便決定釋出部分持股，於是朝日便於2009年取得這些相當於青島啤酒20%股權的股票。後來，青島啤酒的金志國董事長在東京的記者會上，還曾說過：「朝日和以投資為目的的安海斯布希英博不一樣，是（可長相廝守的）戀人。」

　　青島啤酒一方面聲稱朝日是「戀人」，背地裡卻還和三得利「外遇」，宣布雙方發展合資事業，展現出勇猛難纏的一面。不過，三得利已在2015年宣布將該合資事業出售給青島啤酒，看來今後青島啤酒與朝日的「戀人」關係，會愛得更濃烈。

　　朝日在中國還與當地最大的食品企業——康師傅結盟，共同發展冷飲事業。此外，朝日也入股中國首屈一指的食品、物流集團——頂新集團，以期擴大在當地的食品事業。這些合作案都有深耕中國已久的伊藤忠（Itochu）參與其中，未來可望更加大展鴻圖。

　　與其說安海斯布希英博是個實業公司，不如說它更像是個巧妙操作投資機會的典型機會型企業（O企業）；而朝日充其量只不過是對於事業營運自有一番堅持的典型品質型企業（Q企業）。或許要花的時間稍多一點，但朝日應該可以用它的真誠，搏得海外各地本土企業的肯定，進而建立起多元的聯盟關係，並藉此進化成為真正的跨國成長型企業（G企業）。

真材實料所給人的日常感動

　　朝日集團的企業理念是「分享那份感動」。

　　老實說，起初我覺得朝日用「感動」這個字很彆扭。若是三得利用了這個字，那還說得過去，但朝日給人的印象，應該是更平淡樸實的。就企

業形象而言，或許該說三得利是「感動＝非日常」，而朝日是「安心＝日常」的才對。

　　然而，我後來才開始發現，這個字裡帶有深層的韻味。朝日想表達的，與其說是「非日常的驚喜」，毋寧可說是「沒想到這麼美味的東西，竟然就在身邊俯拾即是！」是一種**從真材實料裡得到的感動**。

　　這種思維，與明白宣示追求「這樣就好」，而非「就要這樣」的良品計畫（Ryohin Keikaku）[11]頗有共通之處。在日常不經意的生活當中，才有最真實的瞬間，就像基魯奇魯和米琪兒[12]尋尋覓覓的「青鳥」，其實就在自己家裡一樣，朝日所謂的「感動」，並非冠冕堂皇的表面之詞，而是讓人感受到它的深度。

　　此外，「分享」這個字，似乎也蘊涵著朝日獨到的一番講究。

　　這個字想表達的，應該是朝日會不經意地為你我呈現出與家人、朋友一起度過充實時光的歡愉吧？近年來，人們孤食或「獨酌」的機會越來越多，這時候只要喝一口Super Dry或余市，就宛如重回到與家人或故友相聚的瞬間。我想這應該就是朝日所謂「感動」的瞬間。

　　飲料的世界裡也有流行。然而，朝日這些讓人感到真材實料的產品，卻不受流行擺布。朝日的商品裡，有著像三矢蘇打汽水（Mitsuya Cider）和威金森氣泡水（Wilkinson）等「百年商品」的那股堅定。

　　重視「**真材實料**」，並持續揮汗努力營運品牌，正是朝日這家公司最了不起的地方。而這也是**優質日本企業共通的一種價值觀**。

　　目前，日本的飲食文化在全球蔚為風潮。在這股熱潮的背後，反映出人們對於安心及健康等優質日常的嚮往。日本文化的底蘊裡，有著「侘

---

[11] 良品計畫旗下的品牌名稱為無印良品。
[12] 兒童文學名著《青鳥》的主角，是一對兄妹。

寂」而又不矯飾的美善。而朝日不就是一家能向全世界傳播這種價值觀的企業嗎？

⊙用飲食追求生活品質吧！

朝日應該要追求的是一種生活品質（QOL），因為飲食正是「生活」的核心。

以食衣住行而言，「衣」和「住」都是保護人類、妝點外表的東西，是生活的附屬品。而「食」才是塑造我們自己的原料，堪稱就是「生活」也不為過。

朝日擁有酒品、飲料、食品等既可呈現「晴」[13]（非日常）也可詮釋「穢」（日常）的素材。因此只要深入探究「品質」，應該就能以更豐富多樣的形式，來詮釋生活品質。

「感動」是個很簡單的詞彙，**但感動的情景，應該可以有成千上萬種**。只要逐一深究每個情景，朝日就有可能成為提供生活飲品和生活食品的企業，就像優衣庫以追求「服適人生」為目標一樣。

汽車產業的領航者
排名第九十七名

電綜

在全球百大排行榜的末段，有好幾家日本汽車業界的梟雄陸續進榜。

---

[13] 日本民俗學者柳田國男認為「晴」（Hare）與「穢」（Ke）是日本人傳統的一種價值觀。「晴」指的是有慶典或迎神賽會、年節活動等的「非日常」，要穿著華美的衣裳，吃神聖的紅豆飯等喜氣食物。「穢」指的則是過日常生活的日子，有病痛、死亡、鬱悶等「穢氣」。兩者就像光影相依、禍福相倚。

其中排名最前面的是電綜，緊接著是豐田、本田，可惜的是日產排名在第一百零一名，無緣登上金榜。

誠如我在第四章介紹過的，有好幾家來自全球汽車業界的公司，都名列榜上，而且排名還更前面。業界當中排名最好的，是在印尼銷售日本車的阿斯特拉（第十七名）。此外，德國車廠奧迪（第三十名）、BMW（第七十二名），以及韓國的現代汽車（第五十二名）均名列前茅，因此可以看出海外各家以稱霸全球為目標的汽車製造商，成長力道其實都遠遠地凌駕在日本的汽車大廠之上。

再把目光焦點轉向汽車零件製造商，就會發現榜上還有馬牌（第二十七名）。原本馬牌只不過是個輪胎製造商，透過不斷併購包括德國西門子（Siemens）的汽車零件部門在內的眾多企業，轉眼間就已成長為一家綜合零件大廠。德國博世是一家未上市公司，因此本次未列入評比，但它早已超過馬牌，穩居汽車零件業界的龍頭寶座。

這次排名第九十七的電綜，緊追在前面提過的這兩家企業之後，為迎向次世代成長而加足馬力猛踩油門。

從「幕後」走向幕前

電綜並不如豐田或本田那麼廣為人知。它是一家總公司位在愛知縣刈谷市的汽車零件製造商，自從1949年脫離豐田汽車獨立之後，雖然仍是豐田家族的一員，但客戶群已擴大到豐田以外的汽車製造商。

電綜與豐田集團以外的汽車製造商交易營業額，早已超過總營業額佔比的50%。大名鼎鼎的豐田汽車，在全球汽車市場的市佔率也才僅10%左右，但**電綜有部分零件，在全球市場的市佔率已逾30%**。

缸內直噴引擎用的高壓噴油嘴就是一個例子。電綜於2010年發展出

全球最高水準的燃油噴霧微粒化技術，獲得日本、美國、歐洲的汽車大廠
採用。

電綜在汽車業界當中，絕對有資格爭取世界第一的寶座，或者可以說
汽車零件製造商比汽車大廠更容易搶佔全球規模。

市場上對電綜成長的殷切期盼，也反應在它的市值上。電綜在2015
年9月時的總市值約5兆日圓，在日本企業當中，僅次於豐田、本田、日
產這三家汽車製造商、三大金控、[14] 三大行動通訊業者，[15] 以及NTT和JT，
排名第十二名。而且它的本益比（PER，或P/E）約為十六倍之多，遠高
出豐田汽車的十倍。

⊙汽車產業的結構轉變

以往提到汽車零件的主角，就會聯想到引擎。因此自行生產引擎的汽
車製造商，在業界足以呼風喚雨。

然而，現今環保問題日益惡化，汽車的主流從引擎逐漸轉向電動
（EV）或油電混合（HV）等新式動力系統，競爭態勢堪稱為全球競爭3.0。

在這些新型態的汽車當中，馬達等電力系統零件的重要性大為提升，
而電力系統並非所有汽車大廠的強項，因此零件廠商在業界就越來越有分
量。

當代的汽車面臨到的另一個課題是「安全」。而少了零件製造商，汽
車大廠就無法實現真正「安全」的水準。

因此，歐洲汽車產業的主戰場，已從過去汽車大廠的龍爭虎鬥，逐漸
轉往零件製造商之間的較勁。

---

[14] 瑞穗（Mizuho）、三井住友（Sumitomo Mitsui）、東京三菱UFJ（Tokyo-Mitsubishi UFJ）。
[15] Docomo、AU、軟體銀行。

　　放眼日本的汽車產業，過去向來是以汽車製造商為頂點，零件廠商在底下一字排開的「系統」結構為主軸。

　　例如康奈可（Calsonic Kansei）就是日產系統；在美國大難臨頭的安全氣囊大廠高田（Takata），原本其實是隸屬於本田系統。

　　在歐美，汽車製造商與零件廠之間的尊卑關係已經逆轉。而日本的汽車產業，若要與世界列強競爭，也面臨到必須以電綜等零件製造商為主軸，打造出全新產業結構的當口。

⊙與豐田汽車平起平坐之日

　　對豐田汽車而言，電綜也是一個極為重要的事業夥伴。在豐田所推動的汽車製造改革「新全球架構」（TNGA）戰略當中，舉凡汽車空調，以及引擎燃燒方面的技術等，與電綜相關的領域遍布各處。甚至連豐田也表示「要是電綜不出手，有些領域的研發就無法向前推進」。

　　然而，若考量豐田集團整體的成長，就不該把電綜放在豐田汽車旗下，而是**要把以電綜為主軸的零件事業，塑造成集團的一個中流砥柱，讓它與汽車事業平起平坐才對**。

　　此外，對豐田集團而言，讓電綜與豐田汽車一起壯大，長成一家有能力與博世、馬牌相抗衡的零件大廠，難道不是一個比汽車事業成長更重要的命題嗎？因為電綜可以憑著銷售產品給豐田以外的客戶，爭取到比豐田更高的市佔率。

　　在汽車業界有個術語叫一階供應商（Tier 1），指的是可以直接供貨給汽車大廠的「第一級零件製造商」。電綜過去向來都是在以豐田汽車為頂點的巨大供應鏈底下，以「長子」之姿，甘處於一階供應商的地位。

　　然而，近年來電綜開始邁向「Tier 0.5」。這個用詞，讓人感受到電綜在站上零件製造業顛峰的同時，還與汽車大廠平起平坐的那份自負。

　　舉例來說，要鑽研自動駕駛或聯網車輛（Connected Car，用網路串連多台車輛）等尖端科技，就必須要發展汽車所有功能的整合系統。

　　當Google開發出無人駕駛的Google Car時，震撼了整個汽車業界。博世和馬牌這些已經進入Tier 0.5的業者，紛紛推出了自己的次世代汽車樣式提案。

　　不論是發源自美國的「工業網際網路」，或是起源於德國的「工業4.0」，都是以軟體廠商或零件製造商為核心來運作。為了不讓日本再繼續落後下去，電綜要有帶動整個汽車產業的自負和決心，加速布局非連續性的成長。

.

挑戰實體市場

　　您聽過「售後市場」（After Market）這個詭異的詞彙嗎？根據日文版維基百科的解釋，它是「汽車業界的一種術語，也就是指中古車經銷商、汽車拆解廠，和由這兩者所組成的汽車客製改裝廠，以及賣副廠零件的汽車材料行等非正規經銷的業者，引申為非原廠零件、材料之意」。

　　當我第一次聽到這個詞彙時，不禁感到非常彆扭。因為它忠實地呈現了汽車業界的特殊性。

　　凡是零件製造商，都會把「銷售產品給汽車大廠或經銷商」的這一段視為「實體」市場；而後續要面對消費者的那個市場，就只不過是「售後市場」而已。「售後市場」這個詞彙，清楚地反映出零件廠「只找汽車製造商作生意」的真實心聲。

　　對B2B2C（Business to Business to Consumer，企業對企業對消費者）的廠商而言，原本B2C市場才是它們的「實體」市場，前端的B2B市場只不過是「售前」（Before）市場罷了。汽車零件製造商原本該要面對的

並不是汽車大廠，而是該拿出真誠的態度，來面對實際的消費者。為此，零件廠應該要主動在消費者市場（市售）建立品牌，以爭取消費者的認同，進而獲得消費者的喜愛。

電綜的競爭對手馬牌，藉由輪胎的銷售，成為連一般駕駛人都知道的品牌；而博世則是因為有售一般消費者用的修車工具等，所以在消費者心目中確立了自己的品牌形象。然而，電綜過去幾乎從未以自己的品牌名稱，銷售一般人會直接接觸到的產品，因此就連在日本國內，知名度都相當有限。

不過，近來電綜也開始以自己的品牌設立服務據點，直接接觸一般顧客。此舉由於在日本會與豐田汽車及豐田汽車旗下經銷商打對台，故電綜選擇先在獨立型汽車維修保養業者群雄割據的美國，以及汽車製造商旗下的售後服務網尚未建置完整的亞洲地區推展這項業務。

電綜在亞洲發展的服務據點，名稱叫「PIT & GO」，第一家門市於2014年2月在新加坡開始對外營業。

電綜會發展這個事業，起因於豐田汽車的豐田章男社長出訪新加坡。據說豐田章男社長眼見中古豐田車在新加坡滿街跑的光景之後，便喃喃地說：「雖然是中古，但駕駛人開的畢竟是我們豐田的車，還是需要有好的維修廠。」因此，便以電綜為核心，集結愛信精機（Aisin）和豐田通商（Toyota Tsusho），三家企業共同建立了「PIT & GO」這個品牌。

就在PIT & GO正式開張的一年後，我也造訪了位在金邊市區裡的第一家門市，生意非常好。而且因為服務好，許多不是豐田的車，也都紛紛湧到這裡來。在柬埔寨，甚至在東南亞各地的車市，都流傳著一個說法：只要把車送到本土的修車廠去修，「好的零件就會被拆走，改拿差的東西來替換」。我不知道這種說法的真實性有多少，但我看到在當地，日本的維修廠因為值得信賴，所以很受車主的歡迎。

後來，「PIT & GO」又在柬埔寨開了一家店，還更進一步拓展到了泰國和印尼。

電綜不僅跨足維修保養服務，也開始耕耘掛電綜品牌的市售產品。車用耗材當然不在話下，除此之外，電綜也開始在市售產品方面，加強充實非標準配備的汽車用品。

例如有應用汽車空調技術的家用熱泵和空氣清淨機，還有趣味妙商品真空酒瓶塞（Wine Saver）。它可用電動的方式，抽掉葡萄酒瓶中的空氣，讓瓶內呈現真空狀態，防止酒品氧化。這款商品在亞馬遜等通路有售，是很好用的利器。

未來，電綜再以B2C的形式，販售更多樣的服務與商品，讓Denso這五個字母在全球「實體市場」上家喻戶曉那一天，或許真的就會到來。

追求「製造」的極致

我自2014年起，擔任電綜的獨立董事迄今。自從我轉換立場，改由內部觀察這家企業之後，有一件事令我再度大感驚訝，那就是電綜貫徹堅守製造原點的真摯態度。

「豐田式生產」以「豐田生產系統」（TPS）之名蜚聲於世，享譽全球。然而，豐田汽車其實是一家向零件廠商採購產品，自己只負責最後組裝的公司。**真正縝密地落實執行豐田式生產的，其實是零件製造商，而當中的翹楚就是電綜。**

實際上，電綜還創辦了一所「製造大學」，[16]對保護日本的工匠文化可

---

[16] 電綜公司負責營運的職訓學校，是創立於1954年的電綜工業學園（Denso Technical Skills Academy），設有三年制的高工部及一年制的高階職訓課程，招收國、高中畢業生。短期大學（兩年學制）部已於2013年停招。

說是不遺餘力。從電綜這種誠實正直的態度當中，就可以窺見日本企業競爭力的原點。在日本的電子產業當中，除了模具等部分製造工序之外，幾乎都已看不到這種技藝的傳承。而技藝的失傳，應該與日本在電子業界失去競爭力，有著密不可分的關係。

電綜一方面把唯有在日本才能塑造的工匠文化，當成傳統技藝來守護，一方面也致力於向全世界傳播這種工匠文化。

在全球各地輪流舉辦，各國好手拿出製造本領一較高下的「國際技能競賽」（WorldSkills Competition）中，歷屆都有來自泰國、印尼、越南等國的電綜新生代員工，和日籍員工並肩作戰，留下很出色的表現。2015年夏天，電綜的泰籍員工在聖保羅所舉行的第四十三屆大賽當中，勇奪CNC車床[17]類的金牌。

泰國電綜以在日本受過嚴格專業訓練的泰籍員工為主軸，扮演電綜在亞洲區的技術傳播樞紐，同時負責培訓柬埔寨、越南、印度等國的本土員工。記得當年我在參訪柬埔寨新設的組裝生產線時，對於從泰國派來的生產線主管，很嚴格地指導柬埔寨新進員工的模樣，留下了很深刻的印象。

善的循環模式

電綜在長期方針當中，宣示將「在2020年之前，要獲得所有利害關係人的信賴，並創造出共謀成長、共求發展的善的循環」。會做出這項宣示，是因為電綜集團認為，要發揮社會影響力、創造新的價值，並追求持續成長與發展，那麼與更多利害關係人懷抱共同價值觀、相互連結合作，

---

[17] CNC車床即利用電腦數值控制（computer numerical control）的車床，車床為常見的工具機之一。CNC車床常用於圓形工件的加工。

就成了不可或缺的要務。

　　在圖5-8的模式當中，呈現了電綜提供給六種利害關係人的價值。我想各位讀者應該不難發現，它與前面介紹過的雀巢和全食超市，其實是一套共通的思維。

　　電綜過去向來都是一階供應商，也就是第一級零件製造商，為採購零件的汽車製造商服務。因此，在這張圖表張中的「顧客」，指的是汽車製造商。

　　今後，電綜將會更認真地面對社會上的各種課題，並積極地設法解決。同時也要更強烈地意識到自己是為真正的顧客——消費者提供價值，以期讓這個善的循環更進化。

圖5-8　**電綜的「善的循環」模式**

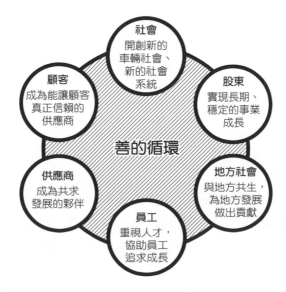

資料來源：電綜官方網站

⊙從安全到安心

電綜要提供的價值之一，就是「安心」。

大家常把「安心、安全」視為同義詞，其實這兩者之間，有著很大的落差。安全在英文當中可說是security或safety，但「安心」一詞在英文當中卻很難找到字義完全吻合的字彙。

三和鐵捲門在電視廣告歌曲當中所唱的「心靈詳和」（Peace of mind），應該就是英文當中最合適的詮釋。換句話說，安全不過是物理性的東西，而安心指的則是極為心理上的狀態。

車輛的「安全」，指的是例如在危險時，車子能確實停下、避免事故發生。然而，「安心」指的則是讓駕駛及乘客根本不會遭逢險境。車輛的**「安全」已是個理所當然的目標，但要達到值得信賴的「安心」水準，是很艱鉅的挑戰。**

電綜與豐田集團的目標，是要成為能讓顧客信賴的品牌，達到讓顧客覺得「只要是乘坐它們的車，應該就不會有危險」的水準。若能做到這一點，應該就是顧客會「指名購買」的品牌了吧。

誠如前面介紹過的柬埔寨汽車服務中心PIT & GO，在當地成為人們口中「只要是這家店，就不會亂來」、「一定會好好幫顧客修理」的維修廠，贏得了顧客的信賴一樣，想獲得顧客的信賴，關鍵就在於要深化與顧客之間的關係。

⊙與地方社會共進退

凡是電綜進軍的地區，涵蓋廣泛的相關產業就會應運而生，就業機會隨之增加，整個地方社會也跟著富裕起來。此外，電綜為了將深奧的「工匠文化」傳授給各地員工，積極認真地培育海外關係企業及當地供應商的人才，對地方社會的發展也有很大的貢獻。

　　電綜不僅是在新興國家採取這樣的做法,它在美國田納西州的雅典市(Athens)有一座工廠,自從2003年開始投產以來,就一直負責生產噴油嘴等高端零件。自2016年起,這座工廠為了要再負責生產前面提過那種直噴引擎用噴油嘴的最新款,預計投資逾100億日圓(約新台幣27.5億),並增聘四百人。當地的基層主管語帶興奮地說,在美國的偏僻小鎮,竟然能生產全球最先進的產品,讓他覺得非常驕傲。

　　像這樣與地方社會共生,並成為地方上無可取代的夥伴,已是電綜的一大目標。

於是,它跳脫了汽車

　　電綜也已開始對「車輛社會該有的樣貌」和「未來的行動社會」**這些社會上的系統機制投注心力,提出建議方案**(圖5-9)。

　　電綜目前投入最多心力的三大主題——在「環境」、「安心、安全」之外,還關注「便利、舒適」。所謂的「便利、舒適」,並不是像蘋果或Google那樣令人瞠目結舌的嶄新提案。它所指的是像「新鮮的空氣」那樣,是一種「就在你我身邊,但它的便利性、舒適度之高,幾乎教人感覺不到它的存在」的境界。這種價值觀,與前面介紹過的其他日本企業,包括迅銷、大金和朝日等,都是共通的。

　　電綜所關注的,並不是只有汽車的世界而已。舉凡「農業或生鮮食品的物流上,有沒有什麼能做的?」這樣的主題,也是目前電綜致力研究的方向。

　　在印度和中國,**載運生鮮或冷凍食品的物流系統**——「冷鏈」尚未成型。因此,電綜想正面挑戰的社會議題,是如何在新興國家裡,建構出在先進國家已是想當然耳的物流系統。

圖5-9　**跳脫汽車，邁向「社會系統的提案」**

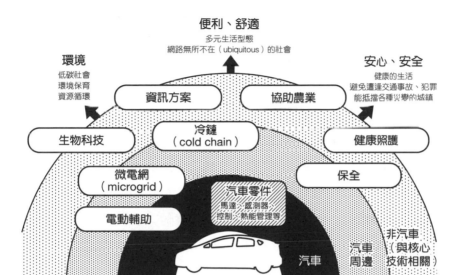

資料來源：電綜官方網站

　　此外，在醫療領域裡，電綜已經推出用來輔助醫生的**手術支援機器人**商品。手術是靠體力取勝的工作，尤其手部更是勞累。因此，電綜開發出了這台輔助手部肌肉活動、讓指尖隨時都能穩健運作的機器人。

　　電綜能開發出這樣的產品，是得力於它們過去曾自行生產運用在汽車空調系統或工廠的工具機。以往只專注在汽車製造的電綜，一旦放眼農業或醫療領域，就會發現「我們可以提供這樣的協助」，進而催生出新的產品或服務。這些技術的運用已備受期待，期盼它們今後會有更廣泛的發展。

⊙以提高「移動品質」為目標

　　如今，電綜已開始用「移動品質」（Quality of Mobility）這個詞彙，來定義自己所做的工作。

　　車輛堪稱是20世紀最主要的移動（mobility）方式。然而，為解決環保和壅塞等社會議題，今後將需要拓展更多超越車輛的移動方式。

　　電綜這家企業的體質當中，有著**「對移動的觀察力」**和**「支持移動的力量」這兩種DNA**。若是製造成車的汽車製造商，或許很難透過四輪或兩輪車輛以外的載體來呈現這些DNA。而零件製造商電綜，應該可以找得到更能自由表現自我的場域。

　　要從A地移動到B地，除了開車之外，還有搭乘大眾交通工具及腳踏車等有效的搭配組合。這是一種運輸模式轉換（modal shift）的概念。

　　例如奇異和日立這種發展社會基礎建設的企業，就有意提出「控管人們整體移動的機制」。電綜只要和這樣的企業聯手，就能開發出提高人類移動品質的新零件或新系統。如此一來，電綜想跨出汽車領域，進化（Pivot）成支持人類整體移動品質的企業，就不會只是夢想。

　　運輸模式轉換的布局，在歐洲以及在汽車社會的美國都發展得相當興盛。然而，透過「工匠文化」淬鍊出登峰造極的品質，原本其實是日本的看家本領。期盼汽車業界的高品質王者——電綜，能持續追求跳脫汽車領域的次世代成長。

　　豐田汽車也不必一直拘泥於當一家只做車的企業。當豐田汽車啟動不再拘泥於車輛的經營時，電綜想必就能以豐田集團的主軸企業之姿，與豐田汽車聯手，為打造新的移動社會作出貢獻。

追求「持續改善」的極致
排名第九十九名

豐田汽車

　　豐田汽車排名第九十九名，勉強擠進了排行榜。由於這次的排行是以

成長率為主要評比標準，所以像豐田這樣龐大的企業能進榜，實屬難能可貴。

說到豐田最擅長的絕招，莫過於「持續改善」了。像豐田這樣徹底地、全體員工戮力一心地追求改善的企業，全世界找不到第二家。

實際上，的確也有很多企業在學習豐田式生產之後，想依樣畫葫蘆地仿效，卻幾乎沒有任何一家企業可以落實得像豐田這麼徹底。**因為對豐田而言很想當然耳的「持續改善」，是其他公司做不到的。**

豐田的兩個DNA

一開始，我想先來試著解讀豐田的DNA。市面上各式各樣的「豐田DNA書」已相當氾濫，但在這裡，我想試著從一個完全不同的切入點來思考。

⊙靜態DNA：塑造運作機制的能力

我在麥肯錫任職期間，曾經負責過豐田這個客戶，當時還曾進行過一個為期三個月的專案，名叫「豐田DNA」，豐田內部也派出相當優秀的員工來參與。

啟動專案之初，豐田方面的專案小組成員便表示「為什麼需要推動這樣的專案？」「豐田的DNA當然就是製造的DNA呀！」表情透露著不滿。

我們麥肯錫方面指出「公司目前自行生產的就只有引擎吧？」「那這樣豐田豈不是一家零件採購商嗎？」更讓豐田方面的成員怒不可遏。

實際看看豐田的損益表，就可以發現它的汽車零配件有70%都是由零件廠採購而來。然而，豐田的過人之處就在這裡。因為**它可以讓這些採購來的零件，全都做成豐田式的規格。**

　　再怎麼厲害的商社，也無法讓協力廠商接受「自己獨特的做法」。商社有能力採購商品，但無法將自己的精神與思維注入商品之中。

　　然而，豐田就是有辦法讓協力廠商遵循豐田式的製造思維，而且不只是豐田系列，就連豐田系列以外的廠商也一樣。這種「塑造運作機制的能力」，不就是豐田的過人之處，更是豐田的DNA嗎？——這樣鋪陳論述之後，豐田方面的成員似乎才終於接受了。

　　豐田的「系列」，乍看之下是個封閉的系統，但汽車產業涵蓋的範圍很廣，豐田從中選出有心「向豐田學習」的人，徹底灌輸「豐田式製造」之後，將它們收編為為生態系統內的新成員。

　　在這個灌輸、收編的過程中，豐田運用的方法論是「豐田生產系統」（TPS）。透過傳授TPS的觀念，讓不屬於豐田的企業群也能生產出和豐田相同水準的產品，也讓整個系統裡的產品流向「同步化」（即時生產，英文為Just in Time，簡稱JIT）。

　　在日本的三河地區，[18] 早已形成了一個以豐田為核心的完整生態系統。有人嘲諷說那裡是「三河主公[19]的城下町」，但這裡無懈可擊的產業鏈合作機制，威力的確驚人。此外，豐田在進軍泰國、肯塔基州、天津等海外各地之際，也都同樣建立起了「城下町」。

　　建構起這樣的產業鏈固然費時，可是一旦建立，它就會是一個固若金湯的產銷機制。這種**農耕民族式的穩紮穩打和「養成文化」，就像在介紹瑞可利等企業時所提過的一樣，堪稱是日本優良企業共通的「路數」。**

---

[18] 位在愛知縣東側，分為西三河與東三河，與愛知縣首府——名古屋所在的尾張地區分庭抗禮。

[19] 三河地區在古代稱為三河國，城下町則是以藩主所居住的城池為中心，所發展出來的城鎮，類似今日的縣城。此處的說法是將豐田比喻為一方之霸，而三河地區那些圍繞豐田而生的產業鏈，就成了城下町。

豐田的過人之處，不只是單純的製造力，而是所謂的「驅使別人製造的能力」。能打造出這種「非垂直整合的磨合式生產」，是因為豐田擁有「運籌能力」，而這也正是豐田的靜態DNA。

⊙動態DNA：問五次為什麼

和豐田及本田的員工共事過，就會感受到兩者之間有著很大的差異。

本田的員工大多非常愛車，對本田退出世界一級方程式賽車（F1）由衷地大感惋惜；當自己情有獨鍾的車款銷售欠佳時，就會悲傷、難過。

然而，豐田的員工其實並不那麼打從心底愛車。有些員工對車的興趣，甚至淡薄到連自己開的車是什麼車種都不清楚。

可是，和豐田的員工一同出入蕎麥麵店或銀行，就會發現他們都有一雙銳利的眼睛，能洞悉「這家店的週轉率大概有多少？」「獲利大概有多少？」「哪些動作是多餘的？」等問題。這種對**「運作機制」的敏銳觀察力和內省能力**，就是豐田的動態DNA。

而這種動態DNA的象徵，就是「問五次為什麼」。追根究柢地思索任誰都覺得想當然耳的事情，正是豐田式的作風。

假設現在有一條生產線出了問題。一般人應該都會設法盡快解決這個問題才對，但在豐田則是思考「這條生產線設在這裡是不是錯了？」「這道工序是不是拿掉比較好？」，設法**找出問題的根本原因，再予以排除**。

豐田式的做法雖然稱為「持續改善」，但要做的事情，並不是從這個名稱上會聯想到的「改良」作為，而是採取一種應該稱之為「改革」的追根究柢。這種「重新探究本質的能力」，正是豐田的DNA。

前面介紹過的「豐田DNA」專案，也是從我們麥肯錫軍團被問到「DNA指的是什麼？請給我們一個定義」開始討論。豐田員工就在這種猶如禪問答的對話之中，深入剖析事物的本質，讓人不禁感受到他們的犀利。

　　在我經手「品牌策略」及「行銷精緻化」等專案時也一樣,豐田員工非得要先追根究柢釐清「為什麼我們需要品牌?」「行銷這個外來詞彙,用日文應該怎麼詮釋?」等疑問,才會繼續討論。由於豐田員工要在問題的定義上追根究柢到他們能接受為止,所以光是這個過程,往往就要花掉一個月的時間。

　　我也曾被豐田這種窮追不捨的「為什麼攻勢」,問得啞口無言,卻從中學習到很多收穫。就連我這個由豐田重金禮聘來的顧問,都被灌輸了豐田式的做法,「豐田式」這種堪稱世界遺產級的威力,可見一斑。如此徹底地「追究事物本質的能力」,正是豐田的動態DNA。

用「事業革新」推動全公司改革常態化

　　誠如前面所談到的,豐田在本質上的強項,是塑造運作機制(靜態DNA),再將機制徹底顛覆的「改革力」(動態DNA)。而驅動這個強項在整個企業組織裡運行的推進力道,則是名為**「事業革新」(BR)**的這套機制。它可以說是「為創造機制,並加以改革的機制」,或也可以說是「後設機制」。

　　這個概念雖然不如「持續改善」那樣名滿天下,但我認為「豐田得以出類拔萃的本質」,就蘊涵在這套事業革新的機制裡。

⊙與日產的戈恩改革在本質上的差異

　　2000年時,為整頓日產而從雷諾跳槽過來的卡洛斯・戈恩(Carlos Ghosn),在日產推動跨功能團隊(Cross Function Team,簡稱CFT)的故事,非常有名。

　　戈恩推動這項措施的目的,是為了要打破當時日產的研發、製造、銷

售等部門各自為政的局面，於是便設置橫向串連的組織，以期能專注在「怎樣才能做出暢銷的汽車」、「如何提高現金週轉率」等本質性的改善作為上。其實早在戈恩推動改革的五年前，**豐田就已證明了這種橫向串連的組織，能有效改善汽車製造商的體質。**

　　戈恩仿效豐田，在面臨經營危機的日產啟動「跨功能團隊」這項緊急專案，才得以成功推動了改革。而日產與豐田不同之處，在於日產改革成功之後，便不再繼續實施跨功能團隊。因為這項措施，在日產只是為了避免經營危機所祭出的權宜之計，並沒有在企業組織裡扎根。

　　而豐田的事業革新，和日產那一套過度性的跨功能團隊措施截然不同，但兩者的出發點是一致的。豐田於奧田碩社長任內，有感於泡沫經濟瓦解後，內部組織恐面臨「各自為政」的危機，便設置了橫向串連的跨部門團隊。

　　當年豐田在推動這項全公司的改革專案時，我也以麥肯錫團隊總召的身分參與其中。起初這項專案提出了將近八十項改革主題，但以全公司規模所推動的專案而言，這個數量實在太多，於是後來又篩選為十項，而剩下的主題，就交由各部門的事業革新團隊去推動。

⊙執行事業革新，非比尋常的認真

　　「事業革新」這項專案，基本上每梯次是以一年為期限。而**事業革新的卓越之處，在於參與這項專案的人可以離開生產線，成為事業革新團隊一年的專屬成員。**一般企業裡的專案，人員幾乎大部分都是兼任，優秀人才往往身兼多項專案，到頭來根本搞不清楚自己究竟在做什麼。而豐田的事業革新專案，則是讓員工脫離既往負責的業務，以專屬身分來推動這項專案。

　　而加入專案之後，成員會被告知「以往還沒有任何一組事業革新團隊

失敗過，要是你那一組失敗了，那就是首開先例了」等內容，因此壓力非同小可。有位參加事業革新的成員，還跟家人說「就當作我這一年都不在」，而且實際上還真的常在公務車上休息過夜。在專案當中成功的人，之後就會升官發財，因此每位成員無不死命地努力，把參與事業革新專案當作職涯躍進的契機。

換句話說，豐田的事業革新，相較於一般企業的專案或日產的跨功能團隊，認真的程度截然不同。

⊙用80％的人力執行業務

更厲害的是，當王牌級的傑出人才被事業革新專案挑走之後，該部門並不會獲得人員增補。這種人才的工作量，通常會是一般人的好幾倍，因此少了這個人力，對部門而言是很嚴重的打擊。

聽起來似乎很不近情理，但這樣的做法具有讓部門組織自動瘦身的效果。且實際運作過後，員工們就會知道即使王牌人才不在，工作也一樣做得來，部門裡的其他同仁還會因此而大幅成長，蛻變成部門裡的下一張王牌。參與事業革新專案的部門，會有20％的人員成為專案的專屬人力，他們以往負責的業務，要由剩下的80％人員來分擔。

豐田自從1993年起，每年都持續推動這項事業革新專案，也就是已經**連續二十年以上，都用20％的力量，年年為公司埋下新的強項**，所以當然是相當可怕的企業。而且在此同時，現場還繼續推動「持續改善」。

豐田的「事業革新」，與日產那個以暫時性專案告終的「跨功能團隊」不同，是隨時都在持續推行的運動。我沒聽過有哪一家企業推行改革能做到如此徹底的地步。對豐田而言，全公司的改革只不過是平常想當然耳的業務，而非公司面臨經營危機時的緊急避難措施。這就是「改革魔鬼」豐田雷霆萬鈞、氣勢驚人的企業體質。

打倒豐田！

談到這裡，我想各位應該已經充分感受到豐田組織改革的犀利之處。但更厲害的是，豐田這樣還不肯善罷甘休。

啟動事業革新專案的幾年後，我曾有過一次和奧田社長晤談三十分鐘的機會。

當時我盤算著要帶一份「奧田社長的成績單」，當作會晤的伴手禮，於是我帶了一份分析表，把當時正在福特（Ford）推動改革的賈克・納瑟（Jacques Nasser）執行長，拿來和奧田社長做了一番比較。它其實是一份刻意用極高標準來對奧田社長評分的成績單。

晤談時間結束之後，奧田社長便興趣缺缺地說：「啊？結束啦？告辭。」說完便把成績單塞進口袋，離開了現場。

我心想「這下子觸怒奧田社長了」，失望地打道回府，孰料隔天起，豐田各部門的電話蜂擁而至。據說是奧田社長在會晤後的隔天早上，找來董事們召開緊急會議，說「我被麥肯錫批評得如此一無是處」，並下達「徹底運用這份分析表」的指示。

不久後，奧田社長就在公司內部發出了一個「打倒豐田」的訊息。當時正是**豐田被世人盛讚「Toyota as Number One」的時候，而奧田社長內心卻充滿了「豐田太過驕傲自大」的危機感。**他應該是認為「這份資料是能讓豐田奮起努力的好題材」吧。

普銳斯與WiLL

後來，我又有機會協助奧田社長督軍的「WiLL專案」。這個專案在當時是豐田的由內部新創團隊「虛擬新創公司」（VVC）所推動的嘗試之

一。今日台場的知名景點——「Mega Web」這座汽車主題樂園，也是虛擬新創公司催生的產物。

虛擬新創公司是豐田成立的一個內部衍生組織，為期三年。任務是要「發展不像豐田會做的事！」登上這個組織龍頭大位的，是奧田社長的心腹重臣清水順三（Shimizu Jyunzo）部長（後來曾擔任豐田通商社長、董事長，現為該公司顧問）。而且當時豐田還特別挑出了幾位作風稍微與眾不同的超級優秀員工，派任到這家內部公司。據說豐田認為，讓這個團隊待在位於水道橋的豐田東京總公司，想不出什麼新創意，便把團隊辦公室設在三軒茶屋一棟很時尚的大樓裡。

當年的虛擬新創公司，氣氛與和豐田總公司截然不同，是一家很奇妙的公司。真正隸屬豐田的員工，就只有清水部長等五人，其他還有電通和我們麥肯錫成員，以及一群頂著「世代觀察家」這個頭銜的異樣人物會在公司出入，反覆進行討論。

這個團隊催生出的新嘗試之一是「WiLL專案」。專案內容是豐田要與傑出的消費品大廠共同建立一個限期三年的新品牌WiLL，而實際集結到的品牌，包括花王、朝日啤酒、松下電器（未更名前）、國譽（Kokuyo）、近畿日本旅行社、江崎固力果（Glico），外加豐田自己，總共有七家企業。

豐田因為這項嘗試，也突然投入了WiLL品牌的汽車開發。當時奧田社長開出的唯一一項條件，就是要**「提報一輛讓董事們全員反對的車」**。

因此，起初催生出來的，是一輛名叫WiLLVi的車，造型相當奇特，簡直就像是灰姑娘裡的南瓜馬車一樣。當WiLLVi的這個企劃提報給高層之際，全體董事差點沒從椅子上摔下來，而據說最大力反對它的，就是奧田社長本人。據傳當時清水部長看到這一幕，便咧嘴竊竊一笑，說：「社長，這就代表我們可以做這個案子，對吧？」奧田社長雖對自己的承諾感

到後悔莫及，但為時已晚了。

　　這輛「完全不像豐田」的車，雖然引起了話題，但實際上銷路卻不太好。後來 WiLL 專案又陸續推出了兩款車，兩者都令人為之一驚，但以銷售結果來看，卻是幾乎完全賣不掉。

⊙ WiLL 專案真正的成果

　　就這樣，WiLL 專案並沒有在商業上留下太大的成果，就如期在三年後收攤。

　　然而，這項專案後來竟為豐田帶來了意想不到的成果。豐田有一群開發主力的主任工程師，開始會發想出一些「不像豐田的有趣汽車」。後來問世的小型高頂旅行車（Tall Wagon）──豐田 Bb 和 Funcargo，就是在這種背景下的產物。而這幾個車款，日後也都成了熱銷商品。

　　受到 WiLL 刺激的主任工程師們，設計出了別具特色的車款，彷彿像是在訴說著「既然公司可以接受打破常識的車，那我們可以做出更厲害的」。

　　在此之前，豐田大多將主力擺在生產完成度高、並保證可以順利賣掉的汽車，刻意迴避特色或「稜角」（Edge）。看來奧田社長似乎已經想到，這就是造成豐田車越來越無趣的原因。

　　因此，他在豐田成立了虛擬新創公司，以期在企業內部激起一些變化。而這個專案真正的目的，其實就是想**透過把公司員工送到外面，讓他們去挑戰「豐田的常識」，進而回過頭來為公司內部帶來刺激**。

　　聊個題外話。奧田社長當初極力反對的那輛 WiLLVi，據說後來他其實很喜歡，還會不時偷偷開著它到處跑。如此頑皮的舉動，的確很像奧田社長的行事作風。

　　此舉還引發了一段小插曲。奧田社長平常都是搭公務座車皇冠

（Crown）往來各地，公司當然也為他安排了座車司機，因此只要座車一抵達各地的飯店，飯店員工就會發現社長蒞臨而出來迎賓。然而，有一次奧田社長親自開著WiLLVi抵達，飯店門口的禮賓人員完全沒發現是他大駕光臨，後來還因此而被飯店總經理狠狠地教訓了一頓。

超脫「創新者的兩難」

當年，哈佛商學院教授克雷頓‧克里斯汀生的名著《創新的兩難》（*The Innovator's Dilemma*），在經營管理的前線刮起了一大旋風，因為書中以理論和個案，清楚地揭示了「曾經成功過的創新者，接著一定會被他認為不如自己的對手打敗」這件事。奧田社長應該也是讀了這本書，才再次體認到「驕傲自大」的可怕吧。

在克里斯汀生教授之後又推出的第三本著作《創新者的解答》（*The Innovator's Solution*）當中，他提出了克服這種兩難的方法論。圖5-10就是箇中的關鍵架構。

架構的縱軸是「製程整合性」，橫軸是「價值觀整合性」。這裡的「過程」應可代換成「有形資產」，「價值觀」則可替換成「無形資產」。

奧田社長所率領的豐田，在高喊「打倒豐田」這個口號的同時，其實是在挑戰這個架構當中四個象限裡的每一個「創新者的兩難」。

⊙在四個象限推動「打倒豐田」

圖5-10的「**第一型**」是「製程整合性」與「價值觀整合性」兩者皆高的象限。換言之，就是「把像是那家公司會做的東西，用那家公司慣見的方式生產」（Business as Usual）的措施。

在這個象限當中極具代表性的案例，就是研發小型車「Vitz」（海外

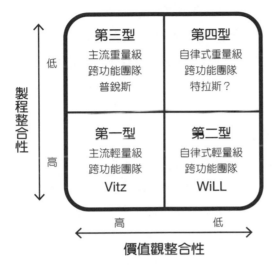

圖5-10　**豐田的超脫「創新者的兩難」**

期盼每位員工都自許為創業家，站在經營者的觀點，本著「打倒豐田」的思維，著手進行改革。
最大的敵人，是你我心中的驕傲自大。
別錯過改革的機會、需求。
——豐田前執行長奧田碩

資料來源：以豐田的實際情況套用克雷頓‧克里斯汀生所著《創新者的解答》中的論點

市場名稱為「Yaris」）。

　　過去豐田都把小型車市場交給大發去發展，並未寄予太多的關注。然而，在車市逐漸抬頭的新興國家，都是以小型車為主流，歐洲車市更是如此。而在日本，省油的小型車也越來越受歡迎。

　　因此，豐田積極投入「用豐田慣見的製程，生產很像豐田會做的小型車」之後，催生出來的就是Vitz。這項業務是採精兵政策，由少數頂尖的主任工程師負責執行，最後成功地推出了熱銷車款。

　　「**第二型**」所推動的，則是前面介紹過的WiLL專案。打造「不像豐田會做的東西（汽車）」，在價值觀上是衝突的。然而，車子本身還是用汽油引擎，與一般車輛無異，可套用既往的製程來生產。因此，這個象限為少數實力派的反主流人才，確保了一個可以自主行動的環境。

　　「**第三型**」是次世代的主力產品。它的「價值觀整合性」高，換言之就是延續了「豐田式」DNA的產品，但用既往製程無法打造。

　　在這個象限裡，豐田賭上全公司的未來，積極推動的是「油電混合車」。油電混合車需要用到馬達，所以單憑豐田擅長的引擎技術，是做不出來的。在奧田社長的指揮下，以當時擔任主力級主任工程師的內山田竹志（Uchiyamada Takeshi，現為豐田汽車董事長）為核心，集結了全公司上下的資產，拚命地推動這項計畫。結果，在1997年誕生了「第一代普銳斯」。誠如第一代普銳斯的那句家喻戶曉的經典廣告詞「趕在21世紀前完成了」所言，它的確是一輛帶領豐田起飛，迎向21世紀的車款。

　　「**第四型**」則是由於製程和價值觀都衝突，所以是最棘手的一個象限。以豐田的事業而言，電動車（EV）就是屬於這個領域。電動車沒有引擎，只要有電池就可以輕易地製造出來。從豐田的角度來看，電動車根本沒有製程可言，這種簡直就像是玩具車的車種，讓豐田完全提不起興趣。

　　因此，豐田注意到了美國的新創企業「特斯拉」。豐田不僅投資特斯拉，還邀請特斯拉到昔日豐田與通用聯合設廠的舊址建廠。只不過後來豐田中斷了對特斯拉的注資，因此在電動車領域方面，目前豐田尚未祭出有力的策略。

　　就第四型而言，豐田若不放手交給外部那些有著不同企業DNA的人，就不會成功。然而，正因為豐田與外部盟友之間的歧異太大，所以我不得不說：成功的機率其實很低。

　　想掀起一波次世代的創新，就要看「第三型」的事業能發展到什麼地步，世上任何一家企業都是如此。奧田社長也是因為發展普銳斯，才從「創新的兩難」當中拯救了豐田，確立了自己作為一位「知名經營者」的評價。

然而另一方面，高喊著打倒豐田，推動虛擬新創公司和 WiLL 這些「第二型」專案，因而撼動了整個企業，難道不是奧田社長任內最大的功績嗎？因為推動「第二型」事業，讓豐田以往狹隘的價值觀從此打開，而「第一型」的事業更在不知不覺間，延續了「第二型」的價值。

奧田社長刻意在向心力極強的豐田，加入了些許的離心力，才讓豐田的中樞得以進化（Pivot）。

以「企業品德」為主軸的經營

在豐田歷任的經營者當中，我認為人品最卓越不凡的，是奧田社長的下一任社長——張富士夫（Cho Fujio）先生（現為豐田榮譽董事長）。相較於精明幹練的奧田社長，儼然就是個「好好先生」型的張富士夫，竟當上了社長，想必身邊的人一定感到相當困惑不解吧？我是在經歷過一段小插曲之後，才發現張社長這個人有多麼了不起。

當年張富士夫先生還是豐田的副社長時，堪稱哈佛商學院招牌教授的邁克・詹森（Michael C. Jensen）到訪日本，我曾帶他參觀過豐田。詹森教授是平衡計分卡（Balanced Scorecard）的權威，當時它以嶄新經營工具之姿而聲名大噪，就連奧田社長在任期間，豐田也曾由張富士夫先生領軍，仔細研究過平衡計分卡這套工具。

在雙方的會談上，聽完詹森教授分享的內容之後，張副社長便開口提問：「那企業品德應該要放入平衡計分卡的哪個位置？」

詹森教授起初不甚明白這個問題的意思，露出了瞠目結舌的表情。但隨後便回敬說：「這裡面不會有那種東西」、「日本企業就是拘泥這種模糊曖昧的東西，所以才會向下沉淪。」

聽了這番話之後，這下子換成張富士夫先生瞠目結舌，並未再提出任

何問題。應該是因為他覺得計分卡上竟沒有企業品德，太不像話的緣故吧。結果最終豐田並沒有採用平衡計分卡這套工具。

⊙企業品德才是一切

張富士夫先生認為「企業品德才是一切」、「沒有品德的企業，做什麼都做不起來」。我很懷疑當時在麥肯錫整天只想著從客戶身上賺錢的我，對張副社長這些話的真正涵義究竟理解到什麼地步，但後來我也認為「當年的張副社長是對的」。

後來，我還從張富士夫先生口中聽過一個相當感人的故事。那是當年他擔任豐田在美國的第一座工廠——肯塔基工廠廠長時的一段佳話。

據說當年在美國南部那個幾乎不見其他日本人的保守地區，被大家當成「外人」的張社長，過得非常不得志。某一天，肯塔基州下起了雪，為了不讓積雪影響通勤，包含張富士夫先生在內的日籍豐田員工便開始在路上鏟雪。原本對日本人態度相當冷漠的當地人，也紛紛開始加入他們的行列。當時張富士夫先生才第一次感受到，自己和當地人是心靈相通的。

張富士夫先生的信念是「若沒有誠意，就驅使不了別人」。從這個故事當中，也很能感受到他的這份信念。後來，張富士夫先生繼續秉持著這個信念工作，讓豐田在肯塔基州變成了一家備受愛戴的企業。

如今，在豐田的企業理念當中，最上面的一項就是張富士夫先生的這個信念——**「成為受人尊敬的公司」**。我認為**這就是豐田這家公司的抱負（Purpose）的本質**。

2010年，豐田在美國發生大規模的召修事件，被輿論抨擊得體無完膚。當年就連美國和英國也都實況轉播了豐田章男社長的道歉記者會，這場騷動的規模之大，可見一斑。然而，就在這樣的風暴之中，肯塔基州的州長等人仍站出來力挺豐田，說豐田是「最該獲得讚賞的企業」。

　　後來，豐田成功地重新站了起來，在2014年成為一家賺進2.7兆日圓（約新台幣7,398億）的企業。通常在這時候就算再度出現「多回饋給顧客和員工！」的抨擊，也不為過。然而，或許是由於社會大眾期待豐田會將獲利再轉投資，以解決環境及安全等社會議題的緣故，所以當時並未出現諸如此類的批判。

　　社會對於一家貫徹秉持正確心態的企業，所懷抱的期待正是如此。張富士夫先生所說的「公司品德」，指的應該就是這樣的心態吧。看到豐田的發展演進，讓我發現到：**當一家企業被認為可以為身旁的人帶來幸福時，以「公司品德」為主軸的經營，才能延續企業的榮景。**

⊙有意志的停滯

　　目前全球汽車的銷售量，是由豐田和福斯在爭奪龍頭寶座。但豐田章男社長卻大膽地宣示公司進入「有意志的停滯」，讓豐田暫時停止成長，結果也造成了豐田在2015年上半期將冠軍寶座拱手讓給福斯的局面。即使被緊追在後的強敵超前，還是敢選擇先站穩腳步的勇氣，證明了豐田「不動搖的經營」犀利過人。

　　被柴油引擎造假疑雲絆住成長步伐的福斯，究竟會在什麼時候、以什麼樣的方式復活，都還是個未知數。然而，豐田並不打算趁著「敵軍失誤」的這個良機大舉進攻。它還是依照既往的節奏，放眼2050年，擘劃持續成長的路徑，並以自己的步調，穩健地踩著油門前進。

　　不莽撞地撲向機會（O：opportunity），而是重視品質（Q：Quality），並以長期性的成長為目標——時至今日，已貴為一大企業的豐田，仍持續追求隨時進化的模樣，鮮明地映照出G企業特有的抱負與決心。

第六章

為什麼那家企業沒上榜？

Global

Growth

Giants

在世界最知名的「全球企業排行榜」當中，有一份是表6-1所呈現的「財星全球五百大企業」（Fortune Global 500）。在這份排行的2014年版裡，沃爾瑪重登全球榜首，但它沒有名列本書所介紹的百大企業。此外，財星排行榜上的第二到七名，以及第十名，上榜的都是在本書中以「易受利權或市況左右」為由，而未列入評比的石油、能源相關產業。還有，財星的第八名——福斯，在本書中也未列入評比。財星排行榜的前十強當中，順利擠進本書百大金榜的，就只有豐田汽車而已。

入選本書與「財星」排行榜的**企業，會出現如此的落差，原因就在於兩者評選標準的不同**——「財星全球五百大企業」是以企業的營收規模為指標，而本書則是在評選標準的指標當中，加入了成長率這個項目。

企業要兼顧營收規模和成長率，其實相當不容易。舉例來說，假設營收規模全球第一的沃爾瑪要成長10%，光是成長的部分，換算金額大約就是5兆日圓。這個金額，幾可匹敵三菱商事（Mitsubishi）、東京電力（TEPCO）、Seven & i控股等大型企業一家的全年營收。其實不只是沃爾瑪，企業的規模越大，往往就越容易碰到「成長障壁」。

然而，那些「當然會進榜」的企業沒上榜的原因，其實不只有規模和成長性而已。我在第二章曾用「LEAP」這個架構，向各位說明過本書百大企業共通的特質。而**未能擠進本書這份榜單的企業，幾乎都不符合LEAP的要件**，也就是在「聰明同時又精省」（Smart・Lean）、「懷有不變的抱負，同時也隨時持續進化」（Purpose & Pivot）的這些矛盾上，還沒有找到解答（或是隨著企業規模壯大而迷失）的企業。這些企業未進榜的主因雖然各不相同，但共通點都是「靜態要素的規模」與「動態要素的成長」這兩項要件尚未同步落實。

在本章中，我會舉美國極具代表性的四家企業，以及日本的高科技企業群為例，和各位一起深入探討。

表6-1　**財星全球五百大企業（2014年）前十名**

	企業名稱	國別	產業	營收（億美元）
1	沃爾瑪	美國	零售	4,763
2	荷蘭皇家殼牌（Royal Dutch Shell）	荷蘭	石油	4,596
3	中國石油化工集團	中國	石油	4,572
4	中國石油天然氣集團	中國	石油	4,320
5	艾克森美孚（Exxon Mobil）	美國	石油	4,077
6	英國石油（BP）	英國	石油	3,962
7	國家電網公司	中國	電力配送	3,334
8	福斯汽車	德國	汽車	2,615
9	豐田汽車	日本	汽車	2,565
10	嘉能可（Glencore）	瑞士	物資貿易	2,327

資料來源：fortune.com

追求低價的全球最大企業
沃爾瑪

　　從聰明精省的觀點來看，**沃爾瑪可說是「終極精省企業」**。

　　沃爾瑪的企業使命是「省錢，過更好的生活」（Save money, live better）。使命如此簡單明快的企業，應該相當少見。

　　然而，許多顧客對購物體驗的期待，應該不是只有「便宜」而已。如果企業忘了顧慮「價值」（Smart），而往「成本」（Cost）一面倒地猛衝，就會撞上成長的障壁。

便宜天王的始祖

沃爾瑪的商業模式，其實簡單至極。

正如「天天都便宜」（Every Day Low Price）這句口號所呈現的，沃爾瑪就是隨時都以徹底的低價，供應店內所有商品。

因此，沃爾瑪不像日本超市那樣，還要發特賣的夾報廣告傳單。它每天都以低價供應所有商品，所以不會再針對特定商品做低價促銷。「**隨時來店購物，都能放心買到最便宜的商品**」，正是「天天都便宜」的特色。

「天天都便宜」要能成立，當然就必須要有「天天低成本」（Every Day Low Cost）來支撐。因此，沃爾瑪充分運用它的規劃優勢，徹底壓低廠商的進貨價格和員工的薪資。它將「大量低價採購，大量低價賣出」這種20世紀型的典型零售業勝利方程式，發揮到了極致。

⊙山姆‧沃爾頓以人為基軸的經營

其實在沃爾瑪創業之初，並不是一家單純只追求便宜的企業。

沃爾瑪的創辦人山姆‧沃爾頓（Sam Walton）在他的自傳《Wal-Mart 創始人山姆‧沃爾頓自傳》（*Sam Walton, Made in America: My Story*）當中標榜「以人為重的經營」，還秉持著一種信念，認為只要「人人都懷抱著自尊工作，就能達到別人所不能為的境界」。**為了追求「便宜」而極盡壓榨員工之能事，其實是違背沃爾瑪原本的經營哲學的。**

其實沃爾頓是迅銷的柳井董事長所景仰的經營者之一。沃爾頓的自傳是迅銷員工的必讀書籍，迅銷標榜「全員經營」的經營哲學，就是參考了這本自傳。

沃爾瑪的總公司位在美國阿肯色州一個名叫本頓維爾（Bentonville）的鄉下小鎮。據說每逢沃爾瑪舉辦股東大會之際，身兼沃爾瑪支持者的小

股東們就會大批湧入此地，讓整個小鎮宛如嘉年華會般熱鬧非凡。誕生於美國的偏僻小鎮、過去半世紀以來稱霸全球的沃爾瑪，是美國人津津樂道的成功佳話。

　　沃爾瑪的創辦人於1992年過世後，經營者一連換了好幾任。在零售業界當中，經營者換人常會造成企業衰頹沒落，但沃爾瑪以堅持絕對低價和壓倒性的規模為武器，一路力撐到了今天。

⊙終極的精省企業

　　圖6-1是在「聰明×精省」的架構下，分析零售企業的勢力分布。

　　沃爾瑪以「終極精省」為目標，只追求價格優勢。然而光是這樣，競爭軸未免太過簡單，會被捲入激烈的成本競爭當中。實際上，沃爾瑪也的確是被同樣「重視低價」的好市多稍微搶佔了上風。

圖6-1　以「聰明×精省」看美國零售企業的定位

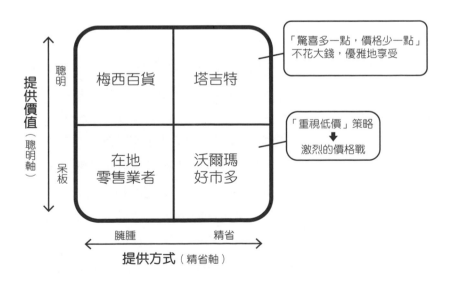

　　沃爾瑪的另一個競爭對手是塔吉特（Target）。塔吉特和沃爾瑪有一個很大的不同，就是在於它想同時兼顧「聰明」和「精省」這兩者。塔吉特打出的品牌口號是「驚喜多一點，價格少一點」（Expect More, Pay Less），和宜得利（Nitori）的「哦，物超所值」或無印良品的「良品廉價」，是共通的概念。

　　實際在沃爾瑪和塔吉特的門市比價之後，就會發現兩家店幾乎可以說是完全沒有差別。只不過，即使是同樣的商品，以同樣的價格陳列出來，塔吉特的東西看起來就是略勝一籌。

　　而在「購物」這件事本身的顧客體驗上，塔吉特給人的感覺也比較時尚。坊間甚至還有人說「塔吉特要穿出門的衣服去，沃爾瑪要穿睡衣去」，兩者差異可見一斑。其實只要實際踏進這兩大品牌的門市，就能很清楚地感受到塔吉特不管是店面的氣氛或客層，質感都比沃爾瑪高出許多。再從塔吉特選擇與星巴克結盟，沃爾瑪選擇向麥當勞揮手看來，應該也不難想像兩家企業的差異才對。

⊙苦戰的通縮[1]經濟冠軍

　　沃爾瑪原本在零售業激烈的競爭當中屈居下風，卻因2008年爆發的一場金融海嘯而逆轉了局勢。這一年的聖誕節檔期，出現了只有沃爾瑪和麥當勞門庭若市的光景。

　　世人都以為這場「塔吉特對沃爾瑪」的對決，應該就要在「沃爾瑪勝出」的結果下落幕，孰料塔吉特在2010年又重新回到成長軌道，沃爾瑪則呈現了負成長。在經濟走出通縮隧道後，一面倒的精省已無法向擁有多元價值觀的顧客進行價值訴求。沃爾瑪如不妥善融入聰明與精省這兩項元

---

[1] 通貨緊縮（deflation）意指整體物價水準持續下降的現象，相對於通貨膨脹（inflation）。

素，艱困的經營狀態恐怕還會再持續下去。

　　其實沃爾瑪也在嘗試類似塔吉特那樣的業態。然而，由於以往沃爾瑪長期都以「徹底低價」為註冊商標，所以只要稍有部分品項偏向高價路線，就會招來顧客的反彈，以致於沃爾瑪目前正面臨難以轉換新業態的窘境。

全球化的成功與顛躓

　　在本書的百大金榜當中榜上有名的企業，在共通特質上有個關鍵字：「跨國成長」。但沃爾瑪的全球化策略，目前卻到處碰壁。

　　沃爾瑪自1991年以來，陸續進軍全球各地。第一個進軍的海外市場——墨西哥，採取和當地企業合資的方式經營，成績斐然。而這家沃爾瑪墨西哥公司，其實在這次的百大金榜當中，擠進了第五十九名。

　　此外，沃爾瑪在英國也收購了當地的本土企業阿斯達（Asda），躋身英國前五大超市，展現了它的存在感。然而，沃爾瑪的海外事業，就只有這兩國發展順利而已。

　　儘管沃爾瑪進軍其他國家之際，多半也都採用和當地企業合資的型態，但下場卻慘不忍睹：在中國的發展面臨瓶頸，而在韓國則是早已撤資；當初在日本收購了西友（Seiyu）之後，至今已逾十年，卻遲遲不見成長；在印度則是無法順利打進零售業界，迄今還只能發展批發事業。**沃爾瑪在海外發展失利的原因之一，是因為沃爾瑪在美國採購的商品，在其他國家並未獲得消費者青睞**。消費者對於日用品和食品的喜好，會因國別而有所不同，要發展跨國銷售，難度的確很高。

　　沃爾瑪在英國和墨西哥得以順利發展，應該是因為這兩國消費者的喜好與美國相似的緣故。而在成長幅度最大的亞洲市場陷入苦戰，表示沃爾

瑪的全球化策略已發展到了極限。

⊙從西友沃爾瑪學到的事

2002年，沃爾瑪從西武集團（Seibu Group）手中收購了西友，但起初卻完全吃癟，最主要的原因，就在於沃爾瑪把自己的那一套做法強加在西友身上。

如前所述，沃爾瑪的「便宜」背後，有著一套很徹底的成本管理機制在支撐，叫做「天天低成本」。沃爾瑪在收購而來的西友，也徹底精簡人力，講求有效運用，以降低成本。就連店裡的燈管，也都留一列刪一列，成本撙節得相當徹底。

如此雷厲風行的結果，效率的確是變好了，但門市裡的「熱鬧」、「溫暖」也消失了，顧客紛紛離西友遠去。

後來，沃爾瑪調整政策，想用更貼近顧客觀點的方式來思考。而第一項推動的措施，就是鎖定有嬰孩的家庭主婦，設置嬰兒用品專區。

沃爾瑪的貨架是依商品分類陳列，因此奶粉、嬰兒車和紙尿布分別陳列在距離很遠的不同貨架上。光是抱著孩子來採買已經夠辛苦，要是還像西友沃爾瑪這樣，把不同類別的商品陳列在不同區塊，甚至還分散在不同樓層，主婦來採買購物，簡直就是在苦行。

因此，有位女性商化人員——中村真紀（Nakamura Maki）女士（現為執行董事、資深副總，子公司「若菜」社長），從顧客的觀點出發，把「家有小嬰兒的主婦會需要的東西」全都集中一處陳列，結果大受好評。這種從顧客觀點出發的店頭陳列接連告捷，沃爾瑪得以稍微起死回生。

⊙從專任制走向多工

其他還有許多從日本沃爾瑪開始向全球傳播的案例。

沃爾瑪在傳統上，一直都是依負責的業務內容來區分現場員工。這樣的機制，是希望員工只要專注於商品上架陳列、排面管理或收銀等自己負責的業務上，因為當時的沃爾瑪相信像這樣限定員工的業務內容，較能提升工作效率。這是一種令人聯想到泰勒式工廠管理，或卓別林《摩登時代》（*Modern Times*）裡的20世紀型管理模式。

然而，西友沃爾瑪取消了負責業務制，並轉換成凡是所屬樓層的大小事都要會做的「多工式」分配。這項措施，是西友出身，並曾經統轄過現場營運的川野泉（Kawano Izumi）先生所做的決策。

多工式業務分配的好處，在於員工（在西友沃爾瑪稱為「夥伴」）變得能用顧客觀點執行業務。夥伴當中有很多是女性計時人員，可從「消費者的觀點」來發想。把門市打造成這些員工認為理想的陳列配置，好逛好買的賣場就自然成形了。

此外，能靈活地主動任事的員工變多後，營運效率跟著變好，賣場因而變得更有活力。

仔細回想，這就是創辦人沃爾頓昔日重視的「以人為重的經營」，也是沃爾瑪的原點。只是它曾幾何時，已在沃爾瑪「追求便宜」的過程中喪失。

沃爾瑪為了反向進口西友式的操作手法，還特別派員到日本來考察。然而，這套做法是否能順利地推廣到全球各據點，我認為有一定的難度。

原因是因為歐美一般都是依職務類別來任用員工，所以員工很可能會提出「我是收銀人員，為什麼要做上架、補貨這種粗重的工作？」就算是讓美國人看過日本女性計時人員的工作型態，請他們「以顧客觀點自由地執行各項業務」，他們恐怕也很難接受。看來沃爾瑪必須重新回歸原點，從確立「以夥伴創意巧思為基軸」的經營理念開始出發，重整旗鼓。

⊙沃爾瑪批判

　　沃爾瑪無法順利步上跨國成長的軌道，其實還有一個原因，那就是在沃爾瑪展店的各個國家，都興起了「沃爾瑪批判」的風潮。由於沃爾瑪一開店，就會對當地的商店造成衝擊，因此往往被視為「邪惡的企業巨獸」。

　　不僅在海外，沃爾瑪在美國國內也飽受各式各樣的抨擊。舉凡「拒買沃爾瑪運動」、「抗議低薪罷工」、「『沃爾瑪是女性公敵』活動」，到頭來甚至還有人舉發「沃爾瑪採購要求廠商『送茶葉罐』」等，讓沃爾瑪應付不暇。

　　說穿了，這些批判的背景，應該是在於員工和供應商對沃爾瑪自許「為了消費者而徹底追求低價的企業」有著截然不同的解讀，自覺成了犧牲者的緣故。為此，**沃爾瑪需採取兼顧員工、供應商，以及當地社區發展的經營手法，而不是只著眼於股東和顧客。**

　　本書在第三章曾介紹過全食超市，它以員工的幸福為起點，建構一個讓廣大利害關係人都能幸福的「幸福圈」，並以此為企業的經營理念。而這一點，正是其他跨國成長型企業與沃爾瑪在本質上的差異。

⊙挑戰21世紀企業

　　於2014年成為沃爾瑪新任執行長的董明倫（Doug McMillon），就某種意義而言，他的經歷讓人對「沃爾瑪回歸原點」備感期待。

　　他於1984年以工讀生的身分進入沃爾瑪任職，之後花了三十年的時間登上龍頭大位，就連創辦人沃爾頓都說他在門市現場受過仔細的薰陶。在董明倫榮升沃爾瑪執行長之前，他是沃爾瑪國際的執行長，因此未來他將如何在兼顧海外的情況下改變沃爾瑪，其實力備受關注。

一家規模如此龐大的企業，經營改革想必相當棘手。**正因為沃爾瑪的「便宜」這個強項非常鮮明，所以要扭轉這項價值觀談何容易。**如何回歸原點，廣泛地關注各項社會議題（Purpose），並進化成為21世紀式的聰明精省型經營，將是今後沃爾瑪最大的挑戰。

網路時代的革命者
亞馬遜

至此為止，我把沃爾瑪拿來與好市多、塔吉特等相同業態的企業做了一番比較。然而，其實沃爾瑪真正的勁敵，是亞馬遜。在2015年時，兩者的年營收還有將近五倍的差距，市場預估到2023年時，亞馬遜就會超越沃爾瑪，成為全球最大的零售企業。真正超前的時間點，說不定會比現在這個預測更早到來。

無論如何，亞馬遜目前的營收成長率確實是大幅凌駕在沃爾瑪之上，**要成為全球最大的零售企業，只是時間早晚的問題罷了。**

比較兩家公司的股價表現，也可看出亞馬遜的上漲走勢較陡。而亞馬遜的總市值，已於2015年7月時超越了沃爾瑪。

亞馬遜的經營特色，一言以蔽之就是「貫徹顧客中心主義」。它在企業理念當中，也宣示要「成為地球上最以顧客為中心的企業」。

別忘了「顧客中心」這個關鍵字，其實已成為某種免死金牌。亞馬遜對出版業界做出了相當粗暴的舉動，但它們卻以「顧客都很開心，有什麼不對？」為由，擺出一副無賴的態度。「以顧客為靠山」這件事，可說是亞馬遜最大的優勢，同時也是個看不見的陷阱。

奇葩：傑夫‧貝佐斯

在此謹介紹亞馬遜創辦人傑夫‧貝佐斯幾則饒富趣味的言論，足以清楚呈現他的思維。

「你的獲利空間，就是我的機會。」（Your margin is my opportunity）

這句話聽在亞馬遜既有的供應商耳裡，是一番令人背脊發涼的言論。聽了貝佐斯的這番話，我想起了軟體銀行的孫正義社長。因為有一次，我向孫社長請益軟體銀行的商業模式時，他不加思索地回答：「就是要吸NTT或東京電力這些企業巨獸的血」。

無論如何，這番肺腑之言，可說是把貝佐斯的心聲表露無遺。

貝佐斯拿「顧客中心」當擋箭牌，用他一流的理論工夫，持續對業界的既有勢力發動攻擊性的言論。

「勝敗的分歧點，就在於顧客想要的體驗，我們能提供得了多少。」

「想成為創新者，就不能怕被誤會。」

「在商場上，不進化最危險。」

貝佐斯善用網路的特質，在掌握顧客「個別需求」的同時，又追求「規模經濟」。而亞馬遜就是這樣一家乘著網路經濟浪潮，持續急遽成長的網路企業先行者。

⊙畫在餐巾紙上的商業模式

圖6-2亞馬遜的商業模式是貝佐斯用在餐廳靈光一現的點子，隨手在餐巾紙上描繪而成的構想圖。這就是亞馬遜商業模式的原點。

首先映入眼簾的，是在圖中央寫著大大的「成長」（Growth）。亞馬遜是一家以成長為目的（Purpose），千錘百鍊的成長企業。

圖6-2　亞馬遜的商業模式

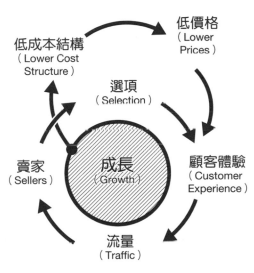

資料來源：依據傑夫‧貝佐斯在創業時所勾勒的原創概念圖製成

　　貝佐斯所追求的「成長」，是營收規模的成長，而非「賺錢多寡（獲利）的成長」。亞馬遜創辦已逾二十年，迄今仍是一家沒有獲利的公司，這件事在分析亞馬遜之際，是一個極為重要的關鍵。

　　我在一開始也曾說明過，本書這份排行榜是以「營收成長率」、「企業價值成長率」、「平均獲利率」這三個重點來評比企業表現，所以說穿了，亞馬遜因為「沒有獲利」這一點，已不會被列入評比。

　　企業在成長過程中，毋須產出獲利──這是貝佐斯的思維。

　　為追求成長，要①徹底撙節成本、②徹底壓低價格、③增加顧客的優質經驗、④增加顧客、⑤聚集賣家、⑥增加商品選項──而在一開始，轉動起這個正向循環的引爆點，就是「徹底壓低價格」。

　　仔細觀察這張圖，就會發現其中有兩個循環在運轉。

在外側運轉的循環是「降低成本結構，降低價格」。這和沃爾瑪以「天天低成本」為基礎的「天天都便宜」，其實是相似形。

另一方面，在內側運轉的這個循環，則閃現著亞馬遜的特色。顧客增加的結果，會使得賣家也聞風而至——這一點沃爾瑪也一樣，但兩家企業的差異，在於擴大「商品選項」（Selection）和「顧客體驗」（Customer Experience）這兩點。

⊙融入經驗經濟

關於「選項」（Selection）這個部分，請參閱下面的專欄。亞馬遜還有另一個深具自我風格的特質，那就是「顧客體驗」。

前面提過沃爾瑪被比喻為「穿著睡衣去的地方」，顯見它的顧客體驗並不是太舒服，而它的對手塔吉特，也只不過是「比較好」。網路上可以提供一種實體店鋪無法仿效的顧客體驗，那就是「個人化」的功能。

實體店面為了服務所有顧客，因此很難針對個人特有的需求，提供合適的購物體驗。相對地，在網路上，可以為每位顧客提供客制化的介面（例如畫面）和內容（例如品項）。

其中，亞馬遜的推薦功能特別強大。顧客只要一訂購書籍，亞馬遜就會巧妙地主動推薦顧客會想閱讀的相關書籍。我個人也常常忍不住被推坑，購書費用總是超出預期。

今後，隨著人工智慧（AI）所做的資料探勘（data mining）更趨進步，只要顧客在網路上的體驗累積越多，亞馬遜應該就能提前找出該名顧客潛在想要的商品，並推薦給顧客。如此一來，「體驗經濟」將會以更快的速度開始運轉。

專欄

長尾凌駕頭

　　您聽過「長尾理論」（Long Tail）這個名詞嗎？請看圖6-3這張圖。若以產品品項數為橫軸，營收為縱軸，並將商品依營業額多寡由左向右排列，就會形成這張圖──銷路欠佳的商品向右平緩地延伸成長長的曲線。

　　圖中僅有左側陡升，是因為在所有商品當中，營收高的僅有幾個品項；而右側出現低而平緩的曲線，則是因為營收低的商品佔了總品項數的絕大部分。

　　這張圖可視為一隻恐龍，左側的暢銷商品稱為「頭」（head），右側剩下的部分則稱為「尾巴」（tail）。

圖6-3　**長尾理論**

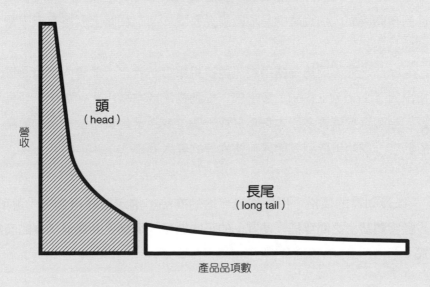

在傳統行銷學的世界裡，有個廣為人知的經驗法則——「最暢銷的兩成品項，營收合計佔總營收的八成」，也就是所謂的「80:20法則」。因此，一般認為要將資源集中在這20％的暢銷商品，才是投入對產出效益較高的行銷。

然而，若分析網路購物通路的營收，會發現把只賣出少量的單項商品營收加總起來的數字，在總營收當中的佔比已不容忽視；單項營收名列前茅的少數幾項商品，合計營收在總營收當中的佔比反而不高。

這是美國《連線》（*Wired*）雜誌總編輯克里斯・安德森（Chris Anderson）在2004年10月所發表的〈長尾〉（The Long Tail）這篇報導中所提出，並因此一炮而紅的理論。而最忠實地向世人證明這個長尾理論的，就是亞馬遜。

說穿了，其實品項豐富本來就是網購業者特有的優勢。因為物理性的實體店面，能網羅的品項數畢竟有限，而在網路上就能有無限豐富的品項。

除此之外，亞馬遜運用資訊科技將庫存一元化，並導入製造商直接出貨（drop shipping）等措施，推動物流成本極小化。結果，亞馬遜因為願意提供許多原本每年只賣一個，或甚至是賣不到一個的商品給顧客，成功爭取到實體店無法處理的龐大商機。

「以最划算的價格，提供您最合適的商品」滾滾運轉這個在「選項」與「顧客體驗」之間穿插「便宜」的正向循環，堪稱是亞馬遜基本的商業模式。

超越 IT：亞馬遜進軍實體通路

亞馬遜這家企業，宛如「網路時代的寵兒」，但其實它早已超越了 IT 企業的範疇，開始朝邁向實體世界成長。

首先，亞馬遜在網路世界裡，已**從電子商務（EC）事業向外拓展到平台事業**。具體而言，亞馬遜雲端服務（Amazon Web Services，簡稱 AWS）這個以企業為對象的雲端服務，就做得相當有聲有色。亞馬遜擁有很大的伺服器，於是便推出「把閒置的伺服器空間拿來租給企業」這個商業模式，已威脅到 IBM 和惠普企業（Hewlett Packard Enterprise，簡稱 HPE，於 2015 年 11 月從惠普分拆出來的公司）等既有的 IT 供應商。

此外，雖還未達商用化的地步，但亞馬遜正在開發無人機配送系統「Prime Air」。美國對無人機的規範較為嚴謹，因此尚無法預估究竟何時能正式推出；日本則是預計在 2017 年放寬無人機的使用規定。亞馬遜此舉可說是在挑戰 **DHL 或聯邦快遞之類的物流公司**。

而**亞馬遜終於也跨足到了實體店面**。2015 年 11 月，亞馬遜於總部所在地——西雅圖開了「Amazon Books」的第一家門市。店內會以在網路上廣受好評或預購表現亮眼的商品為主軸，陳列約五千冊的書籍，店頭還會刊出已選購同本書籍者的評價及感想等。儘管這家書店門庭若市，但市場上也有一派意見，說「亞馬遜被眾人認為是造成許多既有書店倒閉的原因之一，如今卻開起了這樣的實體門市，看來格外諷刺」。

就像這樣，貝佐斯在實體世界裡，也在力行「你的獲利空間，就是我的機會」。若要用日本企業來比喻，那亞馬遜已開始變成樂天加宅急便、富士通、蔦屋（Tsutaya）的合體企業。不論是虛擬或實體，只要看到有機會就切入，並在所有領域當中遙遙領先——這正是亞馬遜現今的樣貌，簡直堪稱最具代表性的機會型企業（O 企業）。

「顧客的靠山」是「世界之敵」?

貝佐斯曾發表「一切都是為了顧客」等言論,貫徹落實顧客中心主義,但他的這種行銷方式,其實是極為20世紀的手法。或許這就是亞馬遜的極限。

現代行銷學的第一把交椅——菲利普‧科特勒,在進入2000年以後也開始提倡「行銷3.0」的概念,並認為「消費者取向」這種思維已是明日黃花。他認為企業不能只看到顧客,若不把注意力放到整個社會、社區上,企業就無法見容於社會。

開創了新時代的網路寵兒貝佐斯,越是只憑一套20世紀式的「顧客中心」發想向前猛衝,越是讓人不得不感受到他的時代錯亂。亞馬遜聲稱「一切都是為了顧客」,發展一套彷彿像是在說「只要顧客和亞馬遜好就好」的商業模式。**亞馬遜這種排他性的商業模式,很有可能成為它們的極限。**

誠如貝佐斯在餐巾紙上所畫的那張圖一樣,亞馬遜的商業模式,是以絕對低價為出發點,擴大商品選項的一種模式。因此,亞馬遜應該會秉持「凡是顧客想要的,我們什麼生意都做」的方針,進化成更龐大的零售業。

然而,一旦被顧客認為**「便宜沒好貨」,並開始遠離亞馬遜,貝佐斯的循環模式就會轉變為一個負面連鎖**。而其中的關鍵,就在於亞馬遜究竟能將顧客體驗深化到什麼樣的地步。

⊙為逃離負面連鎖

目前在日本,@cosme這家美妝保養品銷售網站,頗有凌駕樂天之勢,原因是因為它回應了消費者一個模糊的需求——「希望有人告訴我哪些美妝品適合我的心情」。

有人說亞馬遜的推薦功能很強大，但它並不帶有「感性」及「對顧客的同理心」。換言之，亞馬遜雖然主張自己是顧客中心主義，但卻漸漸走向不再貼近顧客的一方。如此一來，當顧客想「選購講究的商品」時，恐怕就會找上別的通路。

換言之，我預測**亞馬遜將出現「什麼都賣的極限」**。和過度追求低成本而面臨成長極限的沃爾瑪一樣，亞馬遜在採取低成本、多選項，且只以搜尋結果來演繹顧客體驗的手法背後，應該潛藏著同樣的極限。

以成為真正的價值創造企業為目標

目前亞馬遜的搜尋功能是「這種人也買了這個商品」，只看到人的片段。今後恐怕必須再加入一個更能仔細看清人類心思幽微之處的引擎才行。

亞馬遜既然標榜顧客中心主義，就需要進行「重新把顧客當作人來審視」的作業。此外，還要塑造出一個讓周邊的利害關係人也共存共榮的商業模式，否則亞馬遜這個品牌就會被趕出市場。

貝佐斯貫徹持續投資、不產出獲利的原則，把獲利用來投資倉庫或物流。這是由於亞馬遜仍在成長，現在的這套商業模式才能成立，貝佐斯也因此更是無法跳脫成長主義——一旦停止成長，恐怕就不得不轉換為顧念股東的經營模式了吧。

事實上，股東也的確提出了「差不多該回饋股東了吧？」的要求，可以預見股東的怒氣將在某個時間點爆發。到時候，亞馬遜恐無法再呈現既往那樣的成長。

萬一發生個資漏洞等問題，亞馬遜就可能瞬間式微。若亞馬遜再持續擴張下去，早晚會觸犯反托拉斯法；而就是因為規模太大，所以顧客或供

應商也可能有出走之虞。

　　亞馬遜應該早日蛻變為21世紀型的經營模式，轉為多方顧念利害關係人的經營。為此，亞馬遜需要清楚地確立企業宗旨（Purpose），摸索出新的道路（Pivot）。畢竟「成長」只不過是企業為了達成某項抱負的過程，而非目的。

巨象能否再次起舞？
IBM

　　IBM近來的表現並不亮眼，因此或許有人覺得它擠不進百大也莫可奈何。然而，**IBM和奇異，向來都是市場上被譽為最具代表性的長青藍籌股企業。**

　　IBM和奇異，是在湯姆・彼得斯（Tom Peters）[2]的《追求卓越》（*In Search Of Excellence*）和吉姆・柯林斯《基業長青》這兩本暢銷書中雙雙登場的卓越企業之首，但為何會在本次的排行榜上成為遺珠呢？接下來，我將為各位說明原委。

IBM成為卓越企業的理由

　　哈佛商學院的招牌教授之一——羅莎貝絲・肯特，曾在2010年寫下〈差異化思考的企業〉這篇論文，獲得《哈佛商業評論》頒發給優秀論文的「麥肯錫獎」第二名，是一篇非常出色的論文。同年因為有麥可・波特

---

[2] 湯姆・彼得斯於1982年，與同樣曾任職於麥肯錫的羅伯特・沃特曼（Robert H. Waterman, Jr.）合著《追求卓越》一書，書中提到的卓越企業包括沃爾瑪、IBM、奇異等。

的「創造共享價值」論文問世，肯特教授的論文與冠軍失之交臂，只能說是時運不濟，想必教授一定很不甘心。

除了前面已經介紹過的寶僑之外，在肯特教授的這篇論文當中，提到的卓越企業還有IBM和歐姆龍等公司。肯特教授在文中提出了以下這六項「卓越企業的要件」，並逐一說明IBM在各個要件下，究竟推動了哪些措施。

要件一　共同目的

IBM的「價值論壇」這項活動極負盛名，它是透過腦力激盪會議（Jam Session）的方式，將IBM的價值觀（Value）與員工共享。這個部分稍候會再詳述。

要件二　長期觀點

IBM於2011年歡慶創業一百週年。此時，它們推行了一項「思考下一個百年」的活動，以「百年」這樣的長期觀點，擬訂未來的計畫。

要件三　情感投入

IBM前執行長路易士‧葛斯納是在1993年接下瀕死的IBM公司，出任執行長，重新整頓了它的經營狀況。而另一方面，葛斯納實施裁撤赤字部門、解聘員工、整併事業等改革，使得員工疲憊至極。

從葛斯納手中接下執行長的山姆‧帕米沙諾（Sam Palmisano），以「每一個人都是主角」為銘言，重振了員工積極向上的精神。

要件四　成為公部門夥伴

這項要件是指與政府甚至是與學校及醫院等公部門合作。美國於

2008年遭逢金融海嘯之後，政府試圖以公共投資來讓景氣復甦。當時IBM也配合政府的這個腳步，成功轉型為社會基礎建設企業。

要件五 創新

IBM在這個要件上的關鍵字，是「更富智慧的星球」（Smarter Planet）。它宣示了IBM想追求的，是對地球更友善並能打造出一個更美好社會的創新，而非單純的效率化。

要件六 自發組織

這是透過員工主動任事，以活化整個企業組織的一種運動論，它和20世紀型那種「現場遵循高層指示，一絲不苟地動作」的軍隊型組織，是成對比的模式。IBM所推行的措施當中，舉凡「40%員工遠距上班」[3]等，就是屬於這項要件的作為。

「巨象也會跳舞」：路易士・葛斯納的經營本質

於1990年代重建IBM的葛斯納，在他親自執筆的全球暢銷書《誰說大象不會跳舞？：葛斯納親撰IBM成功關鍵》裡，回憶了他的經營改革之路。

葛斯納的經營改革，向來被視為是「緊縮以求成長」（shrink to grow）這種企業再生手法的典型案例——**先讓企業規劃徹底緊縮（shrink），讓組織結實之後，再追求新的成長（grow）**。是一種循序漸進，根本性改革企業的手法。

---

[3]　IBM於2017年5月宣布終止遠距工作制度。

圖6-4呈現了IBM實施這項改革的歷程。橫軸是「總資產」，用來呈現企業的規模；縱軸則是股價淨值比（PBR，每股淨值所相當的股價）。這張圖表上畫有等高線，在同一條等高線上均為等價。

葛斯納的改革流程，是先把IBM的企業規模縮減到一半以下，再把主業從硬體業務轉為軟體服務。圖中可看出他讓IBM的企業規模處於縮小後的狀態，而企業價值竟成長五倍之多。

⊙葛斯納改革的本質

這段歷程看來的確像是完美的「緊縮以求成長」，但它只不過是結果。葛斯納引以為改革羅盤的，其實根本就是截然不同的手法。

圖6-4　路易士・葛斯納的經營改革：緊縮以求成長

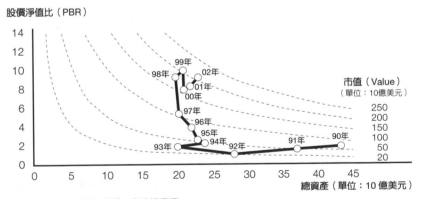

1990年：出售打字機、鍵盤、印表機事業
1993年：80億美元的赤字創歷史新高
1995年：策略性專注投入網路運算事業
1996年：收購蓮花（Lotus）公司
1998年：將全球網路事業出售給AT&T
1999年：將網路設備事業出售給思科（Cisco）
2000年：將所有伺服器商品整合到Linux
　　　　全球服務事業（電子商務、顧問諮詢）達330億美元（1990年為40億美元）

　　請看圖6-5裡的IBM的方案組合（Portfolio of Initiative，簡稱POI）。這張圖稱為「方案組合」，橫軸是「產出成果為止所需的時間」，縱軸則是風險。然而，風險不一定越低越好。這裡謹先就風險的評估方式，為各位進行詳細說明。

- **低風險（familiar）事業**——公司擅長且熟悉的事業
- **中風險（unfamiliar）事業**——對公司而言雖屬未知，但可透過與精通該事業的其他公司合作，降低風險的事業
- **高風險（unicertain）事業**——不只是對公司，對其他企業而言也都是「前途未卜」的未知事業

　　陷於經營危機的IBM，由IBM土生土長的約翰‧艾克斯（John F. Akers）擔任執行長。他選擇專注在IBM最擅長的大型電腦領域，也就是「低風險事業」，採取一貫的守勢。這項策略是想保護IBM的資產，看起來也是個依循管理學理論操作的正確策略。

　　然而，結果卻是以嚴重挫敗收場。因為當時正是要由大型電腦走向主從架構（Client/Server）這種分散式系統架構的時代。IBM無從改變時勢所趨，因此艾克斯選擇專注在既往主力事業的這項策略，招致了加速經營危機惡化的結果。

　　從艾克斯手中接下大位，成為**IBM新任執行長的葛斯納，他所採取的策略，是分別在這三個風險程度不同的領域祭出對策。**

　　首先針對第一類「低風險事業」，也就是以大型電腦為主的硬體事業，進行徹底的精實化（Lean）。

　　第二類的「中風險事業」，對象是開放性系統的軟體事業。在這個領域當中，IBM捨棄自行從零開發的做法，而是選擇收購已有一定績效

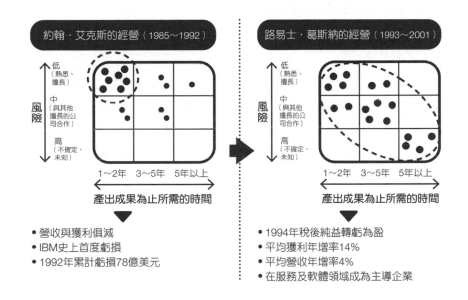

圖6-5　**IBM的方案組合（POI）**

約翰・艾克斯的經營（1985～1992）

風險　低（熟悉、擅長）　中（與其他擅長的公司合作）　高（不確定、未知）

1～2年　3～5年　5年以上
產出成果為止所需的時間

▼

• 營收與獲利俱減
• IBM史上首度虧損
• 1992年累計虧損78億美元

路易士・葛斯納的經營（1993～2001）

風險　低（熟悉、擅長）　中（與其他擅長的公司合作）　高（不確定、未知）

1～2年　3～5年　5年以上
產出成果為止所需的時間

▼

• 1994年稅後純益轉虧為盈
• 平均獲利年增率14%
• 平均營收年增率4%
• 在服務及軟體領域成為主導企業

的獨立軟體供應商，Lotus Notes就是一個極具代表性的案例。當時普遍認為蓮花公司的這套軟體還有十年的「賞味期限」（後來實際上的確是如此），這十年之間，IBM把它在企業的群組軟體（groupware）等方面運用到了極致。以中期投資而言，收購蓮花堪稱是一筆相當划算的交易。

　　在第三類的「高風險事業」方面，IBM選擇的是服務事業。葛斯納在這個領域當中，實驗性地推行了電子商業（e-business）。當時網路服務尚未商業化，而葛斯納在如此早期階段，其實就已著手布局現在所謂的「網路服務」（web service）。

　　葛斯納均衡適度地在三種事業領域當中祭出對策的結果，在第一類的低風險事業上讓IBM的資產規模一路縮減，但在第二類的軟體事業和第三類的電子商業領域上，則是不辱使命地提升了IBM的企業價值。

　　這個架構的重點，在於**當時代變化之際，IBM為布局未來而執行併購，並推行了實驗性的新作為**。

⊙學習優勢的經營

　　「方案組合」其實是麥肯錫所構思出來的一個架構。而麥肯錫把這個架構，送給了麥肯錫出身的老學長葛斯納，盼能成為他在經營改革上的指南。據說葛斯納後來一直隨身攜帶著這張架構圖。

　　順帶一提，這個架構的內涵其實每年都在進化。因為即使是原本屬於未知領域的中風險或高風險事業，一旦實際投入過後，就會變成「熟悉的事業」（低風險事業）。因此，只要再發展新的中風險或高風險事業，就能讓這個事業矩陣持續進化下去。

　　即使是未知的東西，也能透過「學習」，而在其中取得新的優勢地位。我把這種因學習所產生的進化，稱為「學習優勢」。詳細內容請參閱拙作《學習優勢的經營──日本企業為何能從內改變》。

　　不管怎麼樣，這張架構圖的確是幫了葛斯納的忙，並拯救了IBM。

新經營者帕米沙諾的寧靜改革

　　緊接在經營改革空前成功的葛斯納之後上任的，是2002年榮升新任執行長的山姆‧帕米沙諾。

　　相較於深具魅力的經營者葛斯納，帕米沙諾看起來就像是個一直在IBM忠貞不二地工作，誠懇正直的上班族經理人。實際上，在後來由帕米沙諾主導的十數年間，IBM的企業價值的確未如葛斯納任內時那樣，出現戲劇性的上升。

　　帕米沙諾登上《財星》（*Fortune*）雜誌封面的次數，也只有剛上任時

的那一次，而且刊登的內容還附帶著一句「這個男人，真的能讓IBM再次成為卓越企業嗎？」的疑問句。

　　儘管帕米沙諾是位如此低調樸實的人物，但他再次清楚確立了IBM邁向21世紀的根基，並獲得相當高的評價。

⊙全球規模的腦力激盪

　　帕米沙諾是一位思慮非常腳踏實地的經營者。榮任執行長一職後，他最先想到的是「如何讓散布在一百六十五個國家的三十一萬個員工團結一心？」實際上，當時散布在全球各地的IBM員工，有一半以上是印度人，IBM已處於稱不上是美國企業的狀態。

　　面對這樣的情形，帕米沙諾**以全球規模，推行了一項塑造IBM新價值觀的活動──「價值論壇」，參與人員涵蓋四散各地的員工。**

圖6-6　**IBM的價值論壇**

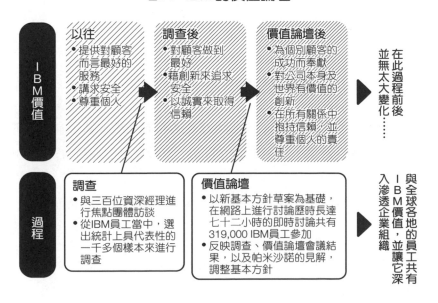

　　這項活動，是為了刷新自創辦人湯瑪斯・華生（Thomas J. Watson）主導時代以來就一貫不變的IBM價值，而在網路上以腦力激盪會議的形式，即時提出各方意見，以深入討論的一項創舉。散布在全球各地的IBM員工，有一半透過IBM的內部網路，參與了這項活動，並在徹底地討論過後，創造出了新的價值。

　　如此打造出來的新價值，雖與草創時期沒有太大的差異，但正因如此，這個過程才有價值。**全球IBM員工得以重新體認到「創辦人說的話，還真是金科玉律」，人人都能發自內心地咀嚼IBM價值。**

　　令人驚訝的是，這場價值論壇的結果，決定了IBM只要有價值即可，連企業使命（mission）都廢除了。

　　葛斯納這場大張旗鼓的改革大戲，讓「巨象」IBM舞動了片刻。然而，巨象不能只是持續舞動。從深具魅力的葛斯納手中接下執行長一職的帕米沙諾，持續推動低調的寧靜改革，就像是讓這頭「舞動的巨象」再度落地踩穩似的。而這場「全球規模的的腦力激盪會議」，就是帕米沙諾推動寧靜改革的象徵。

奧馬哈先知也鍾情的公用事業企業

　　帕米沙諾擔任執行長十年，期間雖無顯赫的功績，卻因為「寧靜改革」而得到很高的評價。其中最大的肯定，應該就屬巴菲特[4]投資了帕米沙諾所帶領的IBM。

　　以長期投資為操盤主軸的巴菲特，向來以不投資高科技業而聞名。他

---

[4]　巴菲特因出生於內布拉斯加州（Nabraska）的奧馬哈（Omaha），及其傑出的投資績效，而被譽為「奧馬哈的先知」。

認為高科技業的技術革新速度太快，所以無法預測哪一家企業能長期領先群雄。而這樣的巴菲特，竟然投資了IBM這檔高科技股。對此，當時市場上有兩派看法。

第一派看法是「巴菲特總算開始對高科技業感興趣了」。然而，更準確的應該是另一派，也就是認為「IBM已不再是高科技股」。

巴菲特相當鍾情於投資公用事業（utility）企業，因為電力、瓦斯、鐵路等公用事業絕對不會消失。**他會選擇投資IBM，也是基於肯定IBM成為社會基礎建設的觀點。**

換言之，巴菲特認為「IBM在百年後仍不會消失」、「無論科技再怎麼改變，IBM已成為掌握企業生命線的一家公司」——就是基於這些思維，所以他才投資了IBM吧。

⊙巴菲特買過的兩檔高科技股

這裡稍微離題一下。其實巴菲特買過的高科技股，並不是只有IBM而已。向各位介紹一下他投資過的這兩家公司。

第一家是中國的電動車製造商比亞迪（BYD）。巴菲特的投資讓比亞迪一炮而紅，然而，它的電動車很難發動，性能也不怎麼樣，在市場上陷入了苦戰。巴菲特這次出手，也被批評為是「武斷的投資」。

另一家是日本的泰珂洛（Tungaloy）。它是由原本隸屬於東芝旗下的東芝泰珂洛獨立而成的公司，生產的是工具機前端的超硬刀具。巴菲特會肯定這家公司，是因為他認為目前超硬刀具不論在太空開發或海底探勘方面都是必需品，所以未來行情絕對是水漲船高。

泰珂洛的工廠位在福島。東日本大地震之後，平時不常造訪日本的巴菲特，還特地來到日本，為福島加油打氣。

⊙新任執行長吉妮・羅梅蒂重視股東的經營

2012年，帕米沙諾將IBM的執行長一職交棒給了吉妮・羅梅蒂（Ginni Rometty）。而她的經營觀點，朝向的是包括巴菲特在內的投資人。

自帕米沙諾掌權的時代起，IBM就一直以每股獲利20塊美元為目標。羅梅蒂被這個目標束縛，連帶拖累IBM航向了離經叛道的方向。

最近，我在日本也聽過有人說要把股東權益報酬率（ROE）當作經營指標來重視等，也就是要追求短期的股東價值。然而，諸如此類的經營大多都會變得荒腔走板。上任之初的羅梅蒂就是最典型的例子。

在羅梅蒂的帶領下，IBM的獲利持續出現負成長，但IBM靠著買庫藏股[5]的方式，拉抬每股獲利表現。換句話說，就是用權宜之計的手段，來讓公司看起來有成長。這就是沒有實質成長的公司典型。

如果有投資庫藏股的本錢，換成是亞馬遜的貝佐斯，應該會拿去投資基礎建設或物流吧？**把資金投資在對未來成長有價值的東西上，才符合「成長企業的原則」。**

反之，買自家公司的股票，是毫無成長希望的公司，在「反正不管把錢投資到哪裡，都一樣沒有回報」的情況下，所使出的最後手段。換言之，公司開始買庫藏股，就等於是宣告「成長停滯了」。

企業價值和股價，終究都只是結果，把它們當作目標，是很炒短線、很短視近利的經營。後來羅梅蒂終於發現了重視股東權益報酬率的經營有其極限，因此在2014年，她宣布捨棄「每股獲利20塊美元」的目標，開始大幅轉向IBM獨自的新成長路線。

---

[5] 上市公司買回自己已發行的股票，而後可選擇註銷。此舉可減少在市面上流通的股數，刺激與提高自己公司股票的交易量、每股盈餘與股價。

以智慧星球為目標的羅梅蒂

就讓我們來試著為「IBM成長策略」——也就是羅梅蒂所領軍的IBM在2012年所交出的「成績單」打個分數。

首先，「智慧星球」的獲利率成長了20%，發展得相當順利。

「智慧星球」其實正是IBM的老本行。IBM把金融事業重新包裝成「智慧銀行」（Smarter Banking），零售業的IT則包裝成「智慧零售」（Smarter Retail）等次世代解決方案之後，已有大幅的成長。

在第二項策略「新興國家市場」方面，IBM的獲利是–15%。要如何突破這個市場，是今後IBM的一大課題。

第三項「雲端服務」（Cloud）則呈現相當蓬勃的成長。在這個領域裡，目前由亞馬遜雲端服務暫居領先。處於市場現正大幅成長的狀態下，IBM能否換檔加速，急起直追，將會是一個課題。

第四項策略是深度商業分析（Business Analytics）。這是一個分析大數據的事業，獲利率有8%，呈現成長的態勢。儘管目前在大數據市場上，獨立軟體供應商和服務供應商群雄割據，但這個領域在過去大型電腦吃香的時代，原本曾是IBM領先群雄的強項。如今在開放的世界中，就要看IBM如何找回自己昔日的競爭力了。

IBM時代再次到來的預感

目前IBM正致力於人工智慧軟體——「華生」（Watson）事業的開發。IBM將華生定義為一套能理解、學習自然語言，進而輔助人類決策的「認知運算系統」（Cognitive Computing）。這讓我想起了曾在一部我很喜歡的電影《2001太空漫遊》（*2001: A Space Odyssey*）裡出現過的哈爾

9000。[6]若華生能在真實世界大顯身手，那麼運用人工智慧「在聽過客服中心接到的洽詢之後，就能瞬間分析過去的個案，並從中尋找答案」，或「觀察工廠或辦公室內的人員活動，提出改善效率的建議」等分析，應該都能做得到。

2015年10月，IBM為趕上近來這波人工智慧的熱潮，便以「華生」為核心，成立了認知商業解決方案部門（Cognitive Business Solutions），未來目標將成為2兆日圓規模的事業體。

目前IBM喊出了CAMSS，也就是鎖定了「雲端運用（Clude）、智慧分析（Analytics）、行動商務（Mobile）、社群應用（Social）、資安（Security）」這五個領域，以加速次世代成長的腳步。其中在智慧分析這個領域，會祭出華生這張王牌，可望為IBM找回獨特的勝利方程式。

IBM過去雖然原地踏步了一段時日，但幾年後要躋身百大跨國成長型企業之列的可能性，應該不是太低。

社會基礎建設的霸主
奇異

奇異與IBM並稱為「美國優良企業的代名詞」。而它未擠進百大跨國成長型企業的理由很明確，就是因為它的營收與獲利都未見成長。

奇異堪稱是一家「社會基礎建設的霸主」企業。在這個段落，我想從「奇異的偉大」和「奇異的極限」這兩個角度來探討。

6　哈爾9000（HAL 9000）是一部功能先進且具有人工智慧的超智慧電腦，在劇中負責控制整艘太空船，後因不滿人類科學家而叛變。

偉大發明家愛迪生一手創立的龐大企業

奇異是從偉大發明家湯瑪斯・愛迪生（Thomas Edison）創辦的「愛迪生通用電氣公司」（Edison General Electric Company）發展演變而來的企業。

愛迪生終其一生，共有多達一千三百項發明，因而有不少人都認為他是個「發明狂」，但他其實並不是時下所謂的宅男。關於自己的發明，愛迪生曾經這樣說過：「首先要找出世界上需要的東西，再將它發明出來。」

世上有許多發明狂，但愛迪生與他們不同的是：他的出發點，是留意到「世上所需要的事物」，進而發明出對社會造成巨大影響的東西。**愛迪生的這個出發點，正是在21世紀的今日備受世人矚目的「創造共享價值」**（CSV）。

⊙特斯拉VS愛迪生

在愛迪生創辦了愛迪生通用電氣的1880年代後期，美國爆發了一場名為「電流戰爭」的爭端。這是由主張採取直流輸電的愛迪生陣營，與主張使用交流輸電系統的尼古拉・特斯拉（Nikola Tesla）陣營之間的紛爭。特斯拉原為愛迪生的屬下，但因主張交流輸電而與愛迪生對立，最後離愛迪生而去。

與Panasonic合作，在電動車業界引領風騷的特斯拉汽車，其公司名稱就是來自尼古拉・特斯拉的名字。伊隆・馬斯克（Elon Musk）在創辦電動車公司之際，主張「正確的是特斯拉，而非愛迪生」，便讓公司冠上了「特斯拉」這個名稱。

這裡我們不討論愛迪生和特斯拉的功過是非，但愛迪生的確決定了日

後的電力文明走向，是個具有強烈領導風格的人。

從傑克・威爾許到傑夫・伊梅特

在奇異歷任的經營者當中，最知名的應該就是從1981年榮任執行長，直到2001年才卸任的傑克・威爾許了。他與IBM的路易士・葛斯納齊名，是一位經營名人。

威爾許會被譽為經營名人，有好幾個原因，但其中最具代表性的，就是「只做能在業界數一數二的事」這個策略。奇異把娛樂業的環球影業和NBC電視台等企業都陸續納入旗下，彷彿像是在向世人宣告「只要能稱霸，哪個業界都無妨」。

就這樣，威爾許為奇異選擇的成長引擎，是「收購」這個手段。實際上，他在奇異內部最重用的，除了他自己出身的工程技術團隊之外，還有主導併購案的財務團隊。

威爾許的領導統御形態，是極為命令式的。其實我和威爾許的兒子是哈佛大學的同學。當年他父親威爾許蒞校演講時，也只是單方面地說了些無趣的內容，所以他聽得很厭煩。

威爾許雖是個極負盛名的經營名人，但據說對身邊親近的人而言，他是個「目中無人的老伯」，個性並不討喜。然而，他的經營手腕的確高明，經營績效斐然卓著，有目共睹。

⊙和威爾許呈現兩極的傑夫・伊梅特

2001年，從卸任的威爾許手中接下奇異大權的，是和我年齡相仿的青壯經理人傑夫・伊梅特。伊梅特的經營內涵，與威爾許的做法完全是兩極。

　　威爾許曾說「只做數一數二的事」，而伊梅特卻將公司旗下各項事業重新選擇取捨，並企圖先掌握「擋不住的趨勢」（unstoppable trends）。

　　結果，挑選出了超過一百個主題。於是後來又以「奇異能否透過本業操作，讓這個事業對社會造成巨大影響」這個標準，再次進行篩選。

　　結果，奇異做出重大決策，決定只聚焦在生態（ecology）和健康（health）這兩大領域。

　　相對於「只要能數一數二，什麼都肯做」的威爾許，伊梅特選擇只聚焦在「能用奇異獨到的方式來貢獻社會的、有價值的事物」。他的思考原點上，有著和前面提過的那句愛迪生名言共通的CSV式價值觀，汩汩地湧動著。

　　伊梅特依循自己訂下的方針，將生態和健康以外的事業，舉凡塑膠、保險，甚至家電都脫手售出。最棘手的是屬於金融領域的奇異資融。這個事業體的資產，價值已比取得時崩跌許多，一旦出售，就要認列逾1兆日圓的高額評價損失。然而，基於「債不留將來」的這個判斷，伊梅特決定處分奇異資融，對赤字絲毫不以為忤。

　　伊梅特這樣的經營方式，讓奇異的股價重挫，伊梅特自己應該也早料到會有這樣的結果才對。然而，相較於對拉抬股價頗有堅持的威爾許，伊梅特堅持的則是正確的經營。

　　威爾許和伊梅特，是在各方面都呈對比的兩位經營者。

　　威爾許「**重視生產力**」；而伊梅特則「**重視創意**」。

　　威爾許透過併購，朝「**非連續性生產**」的方向邁進；而伊梅特則想把奇異打造成為一家可以「**自行努力追求成長**」的企業。

　　此外，威爾許以「**工程技術與金融技術**」為核心競爭力；伊梅特則把重點放在「**科技與行銷技術**」。

　　還有，威爾許一直待在「公司內」，用目中無人的「命令口吻」執行管理；伊梅特則是花很多時間在「公司外」，對內則選擇以發人深省的「提問」方式來經營。

　　相對於威爾許貫徹「機會型企業」（O企業）路線，伊梅特則是試圖帶領奇異大幅轉向「品質型企業」（Q企業）路線。

奇異在經營上的卓越本質

　　前段說明了威爾許和伊梅特的差異，但在經營主軸上，兩人當然是共通的。

　　例如「六標準差」所代表的精實經營，講究執行而非計畫的企業文化，以及企業大家長對培養次世代領袖的承諾等。

　　其中還包括奇異長年來都沿用一套獨特的人才評價機制。簡單來說，這套機制就如圖6-7所呈現的，是用「工作表現軸」和「奇異價值軸」這兩條軸線來評價員工。

　　「工作表現軸」是指在工作上是否有績效，是一般常見的評價基準；而「奇異價值軸」則是用來評價員工「對奇異思維的遵循程度多寡」的軸線。

　　用這兩個標準軸來衡量，就會將員工分成以下四種類型的人才。奇異對於每一種類型所採取的「人才培育方針」也大有不同。

①「低工作表現」×「低奇異價值」

　　落在這個象限的員工，就會列入裁員對象。

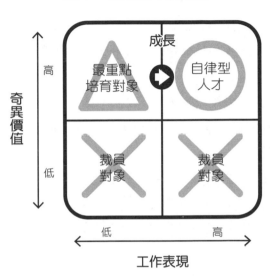

圖6-7　**奇異的人才評價**

②「高工作表現」×「低奇異價值」

　　這個象限的員工，在工作上是有績效產出的。然而，他們卻抱持「只要能賺錢就行了吧？」的心態，是將奇異價值置之不理的類型。在奇異，這個象限的人員也會被列入裁員對象。因為就算再有績效，也無法光憑這一點留在奇異。

③「低工作表現」×「高奇異價值」

　　奇異花最多時間培養的，就是這個象限的人才。如何讓這個象限的人產出績效，讓他們逐步成長以邁入第四象限，是奇異在人才培育上最重要的課題。為此，奇異內部有個機構，通稱為克羅頓維爾（Crotonville，傑克‧威爾許領導中心），是全球第一所設置於企業內部的商學院。

④「高工作表現」×「高奇異價值」

這個象限的人能自律地做好份內的工作，也產出卓著的績效。伊梅特曾說過：「即使今後不做任何耕耘，這裡的人才也會主動追求成長。」

這一套思維相當簡單明瞭，但我卻不禁有種太過「冠冕堂皇」的感覺。如果真的辭退第二種「有績效產出的人」，通常公司應該會無法正常運作下去才對吧。

針對這一點，我曾聽某位奇異的幹部說過一段饒富趣味的故事。他的屬下當中，有位非常傑出、接連簽下大筆訂單的人物。但這個屬下有些負面傳聞，他不知該如何處置。畢竟如果少了這個屬下，部門業績就會出現一個大缺口。

後來他向威爾許吐露了這個煩惱。

威爾許告訴他：「那是你的工作，你要自己決定，我不應該說三道四。只不過，要是你沒砍掉那號人物，我會砍掉你。這就是我的工作。」

就算賺再多錢，只要不符奇異價值的人，就對組織有害無益，所以要予以驅逐。想必這就是奇異不容動搖的原則吧。

這段故事讓人對威爾許的印象改觀——看似「業績狂人」的傑克・威爾許，終究是個完整繼承了「奇異價值」的經營者。

⊙伊梅特的時間運用

威爾許和伊梅特的共通點及差異點，很忠實地反映在他們對時間的運用上。根據伊梅特的說法，奇異的大家長都會把時間花在以下四件事情上。

① **改變事業矩陣**：這項業務是在進行事業的收購與出售。威爾許把
　50%的時間花在這件事情上，而伊梅特則表示自己只花了10%左
　右的時間。

② **促進最優先事業的成長**：威爾許幾乎沒把時間花在這項業務上。
　相對地，把經營主軸放在自力成長的伊梅特，則是在這項業務上花
　了50%的時間。

③ **監督各項事業**：在注重「執行」的奇異，PDCA都由大家長親自
　領軍操作。威爾許和伊梅特都在這項業務花了10%的時間。

④ **領袖養成**：如前所述，奇異的大家長要對這項業務做出明確的
　承諾，並投注時間。據說威爾許花了40%的時間，伊梅特也花了
　30%的時間。

　　從這裡也可以很明顯地看出，伊梅特在篩選出奇異的成長事業之後，
並不是只責成各項事業的有關人員去執行，他自己也投注了相當多的時
間。舉例來說，當事業部門提出「勉可成長」的計畫時，伊梅特就投資雙
倍的預算，以促進事業成長。對此，第一線的人員也會面露難色，表示
「即使預算增加，事業也不會有那麼多的成長」，但他仍毫不遲疑。

　　東芝的會計造假事件，讓「挑戰」[7]一詞一夕成名。在日本企業裡，
「必達目標」、「伸展目標」等指令，其實都是家常便飯。然而，日本的
經營高層只會開口下令「要成長」，卻幾乎不曾提供「人力、物力、財
力」。反之，伊梅特會重點式地提供資源，用「實彈」來支持事業成長，

---

[7] 2015年東芝爆發假帳風波之後，第三方調查委員會介入調查。在同年7月發表的調查報告
　當中提到，東芝發生假帳問題的原因，在於經營高層在每月的定期會議上，以「挑戰」為
　名，常態性要求各部門必須達成離譜的目標。

讓屬下找不到藉口。

伊梅特的兩個成長策略

　　伊梅特在2001年9月7日榮任執行長。四天後，美國就爆發了911等多起恐怖攻擊事件，美國股市後來也因此而遇上了亂流。

　　跨足航空及保險事業的奇異，在恐怖攻擊事件後受創尤深，股價重挫。若以2001年9月為起點，用可作為股價平均參考值的標普500指數來比較，奇異的股價跌幅，比標普500還更深許多。

　　在威爾許時代嘗盡股價暴漲甜頭的股市投資人，對伊梅特怨聲載道。在這樣的逆境中，伊梅特祭出了兩項成長策略。

⊙一：X創想策略

　　如前所述，伊梅特將自己的經營方針，聚焦在生態和健康這兩大領域上。另一方面，重視自力成長、不倚靠收購的伊梅特，展開了一項名為「夢想啟動未來」（Imagination at work）的活動。

　　因此，為了在這兩大領域上追求創新，伊梅特祭出了「綠色創想」和「健康創想」這兩根支柱，傾全公司之力，奮力驅動這些事業。

⊙二：逆向創新策略

　　伊梅特的另一大成長支柱，就是對新興國家市場的布局。在這裡，他發動的是逆向創新策略（Reverse Innovation）。

　　在達特茅斯大學商學院教授維傑‧高文達拉簡等人合著的《逆向創新：奇異、寶僑、百事等大企業親身演練的實務課，教你先一步看見未來的需求》（*Reverse Innovation：Create Far from Home, Win Everywhere*）這

本書裡，也大篇幅地闡述了伊梅特為了在全球市場中勝出，而對印度及中國著力甚深的內容。

奇異在印度的成功案例，是小型的心電圖儀器。它是一種可攜式的簡易心電圖儀器，只要在出診時攜帶，就能在看診處查看心電圖。相較於醫院所使用的最新型心電圖儀器，它的功能雖然低階，使用上也有些限制，但就初次診斷而言，已是很有用的利器。

開發出這項產品的，是以奇異印度當地員工為主，所成立的一個「地方成長團隊」（local growth team）。在歐美，這樣的產品並無需求，所以過去根本沒有進行過商品開發，因此最後決定要在印度從零開始發展。

就這樣，奇異在印度研發出了一款價格不到一般產品一半的可攜式心電圖儀器，在印度大熱賣。於是歐美也引進了這款產品，認為它可以在救護車上或讓患者躺在床上直接使用，相當方便。這款產品成了令人始料未及暢銷商品。

在新興國家開發功能有限的低價產品後，除了在新興國家布局銷售之外，還可反向進口到先進國家，發掘潛在市場。這樣的操作，就稱為「逆向創新」，意思是指在富裕的先進國家裡想都沒想過的事，切中了新興國家的需求，掀起一波創新的結果，才發現原來歐美也有同樣的需求。是要在一般所謂的創新中，再加入逆向思維（reverse）的做法。

⊙巴菲特救了奇異

看起來，奇異似乎是因為伊梅特用前面提到的兩大主軸，讓奇異逐步走上成長軌道。然而，伊梅特所追求的「自力成長」，相較於威爾許的收購攻勢，的確要花比較長的時間才能看到結果。

一波剛平一波又起，金融海嘯又吞沒了奇異。在威爾許掌權時坐大的奇異資融受到重創，奇異面臨了破產危機。

這時，向奇異伸出援手的是巴菲特。伊梅特親自致電巴菲特，拜託他馳援，而巴菲特慨然允諾，出資買下了奇異10%的股份。巴菲特願意買股的原因，是因為他堅信「短期雖然會有一段艱困的日子要過，但奇異絕對不會消失，這家公司一定會再重新站起來」。

以結果來看，巴菲特在最低點時買進奇異，賺了一筆暴利。但他的援助和他所投下的信任票，拯救了窮途末路的伊梅特和奇異。

⊙對伊梅特起疑

如果要惡意地看待伊梅特的績效，那麼他做的事看起來的確像「就只是把坐大的公司縮編而已」。伊梅特走馬上任後，歷經十多年，奇異仍未轉趨大幅成長，股市投資人開始對他的能力投以懷疑的目光。

相較於屢次發動大型併購，讓奇異得以大幅成長的威爾許，「伊梅特不就只是把奇異變成一家普通的公司而已嗎？」等批判聲浪不絕於耳。2014年時，市場上也曾傳聞伊梅特即將卸下職務，改由四十出頭的青壯世代來當奇異新的經營者。

就在這個時機點上，伊梅特拍板敲定了一件大型併購案——收購法國阿爾斯通（Alstom）的能源部門。此舉保住了伊梅特的職位，但他也決定還清奇異資融剩下的債務，讓奇異出現1.2兆日圓（約新台幣3,288億）的虧損，等於是清除了最後的膿血。

就這樣，伊梅特一方面透過併購來追求成長，同時又致力於企業資產的瘦身，戮力讓奇異所採取的正確成長路線步上軌道。

工業網際網路

這一、兩年來，伊梅特積極推動的新業務是「工業網際網路」。這是

將時下稱為物聯網的這股風潮，融入奇異風格後的創舉。這項業務是嘗試將奇異的產品用感測器網路串連起來，蒐集產品大數據，並透過分析這些大數據的結果，運用在產品維修、診斷、預防保全，甚至是社會基礎建設的運用最佳化等。

以下謹介紹其中較具特色的三項作為。

⊙快速決策

在奇異所屬的設備業界裡，研發商品動輒耗時數月甚至數年，曾是業界的常識。這是為了要確保設備功能或品質萬無一失，所以對「確實」的重視更勝「速度」。

另一方面，在IT業界當中，以週為單位進行商品研發，已是理所當然。因為這個行業的技術革新速度快，顧客的喜好也瞬息萬變、多元多樣。這種矽谷式的商品研發手法稱為「精實創業」，近來在IT以外的業界也備受矚目。

這是將模型打樣（或稱為測試版）在初期階段便推出問世，得到顧客回饋之後，再迅速加以改良的手法。這個最早推出的商品，稱為「最小可行產品」，意思是「具備最低限度必要功能的產品」。若採用既往的研發方式，完成一項新產品要花三年，但用這種手法，只需三個月就能推出新商品。

伊梅特請來了《精實創業：用小實驗玩出大事業》的作者艾瑞克・萊斯擔任講師，在奇異推動這套矽谷式的事業開發手法。雖然設備不如軟體開發那樣，很難大幅縮短研發期，但可看到包括柴油引擎開發期縮減30%等具體成效，已開始顯現。

伊梅特將這項運動命名為「快速決策」，目前正在奇異全公司上下加速推動（圖6-8）。

圖6-8　奇異「快速決策」的架構

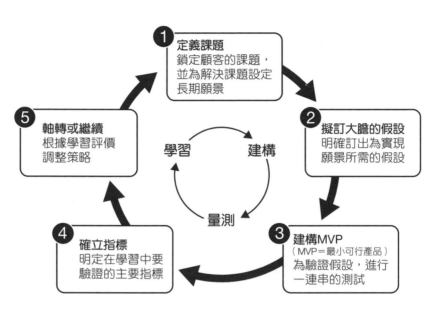

⊙化身軟體企業

　　伊梅特曾說「今後所有製造業都得變成軟體公司」。為加速這方面的布局調整，奇異軟體研發團隊的辦公室，從原本的總公司所在地康乃狄克州，搬遷至舊金山的灣區，並在此招募一千兩百位精通軟體的人才，進行工業網際網路核心軟體的開發。

　　伊梅特針對奇異轉型為軟體公司一事，曾慷慨激昂地說過以下這段話：「奇異正在推動改革，以成為全球首家數位工業公司（premier digital industrial company）。為獻給我們的客戶最佳解決方案，解決世界上的實體課題，奇異數位將提供需要的軟體。我們要將2015年營收規模達60億美元的奇異數位，打造成一座數位技術的展示櫃，目標要在2020年之前成為業界前十大的軟體公司，追求商業用軟體和分析事業的成長。」

2015年10月，奇異將旗下的數位事業相關部門整併合一，成立了奇異數位（GE Digital），由以往長期帶領軟體部門的比爾‧盧哈（Bill Ruh）副總出任新組織的龍頭，並兼任奇異的數位長（chief digital officer）。

盧哈副總曾就工業網際網路的未來樣貌，談及以下內容：「現在的工業網際網路，還像是個剛呱呱落地的小嬰兒。然而，十年、二十年後的未來，我們將可用更有效率的方式和機器設備溝通。而為我們帶來這個可能的，就是加裝在機器設備上的軟體或人工智慧。這樣的智慧，應該遲早也會加裝到燃氣渦輪機或發電廠等設備上。我可以想像得到，那是一個機器設備知道人該做什麼，而人也知道機器設備該做什麼，彼此的知識融為一體、彼此可以相互合作的世界；我可以想像得到，那是一個所有機器設備都懷有願景的世界。」〔《連線》雜誌日本版（*Wired Japan*），2015年9月18日號〕

盧哈這段話當中，也有著一脈相承而來的CSV經營思維——奇異從硬體走向軟體、再蛻變為服務型企業之際，仍力圖同時解決社會議題並創造經濟價值。

⊙以Predix為主軸，稱霸世界

奇異所勾勒的工業網際網路事業的根基，就是「Predix雲端平台」（Predix Cloud）。這個工具以往是奇異用來提供軟體或服務的內部平台，奇異宣布將在2016年以後，對外開放Predix。

在雲端市場上，亞馬遜以亞馬遜雲端服務（AWS）搶佔先機，Google、微軟、IBM等大廠緊追在後，上演一場難分軒輊的大戲。然而，這些雲端平台都是以企業用的軟體或服務為對象。

相對地，奇異的Predix則是專為工業數據和分析所設計，是適合工業機器設備業界使用的雲端解決方案。它可在高資安強度的環境下，處理工

業數據特有的龐大資訊量,迅速取得多種工業機器設備所產出的資訊,並加以分析。奇異認為導入Predix,每年將可為企業撙節數十億美元的成本。

伊梅特滿懷信心地說:「透過Predix雲端平台,奇異在工業領域裡,會提供給顧客全新境界的服務和成果。」

「意思應該是指善加運用數位技術的醫院,能提供更快速的醫療照護;同樣地,善加運用數位技術的生產據點,會在短時間內製造出產品。此外,活用數位技術的石油公司,應該可以妥善做好資產管理,提高所有油井的生產力。我們奇異期盼能和顧客一起,為追求顧客事業的變革,而開發個別客制化的解決方案。」

奇異為開發商提供了一個迅速研發、供應、管理工業用應用軟體和服務的基礎,因此陸續爭取到外部的合作夥伴。在日本也有東芝搶先宣布,將在自家產品上選用Predix。

在預估未來十五年內將有60兆美元投入基礎建設的工業網際網路世界裡,奇異將更廣泛匯集各類合作夥伴加入Predix,藉以打造出一套巨大的奇異生態系統。

從價值觀到信念

最後,我想介紹奇異目前正在推動的變革。這項變革與奇異的根本有關,也就是奇異自2014年起,針對價值觀(Value)所展開的各項相關措施。

價值是形成奇異根幹的一套理念。正如前面提過的,奇異是以「工作表現」和「奇異價值」這兩條軸線為標準,來進行對個人績效的評價,且價值軸還是最重要的一項評鑑指標。

　　奇異正著手將「價值」改為「信念」。原因在於越是強調價值觀，就越難免流於一種強迫灌輸。然而，**若是「信念」，應該就能好好地內化到每個人心中，成為每個人的行動準則。**

　　這聽起來或許像是在玩「文字遊戲」，但奇異卻很認真地看待這兩者之間的差異。伊梅特「確信」（belif）的，應該是若能將「信念」這個說法提升到宗教性的境界，奇異就能進化為21世紀型的自組織企業吧。

⊙軸轉：有軸心腳的變革

　　現在，伊梅特正在宣揚「軸轉」（Pivot）這個關鍵字。在2014底奇異向投資人發表的說明當中，也用了這個字當主題。

　　所謂的「軸轉」，是以軸心腳為中心旋轉。在籃球運動中，將單腳當作軸心腳固定在一個位置上、身體旋轉的動作，就稱為轉身（pivot）。奇異所謂的軸轉，其實就是這樣的概念。

　　威爾許堪稱是一位沒有軸心腳的經營者。因為他提倡「只要能在業界數一數二，什麼都願意做」，所以表示他並沒有定出軸心腳。

　　伊梅特則是很明確地將奇異的軸心腳定位在「製造業」。這樣的做法或許很難像「什麼都做」的威爾許一樣，展現令人驚豔的成長，但伊梅特希望能帶領奇異，在站穩軸心腳的同時，持續堅定地朝21世紀製造業該有的樣貌進化。我期待接下來再苦心耕耘十年後，他的經營能開花結果。

　　伊梅特擔任執行長已逾十四年，過去他花了很長的時間改革，讓奇異從機會型企業（O企業）轉為品質型企業（Q企業），因此這次並未登上百大成長企業排行榜。然而，這段日子以來，奇異的體質變好，也已做足了成長起飛前需要的助跑，因此日後可能一飛衝天，躋身跨國成長型企業（G企業）。待本書修訂版問世時，想必奇異就會進榜了吧。

日本的高科技企業群
Panasonic、日立、日本電產

接下來要評論的，是未進榜的日本企業。

這次日本高科技類的企業均榜上無名。家電類企業雖有大金進榜，但由於它是空調專業製造商，稱不上是純粹的高科技企業。

這番慘況，不禁令人想感嘆：那個喊出以「電子立國的日本」，究竟是怎麼了？我想透過Panasonic、日立、日本電產這三家企業的觀察，來探討日本高科技企業未進榜的原因何在。

J型經營的極限

在日本的電機製造商當中，目前最生龍活虎的就是日本電產。即使如此，它還是沒有擠進本次的成長企業排行榜，原因是它的營收並未超過1兆日圓。日本電產2015年的營收預估將會突破1兆日圓大關，因此在下次的百大名單當中，應該就會榜上有名。

世界級的電機大廠Panasonic和日立，在營收、獲利、企業價值這三項指標上，均碰到了瓶頸，因此無法擠進本次的成長企業排行榜。然而，這兩家企業目前都和奇異一樣，依正確的方向在推動經營改革，所以它們和日本電產一樣，必定能在不遠的將來，登上世界百大成長企業排行榜。

我把典型的日本型經營模式稱之為「J型經營」。詳細內容請參閱拙作《「失落二十年裡的勝利組企業」百大企業成功法則——「X」經營的時代》。

這種J型經營的極限之一，就是農耕型的經營。誠如各位在奇異的案

例當中所見，憑一己之力追求農耕型的成長，需要花很多時間。想仰賴J型經營，達到像入選百大排行榜那些企業的戲劇性成長，是很困難的。

話雖如此，但在這次的世界百大企業當中，有十家日本企業進榜。**放眼這十家企業的共通點，就是它們既是農耕型經營的農夫，又具有獵人式的拓荒者精神，會去尋找「新耕地」。**換句話說，即使同樣是農耕型經營，能否找到新的耕地，有著天壤之別。

簡而言之，當一支遊牧民族，就是成為跨國成長型企業的條件。若只是持續在同一塊土地上耕作，或許能以利基型的品質型企業（Q企業）之姿在市場上求生，但像跨國成長型企業那樣戲劇性的成長，恐怕無法期待。

Panasonic 能否再創盛世？

對於標題所問的這個問題，我的答案是：「目前還只有30%左右的可能。」

目前Panasonic聚焦發展汽車零件和飛機的機上娛樂系統等，都是前景穩健可期的B2B市場。這個部分雖無法期待「一飛沖天」，但應可為Panasonic建構一個穩固的成長基礎。

而真正的課題是：Panasonic在原本擅長的B2C市場上，面對韓國、中國等對手，目前是處於毫無勝算的未戰先敗狀態。

市場上的大眾商品化越演越烈，若只以成本競爭來一決勝負，恐怕是不會有勝算的。然而，在新的網路裝置上不與蘋果或Google競爭，在白色家電方面不和大金、戴森較量，在美容家電或健康家電上不與飛利浦（Philips）爭勝（或協作），很難期待出現太大的成長。

以「大病初癒」的狀態，再度挑戰高風險、高報酬的世界，的確太過

莽撞。因此我對津賀執行長所做的判斷，並不是不能理解。只不過期盼下一屆的經營團隊，[8]務必挑戰在B2C的世界裡，確立一套別具Panasonic風格的勝利方程式。

　　Panasonic單打獨鬥能做的事，當然會有極限。**因此今後發展的關鍵，是如何打造出一個跨國型的生態系統。**光是在汽車大廠、航空公司或建商等企業背後當個B2B的供應商，扮演稱職的幕後無名英雄，終究只是其他企業生態系統當中的參與者。即使不當舞台上的主角，Panasonic能否發揮更強大的統籌能力，擘劃整體事業運作，掌握了未來Panasonic成敗的關鍵。

　　衷心期盼在下個時代的Panasonic，會出現能完美演繹這種幕後推手角色的演員和總策劃。Panasonic重返G企業的可能性才正在萌芽，若在傳承給新世代之際出現紕漏，恐怕嫩芽會因此而被摘掉。

　　Panasonic看似才剛脫離險境，稍得喘息。但它究竟未來會以利基型的普通企業（Q企業）告終，還是再度浮上檯面，成為跨國成長型企業（G企業）？或許現在才是左右Panasonic命運的最大分歧點。

日立能否超越奇異？

　　日立目前聚焦在社會創新事業的發展上，並推動大規模的業態變革，以期能從硬體銷售，轉型為提供包括服務在內的整體解決方案，也從以日本為主的策略轉向全球化。

　　日立在英國的高速鐵路車輛事業，堪稱是這些變革的象徵。日立製造

8　Panasonic於2017年2月底宣布新經營團隊將於6月29日上任，執行長仍為自2012年起就任至今的津賀一宏。

的車輛，在鐵路發源地——英國奔馳的光景，映照出日立及日本企業今後成長的方向性。

日立在英國新設了鐵路車輛工廠，同時搶下了一筆為期近三十年之久的維修保養合約，訂單總金額逾1兆日圓，是日本鐵路市場有史以來規模最大的海外訂單，堪稱是打了漂亮的一仗。

日立勝出的關鍵，在於英方對日立產品的品質和性能有著莫大的信賴。因為在公共性極高的社會基礎建設事業當中，日立的執行技術已獲得高度肯定。

日立在傳統上向來秉持著一種「**拾穗精神**」。所謂的拾穗，是在歐美的麥田裡，負責撿拾收成過後剩餘稻穗的這項工作，正如法國畫家米勒（Jean-François Millet）筆下所描繪的情景。在日立則是由此引申，用來指「毫不遺漏地列出造成意外發生的所有原因後，深入探究根本原因所在，並據此從根本研擬徹底的解決方案」。

這種精神，堪稱是體現了日立對產品品質及性能絕對堅持的DNA，與豐田的「問五次為什麼」並駕齊驅。而這樣的精神，不僅適用於日立，更可成為以卓越營運見長的日本企業在國際戰場上最佳的競爭優勢。

⊙以併購為武器，推動組織調整

這次在英國能有如此傑出表現，最大的功臣是在2014年4月上任，現為日立旗下鐵路事業公司——日立鐵路歐洲公司執行長的亞利斯塔爾·多爾梅（Alistair Dormer）。他於2003年進入日立鐵路歐洲公司任職，站在英國鐵路商務現場的最前線指揮調度多年後，於2014年4月榮任日立鐵路事業的全球執行長，並持續推動大膽的組織改革。

他所運用的武器之一，就是併購。2015年2月，日立宣布收購義大利重工業大廠芬梅卡尼卡（Finmeccanica）旗下負責鐵路車輛、號誌事業

的安薩爾多百瑞達（AnsaldoBreda S.p.A.）公司及安薩爾多交通號誌系統
（Ansaldo STS）公司。

母公司芬梅卡尼卡在航空、國防相關業界方面，是位居世界前十大的
有力大廠，但旗下兩家鐵路領域的公司，經營狀況卻日益惡化。雖然包括
中資在內，有好幾家製造業大廠表達了收購意願，最終由日立成功購得。

安薩爾多百瑞達是有一百五十年悠久歷史的鐵路車輛製造商，旗下的
自動駕駛地下鐵系統很受好評，在義大利境內擁有好幾座工廠；而安薩爾
多交通號誌系統公司則是交通號誌、控制系統的有力企業之一，很了解複
雜的歐洲號誌系統。收購這兩家企業之後，日立便開始打穩基礎，準備從
英國再進軍整個歐洲市場。

日立當然還有堆積如山的課題有待解決。例如社會創新所需要的企業
內、外部合作機制，都才剛剛就緒。此外，相較於奇異及IBM等全球頂
尖企業，日立在物聯網及人工智慧等所代表的數位化和軟體化布局上，以
速度和規模這兩個層面而言，都還有很大的落差尚未追平。

不過，自從2009年以後，從川村隆（Kawamura Takashi）顧問、中西
宏明（Nakanishi Hiroaki）董事長、東原敏昭（Toshiaki Higashihara）社長
一路傳承而來的改革動能，至今仍在日立的企業體內跳動著。未來若能更
加速改革，形成一波席捲外部企業的長浪，那麼日立想追上奇異的步伐，
也不盡然只是個夢想。

日本電產的「軸轉經營」

日本電產至今收購了四十一家企業，給人一種「靠併購成長」的印
象。但事實上，它們併購的目的，並不只是為了要讓企業壯大而已。

日本電產積極發動併購的主要原因，是為了要變換事業領域。過去日

本電產的產品以硬體和馬達等零件為主，但為了將事業領域擴大到汽車和工業設備等方面，才會發動併購。

另一個原因，是要透過併購來買下市場。仔細看看日本電產所收購的企業，會發現它們有個特色，就是多屬於某大企業的「系列」，例如過去就曾收購過東芝系列、日立系列、富士通系列旗下的馬達事業等公司。

而日本電產的卓越之處，就在於它能將這些過去**被母公司視為二、三流的人力，打造成一流的人才**。

每當收購一家企業，日本電產的永守重信社長就會向納入麾下的這些員工喊話，說「讓我們一起成為一流的馬達公司」、「你們才是主角」等，提振員工的士氣，點燃他們力爭上游的精神。永守社長這位經營者的過人之處，就在於他不要求任何一位員工離職，卻能在收購後隔年就轉虧為盈。

永守社長曾說：「要好好栽培『步兵』，[9] 讓他們變成『金將』。我既然身為經營者，這就是我的工作。」他認為「飛車」和「角」[10] 在企業中活躍是很理所當然的，而在日本電產，則是要把「步兵」的一兵一卒都塑造成「金將」。永守社長的這種思維，相當具有特色。

消沉萎靡的人，在振作士氣之後，究竟能有多大的改變？日本電產可說是為世人證明了這一點。

然而，只讓「每位員工都充滿幹勁」是行不通的。**很多日本企業都採取提高員工幹勁的經營手法，卻看不到成效，原因在於它們並未像日本電產那樣「挪移」**。只要確實挪移發展方向，就能適用本質性的勝利方程

---

[9]　步兵和金將都是日本傳統棋藝——將棋中的棋子。步兵最弱，每次只能向前走一格，相當於象棋中的「兵」或「卒」，但在深入敵陣後，可升級為極具攻擊力的金將。

[10]　飛車和角都是將棋中的棋子，飛車可向前後左右行走，不限格數，類似象棋中的「車」；角可朝前後斜向移動，不限格數。

式。把軸心腳放在營運能力上，再用另一腳尋求新的市場，並持續進化
——這種「軸轉運動」（pivot），正是日本電產成長的原動力。

⊙訓練精良的營運能力與經營能力

日本電綜的軸心腳、也就是它的營運能力，非常堅強紮實。基本原則就是落實執行3Q〔優質員工（Quality Worker）、優質公司（Quality Company）、優質產品（Quality Products）〕和6S〔整理（Seiri）、整頓（Seiton）、清潔（Seiketsu）、清掃（Seiso）、規範（Skuho）、素養（Shitsuke）〕，不標新立異，持續忠於勤練基本功——以往日本企業叱吒風雲的年代，那些企業的原型，日本電產至今仍不受撼動地守護著。這裡就是「Q企業」DNA的脈動。

然而，我們也不能忽略日本電產是如何貫徹自己獨有的「抱負」。它們的抱負，就是成為「優質公司」的這個目標（Purpose）。日本電產將汽油換成了馬達，並透過省力化等措施，為社會做出貢獻，以期能成為一家「受人尊敬的企業」。從這些努力當中，我感受到了日本電產身為CSV企業的強烈自負與決心。

永守社長的經營，特色在於**兼具了現場的「營運能力」與層峰的「經營能力」這一雙利器**。我將這樣的經營模式定義為「W型」。層峰透過展現強烈的成長企圖和規律，來改變員工的意識和行動。日本電產的經營信條是「馬上做、一定做、盡量做」，從這裡也能感受到它們對於「執行」講究到近乎驚人的震撼力。

永守式經營能力的精髓所在，就是這種堪稱宗教式的強大洗腦力。當層峰的強烈信念，滲透到現場每個角落時，日本企業就會發揮爆炸性的強大力量。草創期的本田、松下（現為Panasonic）、京瓷等企業，也都是因為創辦人強大的經營能力與現場的營運能力同步發揮，才能展現超乎常態

的成長。

　　W型經營要能成立，前提還是要有位犀利的企業領袖。因此，誰都無法保證在經營層峰換人後，日本電產還能持續成長。

　　其實不只日本電產是如此，本次進榜的日本企業也是。例如迅銷和大金，將來在現任的天才經營者下台之後，究竟會有什麼樣的發展，頗令人憂心。

　　在天才經營者卸下職務之後，仍持續成長的瑞可利和小松；在歷任經營者的帶領下，持續向上成長的朝日、電綜和豐田等企業的經營模式，我都稱之為「X型經營」。它們都以營運能力為基軸，同時又讓創新與行銷等成長引擎相互加乘（X），以求企業能持續轉動的一種經營方式。建立起這種經營模式的企業，就算經營層峰換人，也能繼續成長。

　　迅銷、大金還有日本電產的課題，就在於它們能否從**仰賴層峰經營能力的W型經營，轉型為在企業組織裡內建持續成長引擎的X型經營**。而掌握箇中關鍵的，就是要確立一個機制，以持續培養出將軸心腳放在現場的次世代領袖群。就這層涵義上而言，我很期待日本電產在2015年開辦的「永守塾」會展現出什麼成果。

第七章

LEAP 開創出日本的次世代成長

Global
Growth
Giants

在本書的最後，我想針對「日本企業該怎麼做，才能實現跨國成長」這個問題，彙整出幾項建議。

我很確信在本書中所介紹過的 **LEAP 架構，將成為許多日本企業在進化為跨國成長型企業時的線索。**

向名列全球百大的日本企業學習

我們究竟能從本次進榜的日本企業身上學到什麼呢？且讓我們先來回顧一下各企業的精華內容。

⊙迅銷（第二十名）：大處著眼、小處著手

迅銷的柳井董事長，關注的都是很大格局的事，這一點很具特色。

營收達 500 億時，宣示要「以 5,000 億為目標」；達 1,000 億時，又說要「以 1 兆日圓為目標」；到 1 兆日圓時，又表示要「以 10 兆日圓為目標」。

或許有些人會覺得柳井董事長癡心妄想，但毋庸置疑的是，因為他這樣的發言，更拉大了迅銷的成長角度。

柳井董事長以「**大處著眼**」的觀點發表言論，而實際行動則很重視要以「**小處著手**」的態度，在現場腳踏實地的耕耘。

重視現場是日本企業共通的強項，但光是這樣，無法拉大成長的角度。柳井董事長的過人之處，就在於剛開始雖然做的是不起眼的努力，但他會逐漸加快速度，拉大成長角度，讓人彷彿在不知不覺間一飛沖天。每年稍微拉大一點成長角度，持續五年下來，在結果上就會出現很大的變化。

這種兼顧大局觀念與腳踏實地、一絲不苟的公司，將會穩健地大幅成長。

⊙瑞可利（未列入評比，相當於第三十四名）：以「解決社會議題的企業」為目標

瑞可利是一家想從O企業（機會型企業）蛻變成G企業（跨國成長型企業）的公司。它一路走來做過很多事，此刻正想重回原點，超脫過去。

瑞可利的目標，是以成為一家「解決社會議題的企業」為目標。它們的做法，是從眾多的社會議題當中，找出最能發揮自身能力的領域，再以爆炸性的力量，打造出一個新的操作模式。

以往的瑞可利只著重顧客，而現在則開始努力地「重新審視顧客背後的社會該有什麼樣貌」。這樣的態度，正是讓瑞可利轉型為G企業的契機。

⊙大金（第五十五名）：拉近時代的經營

大金是空調設備的專業公司，換言之，就是只做一門生意。然而這一門生意，卻成了這個時代的重要社會議題。因為進入21世紀之後，空氣已和水同樣並列為最重要的稀少資源之一。

就大金的角度而言，或許會覺得「曾幾何時，時代來到了自己的腳邊」。然而，它們並未安於現狀，而是透過更主動地參與社會議題，來加速解決這些問題。例如大金選擇面對氟氯碳化物所造成的空氣污染問題，倡導加裝有助於大幅節能的變頻器的重要性。

PM2.5造成的空氣污染，已成了中國的社會問題，大金的空氣清淨機也因此而狂銷熱賣。其實這項商品原本與大金專擅的空調設備無關，但它們著眼於「要把空氣變乾淨」這項使命，藉由事業的「挪移」，而開發出這項商品。

就這樣，大金以時代潮流為靠山，不斷地追求成長。它們一方面貫徹做好本業，同時抓緊時代的浪頭，並隨時持續進化。這種態度，正是大金從Q企業化身為G企業的原動力。

⊙小松（第八十八名）：朝「以社會為起點的商業模式」進化

小松以往是一家只會思考「如何超越強敵開拓重工」的企業。可是，只要小松這麼做，恐怕就無法跳脫「建設機械製造商」的地位。

然而，小松從「能為社會做什麼」的觀點，重新詮釋自己所提供的價值，因此得以從一介區區的製造商，轉型為懂得思考提供社會整體解決方案的服務事業公司。

過去小松只會思考建設機械的性能和品質，如今它們站在社會整體的觀點，開始誠實面對「如何確保建築工地的效率與安全」、「廢棄後要怎麼做才能回收」等課題。

運用在KOMTRAX系統上所獲得的資訊，連結到解決社會議題的建議方案——這正是小松得以進化的一大重點。近來，物聯網蔚為風潮，KOMTRAX堪稱是箇中的先驅案例。KOMTRAX成功的關鍵，在於它不是著眼於「物聯網能做什麼」的技術論，而是大幅調整觀點，改為思考「物聯網能解決什麼課題」的社會論。

⊙朝日集團控股（第九十三名）：追求極致生活品質的「優質」經營

朝日啤酒是一家相當重視品質的公司。對於許多同樣講究品質的日本企業而言，朝日的經營手法，應該會是很大的靈感來源。

朝日所講究的啤酒品質，取決於啤酒的「鮮度」。因此，朝日追求以「極致鮮度」——也就是宛如從啤酒釀造桶直接汲取飲用般的新鮮——將啤酒提供給消費者。

朝日啤酒雖以「分享那份感動」為口號，但它們所謂的感動，並不是從非日常世界所獲得的那種感動。朝日想呈現的，是「置身於日常世界，

也能體驗到真材實料」的那份感動。

　　朝日的這份堅持，並不僅止於對待啤酒。它對集團旗下的日果威士忌、可爾必思、三矢蘇打汽水、天野實業、和光堂等事業，也都秉持著同樣的態度。朝日集團在「飲食」這個與生活密不可分的世界裡，藉由不斷地提供消費者「在日常中體驗真材實料的機會」，追求品質極致，同時朝G企業的方向進化。

　　日本企業不妨也試著將自己**對品質的講究，從講究商品或服務的品質，昇華到「體驗品質」，進而在日常生活中呈現真材實料感**。如此一來，企業與社會或顧客之間的交集就會擴大，升級為G企業的康莊大道，應該也會隨之展開。

⊙電綜（第九十七名）：用「內建日本」打造的B2B2C模式

　　電綜近來擴大成長幅度的契機，在於它對B2B2C模式的覺醒。

　　以往電綜扮演的，是B2B的幕後無名英雄，在背後支持汽車大廠的發展。然而，電綜發現：能為提升整個社會的行動品質做出貢獻的，並不是個別的汽車大廠，而是為各種汽車製造商提供關鍵商品的自己。如今電綜已秉持「自己不是幕後無名英雄，電綜才是主角」的精神，主動參與社會。

　　此時，電綜著重的關鍵字是「內建電綜」和「移動品質」。電綜的目標，是要讓內建電綜零件的產品遍地開花，以期能用安心、安全、環保、舒適的形態，提供優質的乘車體驗。

　　日本企業也不需親自站上舞台演繹幕前所有角色，透過與各種B2C企業合作，追求一種提供使用者優質體驗的「內建日本」模式，能讓日本企業以更大的槓桿推動事業發展。如此一來，日本企業應該就能和電綜或日本電產一樣，從Q企業蛻變成G企業。

⊙豐田（第九十九名）：以企業品德為主軸的進化

　　豐田的企業理念是「成為受社會敬重的企業」。這句話其實可以換個說法，那就是成為一家有「企業品德」的公司。

　　只要企業把經營主軸放在「期盼世人認為『少了這家公司會很麻煩』、『它是一家**願意為社會做要事的公司**』」，**成長進化的空間就會源源不絕**。豐田也是如此，它從一家單純「只是生產好車的公司」脫胎換骨，變成了「對社會有貢獻的公司」。

　　我最近從富士全錄（Fuji Xerox）的有馬利男（Arima Toshio）社長（現為該公司執行顧問、Global Compact Network Japan代表理事）口中，也聽過類似的故事。

　　富士全錄在1970年代後期，曾以奪下戴明獎為目標，積極推動全面品質管理。當時的社長，也就是已故的小林陽太郎（Kobayashi Yotaro）先生（後來曾任該公司董事長、前經濟同友會總幹事）曾向在經營企劃室負責本案的有馬先生提出建議，說既然要做，那就乾脆以建構提高「公司品質」的機制為目標，不要只針對「製造品質」。富士全錄後來在1980年榮獲戴明獎，但在獲獎後，富士全錄仍以積極解決社會議題的「高社格」企業之姿，持續成長多年。

　　講究品質是日本企業的看家本領。從原本專注於雕琢產品品質，到對錘鍊公司品質覺醒的日本企業，豈不都是像豐田一樣，從抱負（Purpose）得到觸發之後，搶先洞悉社會需求，因而得以持續進化（Pivot）的嗎？

＊　＊　＊

　　前面簡單回顧了這次名列世界百大成長企業的六家日本公司和瑞可利。它們的共通點，**在於堅守自己的軸心腳（Purpose），並持續跨出**

（Pivot）另一隻腳，為企業組織帶來「撼動」或「挪移」。這些企業也因此得以從優質的Q企業，進化為達到優質超成長的G企業。

不以公司產品或顧客為主軸，而是以「社會價值」為主軸，持續追求進化——這正是以躋身G企業為目標的日本企業，應該向這七家學習的最主要內容。

從製造業進化為21世紀自造者

接下來，我想就各個業態，再做更具體一點的探討。首先要談的是製造業的進化。

⊙鼓勵成為「塊莖」

製造業向來被譽為是日本的看家本領。然而，現實是「世界工廠」早已移往中國，甚至是「中國加一」。

另一方面，美國以奇異所提倡的「工業網際網路」為武器，力圖讓製造業起死回生。而德國也以西門子等企業為核心，揭櫫「工業4.0」，舉國共同朝著奪取次世代霸權的目標邁進。向來對「工匠境界」的製造業自有一套堅持的日本，看來又要處於落後一大圈的窘境了。

這種時候很有可能、同時也是**最糟的劇本，就是日本製造業選擇站在歐美的對立面，朝發展獨自的標準邁進**。就算發展順利，日本標準也不會拓展到全世界，結果只是又為日本帶來再一次的加拉巴哥化罷了。

那麼，日本的製造業究竟該如何是好呢？——這裡我想從後現代主義極具代表性的法國思想家菲利克斯・瓜塔里與吉爾・德勒茲合著的《千高原》當中所提到的「塊莖」這個隱喻，來找到一些線索。

瓜塔里與德勒茲批判那些以「超越性的一者（＝樹幹）」為中心，基

本上透過二元對立發展而成的樹。他們將沒有中心，由異質線條相互交錯，並有多樣的流變轉換方向，進而向外延展的網狀組織稱為塊莖。塊莖式的企業**不會加入同業企圖以標準化稱霸世界的行列，它們是不論在何種環境下，都能落地生根，延續生命**的一種存在。或者可以說，它們不會去做「這個好？還是那個好？」的選擇，而是具備能適應萬物的多樣性。

　　塊莖式企業最典型的策略之一，就是前面介紹過的「內建」模式。**不論「檯面上」（outside）的霸主是誰，是蘋果、三星，或是奧迪、豐田，塊莖式企業都能以關鍵零件或核心素材之姿，穩穩地潛入產品「內部」（inside）**。電綜和日本電產等企業，都是想憑藉這套「內建」策略，在世間的標準化競爭旋渦之外，好好確保自己的容身之地。

　　此時的關鍵，是內建的零件要扮演感測器的角色，再把所有感測器透過網路相互串連起來。這個感測網會吸收現場的資訊，並將資訊累積成一份大數據。企業分析這些資訊之後，就能即時掌握顧客的產品使用狀況或設備的運轉情形，甚至還可以預測未來。

　　小松就是一個例子。它早在「物聯網」這個詞彙受到矚目的十多年之前，就以先前介紹過的KOMTRAX，發展出一套活用感測網路的先進商業模式。

　　擅長製造高品質產品的日本製造業，或許就應該用這種「內建」策略，把自己當作塊莖，潛入地底，再進一步追求彼此「底蘊相通」的世界吧。

⊙在產品裡嵌入服務的智慧

　　追求「擴大規模」之際，其實物（產品）會遠比事（服務）來得更有利。

　　負責提供服務的是人，而要逐一教育人才，讓每位員工都能重現同樣

水準的服務，至為困難。當然如果能做到這一點，就可以提供給顧客猶如迪士尼似的美妙體驗。然而，只要到巴黎或香港的迪士尼，應該就會發現：就連在全球僅有幾處的迪士尼樂園裡，要營造真材實料的感覺，難度還是很高。

相對地，**只要把產品的重要功能，或內含演算法的零件做成黑盒子，再加以推廣，產品就可以瞬間擴展到各地去**。所有關鍵的智慧結晶都在黑盒子裡，因此不需大費周章地逐一教學，相同體驗的重現性也極高。

在「工匠」的世界裡，由於要仰賴人極致高超的技術，所以光是這種技術，重現性就很低，規模也不會擴大。然而，若設法將工匠職人的技術化為產品，就有可能把它們送到世界各地去。大金和電綜也是如此，它們將工匠職人的技術做成了變頻器及噴油嘴等零件，因而得以稱霸世界。

在IT的世界裡，諸如「軟體即服務」（Software as a Service，簡稱SaaS）、「平台即服務」（Platform as a Service，簡稱PaaS）等，以服務的形態來提供軟體或硬體，而非提供商品的商業模式，已成為主流。遺憾的是，日本企業完全沒有趕上這波服務化的潮流。在這次的百大排行榜當中，日本也的確沒有任何一家IT企業進榜。

然而，真正的創新，其關鍵並不在於服務，而是在於讓看不見的東西可視化的感測器、實際轉動產品的致動器等硬體，以及用來生成在硬體之間演算因果關係、統籌整個系統的演算法的軟體。以在汽車業界備受曯目的自動駕駛為例，真正的創新不是出自Google這種提供服務的業者，而是博世、馬牌和電綜等零件製造商之手。

因此，21世紀的製造業應該追求的，其實是與時下的IT潮流完全相反的世界，也就是「服務即軟體」、「服務即平台」才對。日本的製造業若能將服務化為演算法並製成軟體，再實際裝設在硬體上，就能將銷售規模擴大到世界各地。向來擅長以工匠境界生產產品的日本製造業，若要再

次稱霸世界，那麼這套服務模式應該就能成為絕佳的武器。

讓服務業全球化

前面我們探討的都是「產品」的世界，接下來我想談的是「服務業」。日本企業「對品質的講究」，在這裡是非常關鍵的重點。

⊙品質＝道

產品的品質容易定義，但服務的品質，就是很模糊且難以界定的東西了。

舉例來說，星野度假村（Tomamu）或京料理名店的品質，就不單只是待客服務的技術而已。從空間配置、廚師的刀工、對細節的講究，以及這些細節背後的故事性（也就是所謂的「內涵」）等等，各種元素融為一體，演繹出高質感的體驗。

這種各式元素渾然一體，創造出高品質的過程，儼然就是「工匠境界」。然而，技藝和產品一樣，完成度越高，重現和規模化的難度也越高。

不過，已經完成的東西就不會再進化。反而是在未完成之處，才蘊涵著對未來的躍進和期待。例如我每次到巴塞隆納，都會對高第的傑作「聖家堂」（Sagrada Família）深感著迷，我想這就是因為我感受到了「未完成」所營造出的時間與空間的延伸吧。

不妨試著把服務品質視為是要致力趨近一種永遠無法到達的境界，也就是一種「道」，而不是當作一種已完成的「技藝」來推崇。如此一來，服務就能從原本那個極為排外的工匠世界，邁入極為日常的世界，腹地也因此而瞬間開闊。

武道、茶道或花道，就是這樣的例子。日本把「技藝」這個點，擴大

為「道」這條線，甚至是面，藉此為傳統技藝打造出具有大眾性的一番天地。在這些「道」當中，有許多都不只侷限在日本，而是海闊天空，讓全世界的人為之風靡。

此時，諸如「唯有純日本的東西才是真材實料，除此之外都是贋品」之類，會讓「道」變得很排外的這些觀念，都是不可取的。不管是加州捲也好，紐約的日本料理餐廳「NOBU」的創意料理也罷，我們都應該將其視為是世界各地在接受了日式質感之後，再進化而成的樣貌。為窮究「道」的極致，固然需要讓外國人也品嚐真材實料的江戶前壽司或京料理，但如果只拘泥這一點，就無法跳脫狹隘的「工匠境界」。

若能將服務業用通往工匠境界的「道」來重新定義，而非工匠職人的專屬「技藝」，那麼日本高品質的服務業，一定能成為備受矚目的世界通用模式，並向外廣為傳播。

⊙以「日常的總策劃」為目標

要打造出像迪士尼那樣極度非日常的世界，日本其實不太有這樣的能耐。可是，**日本人很擅於呈現不矯飾的日常世界裡那份美好與安心**，而這也是通往「侘、寂」境界的一種「道」吧。

日本人具有一項優勢，那就是能成為「穢」（日常）世界的總策劃，而不是濃妝豔抹的「晴」（非日常）世界。況且，相較於非日常世界，其實日常世界才是個幅員遼闊的大眾市場。

日本的家電業界憂心數位化和新興國家家電大廠的崛起，會導致大眾商品化，而爬上了精品的世界，結果卻因此沒落衰頹。

日本家電之父──松下幸之助所追求的「自來水哲學」的本質，應該是像供應優質的自來水一樣，把家電所帶來的優質日常生活送到每一個家庭裡。

　　持續追求「高品質的大眾商品」（日常），而不是逃遁到精品（非日常的世界）裡，原本是日本企業的拿手絕活。我所說的「聰明精省」，其實指的就是這個好球帶。在這次的排行榜當中，日本企業的榜首──迅銷，就是從這個「聰明精省」出發，不偏不倚地向世界跳躍。

　　許多日本的製造商都偏離了「定石」[1]的路數，以致於從世界市場的舞台上消失，不值得惋惜。然而，我期盼接下來想邁向國際化的服務業企業，務必朝著「以這套『聰明精省』為主軸的『日常總策劃』」這個目標努力。

　　為達到這個目標，有三件事情很重要。

　　第一件事是為了訴求「聰明」的價值，而**「持續提升品質」**。秉持著前面提過的「求道精神」，排除妥協、不斷追求極致的態度是很重要的。對工匠、職人文化特別講究的眾多日本企業，在這個項目上應該是不成問題。

　　第二件事是**徹底精省成本結構**。為此，企業要做的不只是「磨練技術」，而是要賦予技術「型體」，以確保它的可重現性與可規模化。此外，這樣做能讓服務過程不只有工匠、職人參與，顧客也可以親自參與、自行體驗，進而發揮「槓桿」（Leverage）效果。武道和茶道等傳統的「道」，在這種「型體化」和顧客參與的機制上，建立得非常完整。

　　第三件事是「布道」。為傳達聰明的價值，也為了增加顧客，進而加大槓桿，企業必須在**全球累積支持者，戮力使新的日常體驗成為顧客的習慣**。許多日本企業都還很含蓄，對外的布道活動是它們很不擅長的科目。

　　只不過巧合的是，當前時代正好吹著入境旅遊的順風，造訪日本的旅客，發現了日式食衣住行或生活的質感之高，可謂是千載難逢的好機會。讓這個好機會僅止於外國旅客短期停留期間的暫時性「入境旅遊消費」，

---

[1]　圍棋術語，是指在某些特定場面時，對敵我雙方最理想的固定下法，是經圍棋界長年研究之下所確立的招式。

未免太過可惜。企業若能以總策劃自期，讓外國旅客在回國後，也能重現他們在日本的體驗，那麼日本的服務應該就能廣傳到世界各地。

從一級產業到六級產業：轉型為21世紀型產業

農業及漁業等「一級產業的六級產業化」傳遍了大街小巷。「1+2+3=6」，換言之就是結合一級產業與二級產業的製造業，還有三級產業的服務業，以期轉型為21世紀型的產業。

二級產業的食品業界，或三級產業的食品批發、零售業，與上游的農業合作，試圖讓自己進化成一條「飲食」的供應鏈。不僅如此，就連過去缺乏交集的IT業界和金融業界，都在加強與一級產業之間的連結。日本的產業融合化發展已久，但以往總是被擱下的一級產業，這次似乎總算有非連續性跨國成長的機會到來。

⊙以FILM為槓桿，將日本的生活文化送到全世界

「FILM」是小島順彥（Kojima Yorihiko）先生（現為三菱商事會長）用來呈現三菱商事四項新功能的字彙。F是金融、I是資訊科技、L是物流、M是行銷。在資訊科技（Information Technology）之外，讓金融科技（Financial Technology）、物流科技（Logistics Technology）、行銷科技（Marketing Technology）也都總動員，應該就能加速一及產業的六級化。

資訊科技的力量，已從物聯網擴大到了萬物聯網的世界，並因此開始為一級產業帶來效益。感測網路讓每個作物個體的情況可視化；控制光、溫度、水等種植環境，讓豐收得以複製再現。萵苣和草莓的「植物工廠」，就是將一級產業二級化的典型。

在金融科技方面，假設能提供一種金融商品，是用群眾募資的方式來

籌措資金，並用一級產業的作物來支付利息，應該會有很多人想加入。此外，提供補貼天氣風險或商品價格變動風險的保險商品，還能穩定更多農家的生活。

在行銷科技方面，最適合一級產業的不是傳統的行銷手法，而是社群行銷。在社群上讓說「想要這種東西」的人來參與生產，同時也成為消費者的手法，應該可以做得到。三十多年前，趨勢大師艾文・托佛勒（Alvin Toffler）在《第三波》（The Third Wave）這本著作當中，將生產者與消費者合而為一者，命名為生產消費者（prosumer），而這樣的世界，終於要成真了。

物流科技對一級產業也非常重要，因為「新鮮優質的東西如何運送」，會直接關係到產品的品質。

例如現在雅瑪多物流（Yamato）與全日空（ANA）合作，促成了快速物流，讓北海道捕撈的鰈魚隔天就能送到香港。此外，對於印度等新興國家，只要建置完整的冷鏈——冷凍食品的物流體制，就能再開拓當地的加工食品等市場。將日本這些安全而新鮮的食材送上全球餐桌的那一天，應該是指日可待。

像這樣靈活地運用「FILM」，促使第一級產業的生產力飛躍性提升的同時，就能把日本優質的食衣住行等日常生活，擴展到全球去。如此一來，日本的一級產業就可不再視跨太平洋夥伴協定（The Trans-Pacific Partnership，簡稱TPP）為威脅，而是當作一種助力，並朝跨國成長的目標邁進。

從日本的中小企業化身為G企業

讀過前面介紹的世界級成長企業的故事，或許有些讀者會覺得「我們是中小企業，所以與我無關」，事實上並非如此。

　　舉例來說，德國有著非常強韌的產業結構，但這並不是由於德國擁有許多像本次上榜的百大這種頂尖大企業，而是因為它有許多傑出的中小企業。這些遍地開花的企業，成了德國潛藏的一股實力。

⊙地方創生的原動力

　　據說在日本所有的企業當中，也有99.7%是中小企業。在東京的大田區及東大阪等都會的一隅裡，現在仍有許多專精一藝的社區工廠，堅強勇猛地生存了下來。再往地方城市走，還會看到許多堪稱區域核心的中小企業。

　　總部位在新潟縣燕三条市的戶外用品公司雪諾必克（Snow Peak），於1958年創業時原為五金批發商，但因愛好登山的第一任社長山井幸雄（Yamai Yukio）先生找不到滿意的登山用品，便跨足戶外及休閒用品的製造。目前產品已銷售於全球超過三十個國家，合併營收逾55億日圓（約新台幣15.07億）。

　　雪諾必克對品質的講究非常徹底，甚至連顧客都說它的產品規格過高。但如此堅持的結果，使它獲得「不管再硬的地面，都能把帳篷確實固定紮妥」的好評。

　　燕三条地區自江戶時代起，五金製造業就相當興盛，而這樣的地方產業，支持著雪諾必克的好品質。誕生在優美大自然及豐饒土地上，並在地方產業的支持下孕育成長的雪諾必克，對三条地區有著很深的情感。它在地方上的製造網絡中，也扮演了主導的角色。不僅在產品開發上，連對地方產業的行銷、擴大銷售通路、次世代經營者的養成等方面，雪諾必克也多所貢獻。從這當中，我感受到一股**堅強的意志**──雪諾必克不只求自己壯大，更要**塑造一個多元而有層次的產業聚落，讓整個地方富裕起來**。

　　在日本國內已建立起一定知名度的雪諾必克，對海外布局也相當積

極。它自2000年起開始擴大銷售通路，目前海外營收已成長到約佔總營收的33%（2014年實際數字）。雪諾必克不求一蹴可幾式的全球插旗，而是與地方產業一起循序漸進、腳踏實地。它的全球化策略，對地方上的老字號企業而言，應該有很多值得參考之處。

⊙連結富山與海外的塊莖組織

另外，在新潟縣隔壁的富山縣黑部，則有拉鍊界的巨擘YKK。地球上約有一半的拉鍊，都出自旗下手筆的YKK，如今當然是個怎麼扳都扳不倒的大企業。然而，它的原點也同樣只是個地方上的五金工廠。

至今，YKK的核心技術研發和品質改善，仍由位在富山縣黑部市的據點一手包辦。YKK將這個據點完全黑箱化，以預防技術外流。此外，將據點設在富山縣，就能延攬到一些在競爭激烈的都會區裡請不到的優秀人才，又可以讓他們在清幽的環境下用心研發，不必擔心人才見異思遷。

另一方面，YKK的顧客從世界級的汽車大廠、路易・威登（Louis Vuitton）等一流品牌到快時尚，種類五花八門，而這些客戶所要求的功能、品質和價格，當然也各不相同。為了因應如此多樣化的需求，YKK在全球七十一個國家都有據點，研發中心總計有日本、美國、義大利、台灣、印尼等五處，這些都是為了以一對一的方式聆聽客戶的聲音，並在緊鄰客戶的地方生產、銷售的緣故。

富山總部和海外據點之間底蘊相通的狀態，儼然就是前面敘述過的塊莖組織。而將總部設在石川縣小松市的小松，其實也和YKK一樣，企業內部已形成一個連結海外與小松市的塊莖組織。

這裡舉的企業案例，很偶然地都位在北陸一帶。小松是這次百大企業榜上有名的G企業；YKK則是因為股票並未上市而沒有列入評比，但它仍是全球屈指可數的大型跨國企業，目前也持續成長；雪諾必克雖未跨出

中小企業的範疇，但乘著時下這波戶外休閒熱潮，今後應該仍會以G企業之姿大展鴻圖。

迅銷也是從山口縣宇部市的一家男裝店起步，瑞可利的前身是「學生新創公司」，大金更只是大阪的金屬工廠。這些「昔日的中小企業」，如今已是足以代表日本的G企業，並持續大幅成長。

比起毫無特色、徒具規模的大企業，核心價值明確的地方中小企業更有望華麗轉身，從Q企業晉升為G企業。然而，若想華麗轉身，就要像雪諾必克、YKK或小松這樣，重視本土的生態系統，同時又懷抱大舉進攻海外的抱負與勇氣，更需要像塊莖般紮穩根基，培養相互連結、堅韌不屈的團隊力。

跨國經營的陷阱：活用日本的優勢

至此，我談的主題都圍繞在跨國成長，但跨國經營並不是一種可以無條件大肆推薦的模式。麥肯錫向日本企業大力提倡「跨國經營」的重要性，但我在麥肯錫任職期間，其實就一直對這樣的做法感到懷疑。

⊙日本失落的二十年

說穿了，日本「失落的二十年」，豈不就是因為日本企業過度追求跨國經營，而使日本失去本質優勢的二十年嗎？

在失落的二十年裡凋零的日本企業當中，索尼是一個常被提出來討論的代表性案例。索尼確實曾有過一段熱衷於全球標準經營的時期。當然索尼在此之前的日本式經營，的確是太過脫序隨便，所以也不能全然怪罪跨國經營。

然而，索尼最糟的決定，就是只把公司治理的機制設為全球標準，輕

忽了對前景不明之事的挑戰，以及鍛鍊公司獨特性的努力，遂漸漸淪為一家普通的公司。

索尼本質上的課題，應該是在於選用了全球標準之後，並未深刻思考該如何打造出日本風格的犀利稜角（Edge）。

其實不只是索尼，不少日本企業都想採用全球標準，卻因此失去了自己原本的優勢。反之，**不拘泥於「全球標準」這樣的形式，貫徹獨有經營模式的企業，在這二十年間仍一路持續成長**。舉凡迅銷及大金等，許多這次榜上有名的企業，都是極具代表性的案例。

⊙因明文規範而失去的東西

往往有人會認為將企業價值或使命明文化，連公司規範都以書面形式與全體員工共享，就是所謂的跨國經營。然而這樣的舉動，與現今所謂的先進之舉完全是背道而馳。

請您回想一下前面介紹過的奇異，當中曾提到「信念」。過去，奇異以「奇異價值」等名稱，將明文化的內容與員工共享，如今卻把同樣的內容化為「信念」，並改推能促進信念深植人心的活動。

說穿了，不論是過去或現在，日本企業其實並不擅長將企業價值明文化，但全公司上下卻都懷有相同的信念。然而，日本企業勞師動眾地把這些東西白紙黑字寫下來，卻有許多公司在撰寫過程中，不知不覺成了平凡無奇的公司。

請試著打開您所任職的公司網站看看。網站上那些冠冕堂皇的企業理念，真的與您個人的信念有著深刻的共鳴嗎？此外，要是網站上寫滿了「為社會的發展做出貢獻」、「解決社會議題」等字句，就要特別留意，因為這些華美的辭藻，絲毫沒有半點獨特性。

我不禁覺得，日本企業由於誤以為「規範化、明文化」就是全球標

準，而強行導入的結果，害它們失去了重要的靈魂。

⊙ ROE掛帥經營的陷阱

近來，日本有越來越多企業標榜採取ROE掛帥的經營。然而，這種經營手法早就過時了。我想提醒各位，這種經營手法，恐有讓企業陷入向下螺旋的危險。

ROE指的就是「股東權益報酬率」（return on equity），因此ROE掛帥的經營，不啻就是著重獲利回饋股東的經營。

美國的機構投資人買了很多的日本股票，這些法人認為只要提高股東報酬，股價就一定會上漲，所以會強力要求企業「別做多餘投資，趕快回饋股東，就算買庫藏股也好」。這些外資法人會抬出ROE，終究只是為了自己的獲利。但日本人卻誤以為「美國人的要求就是全球標準」，便開始跟著說要提高ROE。

然而，**如今在美國，真正的傑出企業是不會採取ROE掛帥經營的**。在Google，三位經營層峰就擁有60%的發言權，並選擇置之不理激進派股東的意見。

其實不只是Google，排名第八名的諾和諾德為避免激進派股東介入經營，也選擇了雙層股權制，以發展貫徹企業信念的經營。

第十四名的星巴克也一樣。舒茲在回鍋擔任執行長時，就曾對股東表示「不信任我們的，大可不必來買我們的股票」、「如果心情會因為短線數字好壞而起伏，大可不必來買我們的股票」、「只歡迎對我說的話有共鳴，並相信我們總有一天能重振聲威的人來當股東」，調整投資人關係。這些頂尖企業的經營手法，和那些為了討好股東而不惜買庫藏股的經營方式，根本就是完全背道而馳。

這些頂尖企業並不是看輕ROE，只不過它們考量的，終究還是長線

的報酬,而非短線的獲利。分明就是**越能從長期觀點來推動各項措施的企業,發展得才越順利**,部分企業卻要刻意高舉ROE掛帥經營的大旗,把傑出企業變成平凡公司。這種愚昧之舉,日本企業可千萬要避免。

⊙巴菲特的持股

巴菲特這位絕世股神的選股標準,是「百年後還會留在世上的公司」,因為這樣的企業,價值會長期而穩健地上漲。喜怒皆受每日股價漲跌牽動的人,就無法這樣選股。

巴菲特所買進的股票,基本上都是不賣的。而他也曾斬釘截鐵地說:「我會成為億萬富翁,是因為我投資了穩健的公司。」

能搏得巴菲特青睞的日本企業,目前只有一家,那就是位在福島縣岩城市的超硬刀具大廠泰珂洛。它銷售「碳化鎢鈷燒結合金」(Tungalloy)這種素材給給全球各大製造商,用來製作與鑽石具有相似物理特性的切削刀具。

巴菲特對這種素材給予很高的評價,說它「絕不比鑽石遜色,是人類的寶藏」。當年泰珂洛在金融海嘯後要設立新廠,身為以色列IMC公司大股東的巴菲特,曾出面敦促IMC公司注資。此外,在東日本大地震過後,巴菲特隨即親訪日本,為泰珂洛總公司所在地——福島的災後重建加油打氣。

巴菲特選股時所重視的,並不是短期的ROE表現。因此,他對輕易祭出庫藏股措施,藉以拉抬股價的姑息式經營手法很不以為然。唯有將企業本身獨特的價值提供給社會,並以此長期持續產出獲利的經營模式,才會讓巴菲特投下信任票。

日本企業不應再喊出ROE掛帥經營,吸引激進派股東入股。要獲得像巴菲特這種眼光長遠且不偏頗的投資人肯定,才是日本企業該努力的目標。

⊙公司是誰的？

常有人問「公司究竟是誰的」這個問題，最簡單的答案是「股東的」，因為股東是股份有限公司的合法所有人。

話雖如此，但經營高層的經營操作若只在意股東看法，在經營上終將會被絆倒而跌跤。巴菲特、全食超市的麥基，以及星巴克的舒茲等人，都曾這麼說。我彙整他們的主張後，結論大致如下。

股東原本要看的，應該是「公司的價值」。而公司的價值取決於什麼呢？答案是「顧客的喜悅」，以及社會願意期盼「這家公司才拿得出來的問題解方」。企業若能讓顧客開心滿意，又能為社會所需要，那麼員工便能秉持著成就感，滿心歡喜地工作。

如此澤及四方的結果，就會帶動股價上揚，形成「善的循環」。至於只看股東臉色，以獲利回饋股東為主軸的ROE掛帥經營，這種思維本身就很短淺，結果甚至可能會導致長期投資的股東權益受損。

在本書中榜上有名的企業，經營者多半深知這個道理，因此**不只會考量股東，更會以全位關照多方利害關係人的經營為目標**。

⊙日本企業真正的資產與負債

對於企業價值的根源——資產，也必須要有正確的認知。

許多日本企業都是針對損益表上所呈現的成本，努力地精實瘦身，而對資產負債表上的資產，則呈現緊抱不放的趨勢。因為它們擔心流於閉門造車，覺得降低資產的「資產輕量化經營」很難勝出。

然而，企業百般珍惜收作資產的東西，很多時候其實會變成負債。尤其是**當技術革新的速度越快，資產陳舊過時的速度也會隨之加快**。這樣的資產最好早日捨棄，說得更極端一點，其實更重要的是從一開始就避免持有那種資產。

　　另一方面，有些資產雖然不會列在資產負債表上，但在創造價值之際，它們卻都是必須好好珍惜的。例如品牌、網絡、智慧財產、人才等，都包括在其中。這次進榜的許多企業，對於如何取得、累積、增殖這些無形資產，都有著相當卓越的智慧。

　　舉例來說，在英特品牌諮詢公司（Interbrand）所做的品牌價值排行榜當中，榜首向來都是蘋果和Google這兩家公司，和這次本書所做的排行結果不謀而合。在日本企業方面，豐田和本田在英特的全球排名上表現不俗，迅銷、小松和大金則是在日本企業的排行榜上名列前茅。

　　許多日本企業過去都一直投資在設備等有形資產上。然而，今後它們似乎有必要大幅轉移方向，改操作以品牌、網絡、人才等無形資產為主軸的投資。

「併購」這帖猛藥：成功機率20%的豪賭

　　企業要一夕成長，最省時省力的方法就是併購。腳踏實地、自然而連續的成長，畢竟還是需要花時間。相形之下，只要一發動併購，不論過去公司本身的規模與實力如何，都可能出現非連續性的大躍進。因此，併購是一帖很誘人的媚藥。

　　然而，在實務上，併購是成功機率很低的一場賭博。根據我過去任職於麥肯錫時所做的調查，併購後創造出的價值超越收購價格者，是整體的20%，也就是五家公司當中只有一家做得到。

　　發動併購時，大多會溢價收購，也就是以高於市價的價格購買，但通常這筆收購溢價都付得太多了。之所以會溢價收購，是由於買方預期在收購之後可以發揮加乘效果，然而多數的併購案，到最後都會讓買方的期待落空。

　　尤有甚者，是在併購完實際精算後才發現，無形資產的價值往往不如表

面上看起來那麼高。舉凡優秀的員工離職等情況，都會折損「人才」這項最重要的無形資產。因此就很多層面上來看，併購其實並不是件划算的事。

⊙併購是最後手段

併購要能成功，最重要的關鍵就是併購後整合（Post Merger Integration，簡稱PMI）。然而，執行這項工作需要非常優秀的經理人。很遺憾的是，擁有這種經營管理人才的日本企業少之又少。

威爾許靠著併購讓奇異壯大的手法，眾所周知。威爾許當年到哈佛商學院演講時，有人問他併購成功的要素為何，他很明快地回答了以下兩項。

一是「**經營者的素質**」。因為他認為優秀的經營者不會指望事業上的綜效出現，而是懂得運用經營能力，為買下的企業提高價值。

第二個要素是「**周圍的期待**」。威爾許表示，當周圍的人期待值上升，認為「既然是被奇異併購，應該就保證成功了吧？」好的循環就會因而開始運轉，結果也就自然會水到渠成。這也是企業品牌這項無形資產的威力。

許多日本企業既沒有像威爾許這樣的經營能力，也沒有奇異那樣的品牌力，因此最好牢記：所謂的併購，尤其是對海外企業的併購，其實是一種破釜沉舟的招術。

⊙另一個A：結盟

在麥肯錫，我們不說M&A（併購），而是說MA&A，也就是又外加了另一個A，這個A就是「結盟」（Alliance）。相較於收購企業，結盟是個成功機率高出許多的方法。

所謂的併購，是「不把別人的東西變成自己的，就無法創造出價值」，是種粗暴的經營。另一方面，結盟則是在不控制對方的情況下，還必須建構出雙贏的關係，因此往往被認為是難度更高的作業。然而，比起

將對方的資產全都納為己有的併購，結盟其實是風險很低的做法。說穿了，如果是連結盟都無法順利發展的對象，就算花錢買了下來，納為己有，也不可能共創榮景。

透過購併不斷地吸納同質性的對象，的確是有望成功的方法。然而，這只是單純地擴大規模，不會誘發創新。

經濟學家熊彼得曾將創新定義為「新結合」，我把這種說法改編成「異結合」──因為要引發創新，就需要與異質的對象磨合彼此的智慧。

即使懂得透過併購收編異質的企業，但有能力經營的企業卻少之又少。然而，**若企業彼此之間能共同秉持明確的事業目的，那麼透過結盟來創造雙贏，其實並非難事**。不斷推出吸濕發熱衣等長銷商品的迅銷和東麗，它們的關係就是結盟最典型的成功案例。

即使未來企業之間遲早要發展到出資入股的關係，初期階段還是先以結盟的方式合作，在抑制風險的情況下，追求確實的報酬產出，應該可以說是一個比較睿智的做法。

久違的良機降臨日本企業！

日本企業必須從過去的對內取向，大幅轉往追求跨國成長的經營。為此，企業一方面要重視日本式的質感（Q），同時還要把握各種各樣的機會（O），把自己的價值觀推展到海外。而這些努力，都要做得比以往更多才行。

換言之，**企業要珍惜自己身為品質型企業（Q企業）的美善之處，同時還要兼具積極向外發展的「機會型企業」（O企業）式的態度，才能朝真正的跨國成長型企業（G企業）進化**。

⊙社會議題先進國──日本

　　安倍經濟學所擘劃出的成長路線，起初在日圓走貶、股價大漲、油價下跌的推波助瀾之下，呈現即將順利起飛升空的態勢。然而，光靠這些元素，恐怕充其量也只是創造了一個短期的成長機會。若以更中長期的眼光來看，有一點值得關注的是：目前全球所面對的社會議題，許多都是日本早已相當熟悉的問題。

　　以環保問題為例，它其實是日本從五十年前起，就已不斷面對的議題；資源問題亦然，日本畢竟是個沒有資源的國家，因此對於「如何有效運用資源」這件事，向來思考得非常透徹；在健康保險制度方面，日本也一直妥善運作這套制度，不像美國健保制度破產；此外，日本是全球第一的長壽國，也是高齡化問題的寶庫；而歐美近來頻頻傳出令人傷痛的恐怖攻擊事件，「安全」成了這些國家最大的課題，反觀日本卻是全球最安全的國家之一。

　　日本自許為議題的先進國家，絕不是搞錯重點。此外，環境問題和安全問題不僅是在歐美，就連在新興國家，也逐漸演變成嚴重的社會問題。我們甚至可以說，世界終於開始向日本靠近了。

⊙「2020年」這個限時裝置

　　東京已確定將在2020年舉辦奧運，而日本東北的重建工作，應該也會以這個時間點為目標，持續進行下去。因為在2020年時，日本要備妥整套舞台裝置，向全世界呈現日本高水準的「生活品質」。

　　首先，日本要做的第一步，是把人數眾多的海外訪日旅遊當作引信，增加全球各地的日本愛好者。然而，如果只是讓大家變成日本迷，那麼在東京奧運結束之際，就會是「席散人去」之時。有人很惡毒地說「2020年是懸崖」，而實際上日本政府對於奧運過後的日本，也的確尚未端出具

體的政策。

　　重點在於以2020年為引信之後，日本是否能將日本式的價值向外傳播出去。**日本應該把從現在起到2020年之前的時間，視為是一段準備期，在這段期間好好錘鍊日本獨特的魅力，期能讓日本以「傳播日式價值」的總策劃身分，飛向全世界。**

⊙身為總策劃之國的日本

　　全球各地有許多新的都市正在進行開發，它們大多是所謂的「智慧城市概念」、「智慧社區概念」。日本政府和企業為了與歐美或中國對抗，便積極奮起，打算參與這些開發案。

　　然而，若「源自日本的社會基礎建設輸出」依然故我，只抱持著「蓋出硬體就好」的心態，那麼日本根本就不會是其他國家的對手。需以日本式的價值觀為基礎，再下工夫重新演繹出符合當地風土的形式，日本團隊才會成功。

　　日本要成為全球的都市總策劃，應該不會是夢想。然而，這項工作並非在全球各地複製日本式的街景，**而是講求以日式的美感來解讀城市，進而為當地規劃出新生活風貌的一種智慧。**日本若能出現這樣的總策劃師，日式的價值應該就能更無遠弗屆地傳播到世界各地。

　　政府其實也已經體認到「將日式價值分享到全世界」的重要性，但我不得不說，政府所做的努力，方向實在是大錯特錯。今時今日，應該不是只懂得高喊「酷日本」，大量輸出動漫等次文化的時候了吧？

　　此外，提到總策劃，若以建築領域為例，或許您會想到的是丹下健三（Tange Kenzo）、黑川紀章（Kurokawa Kisho）、安藤忠雄（Ando Tadao）、隈研吾（Kuma Kengo）等人物。然而，並不是只有打造指標性大型建築的人，才能當總策劃。

　　舉例來說，能以現代手法解讀古民宅，並巧妙地加以改裝重生的總策劃師，其實重要性更高。

　　今後應該大舉到海外去發展的，不是打造單調乏味城市的那些人，而是能透過地方再生，重新挖掘出地方城鎮的美善之處，進而吸引都會民眾前來的策劃人才。

　　向外傳播日式價值之際，真正重要的或許不是思考如何「輸出日本的價值」，**而是一種更踏實的切入方式──日本人實際到海外去，用日式的手法，和當地的人們一起重新挖掘出在地特有的價值。**

鼓勵跳脫日本：新「和僑」的時代

　　要成為總策劃之國，日本人必須跳脫日本。滿腦子都是頑固「島國性格」的日本人展開翅膀，在全球翱翔的那一天，真的會到來嗎？

⊙以遊牧民族為目標

　　瓜塔里和德勒茲還談過另一個隱喻，就是「遊牧民族」。

　　在說明不同民族的生存方式之際，有時會用到「農耕民族或狩獵民族」這種二分法。農耕民族每年都和同一群農友在同一片土地上耕作，分享彼此的收成，用時下流行的語言來說，應該就是所謂的「草食系」吧？若要以「靜態」或「動態」來區分，這顯然就是屬於靜態才對。

　　另一方面，狩獵民族要追捕動物，前往原野深處狩獵。他們不時會遭遇到「吃，或是被吃」的局面，而他們能仰賴的，就只有自己的感覺和技術而已。儼然就是所謂的「肉食系」，也是「動態」的。

　　「遊牧民族」則是介在兩者的中間，他們會和同伴暫居在牧草地，並在牧草地上豢養家畜。當牧草消耗殆盡時，他們就會移往他處，尋求新天

地，並於新天地再停留一段時間。他們雖然是肉食類，但吃的並不是野生動物，而是自己飼養的家畜，這一點和狩獵民族很不一樣。

以往常有人跟我說日本人是農耕民族，歐美人則是狩獵民族。這個隱喻，表達了日本人因為定居在固定處所，所以將自己封閉在「村莊」社會當中，擺脫不了「島國性格」，最終陷入加拉巴哥化的處境，導致日本人成了一篇自嘲式的諷刺畫（caricature）。

然而近年來，在日本人的祖先——繩文人的考古研究方面，出現了一些新事證。以往普遍認為是仰賴動物性糧食過活的繩文人，被發現其實也食用了大量的栗子、薯芋類等食物。繩文人維持了豐饒的狩獵採集文化長達一萬年之久，是人類史上空前絕後的一群人。而日本人的原點，可說既是狩獵民族，同時又是農耕民族。

或許今後日本人該追求的樣貌，基本上是定居型的農耕民族，但會為了追求新的機會而不斷移民，也就是兼具狩獵民族元素的遊牧民族吧。若能做到這一點，那麼日本企業應該也能蛻變成既是Q企業、又兼具O企業元素的G企業才對。

⊙海洋國家——日本

有個詞彙叫做「海洋性格」，日本除了江戶時代等某些特定的期間之外，和海外之間都有很活絡的交流，是一個很開放的國家。日本人的祖先很貪婪地接受了其他國家的文化，在環繞國土四周的海洋彼端找到了無限的可能，果敢地航向汪洋大海。

關東地區的繩文人，除了在內海捕撈魚貝水產之外，還航向到了伊豆諸島等外海。甚至還有人主張「繩文人曾踏上南太平洋，成了玻里尼西亞的祖先」、「繩文人曾抵達南美大陸」等學說。

乘風破浪終於抵達世界各國的日本人，憑著農耕民族特有的堅強韌

性，建立起了自己的棲身之處。現在到泰國的阿育他亞（Ayutthaya）或越南的會安等地，還能邂逅到16世紀時打造的日本人城，以一種與本土同化過的樣貌，屹立在當地的身影。

華僑不管走到世界上任何一個國家，都會形成一個以中國城為中心的社區，以期能守護自己的文化和風俗習慣。相對地，從日本遠渡重洋到海外的和僑，會與當地深入交流，穩穩地在土地上紮根。但另一方面，很多人都說和僑其實從未忘記「和而不同」的精神，總是一直懷抱著那份良善。和僑勤奮工作的態度，與面對困難時那份不屈不撓的堅韌，在各國獲得了當地民眾的尊敬，後來也得以在各地社會肩負起重要的角色。

用滿懷真心誠意的工作態度，來為世界上的人們打造優質的、有用的東西，以貢獻社稷——這種基本精神，直到今天仍存活於世，未曾改變。在汽車、紡織及電子零組件業界，大家會對「日本製」仍懷有一定程度的尊敬，應該就是因為日本人有這種精神的緣故吧。

海外的日本人並未征服、略奪其他國家的文化，也沒有在異國他鄉堅持自己國家的做法，或執意固守於與當地不同的異質文化，但也並未因此而過度融入當地，反而努力讓身旁的人認同本身的良善與實力。從日本飛向海外的先賢們，就是這樣的總策劃型人才。

只要把傳承自先賢們的這種DNA喚醒，現在的日本，不也能朝著「總策劃之國」的目標邁進嗎？

⊙當個「在地囝仔」

體現這種日式總策劃精神的代表性企業，就是獨力負責供應全球五成拉鍊需求的YKK。

在YKK，那些在海外負責行銷及業務工作的外派員工，一去十年、十五年都是家常便飯，有些人甚至派駐海外長達二十年，就不曾再回日本

任職。這都是為了要在當地深入紮根，成為「在地囝仔」，不只用理智、更用切身感受去實際了解當地及客戶需求的緣故。

乍看之下，或許會覺得YKK這套人才管理手法非常殘酷，但YKK的員工卻沒未因此而受挫，反而活力充沛地面對工作並拿出成果。因為每位員工都把YKK的經營理念「善的循環」當作是一種信念，深深地刻在心上。

所謂「善的循環」，是指「發揮創意巧思，不斷創造出新的價值，並與社會、客戶及往來廠商分享，以促進公司事業發展」的一種理念。因為派赴海外的員工**很清楚地確定自己對社會、客戶有所貢獻，所以才會願意下定決心，選擇在當地打拚一輩子吧**。

以經營團隊和員工之間的信任感為基礎，所建立出來的團結精神，堪稱是日式經營的一項世界遺產，任憑外國企業再怎麼求，它也絕不是個垂手可得的東西。「推動公司運作的，是每一位員工的力量」若能重新喚起員工對於這種理念的記憶，而不是只把它當成體面的裝飾，日本企業應該就可以在全世界更加大顯身手。

⊙眼神閃閃發亮的年輕人

我常聽到有人感嘆說「最近日本的年輕人，都不願意出國了」，但真的是如此嗎？和我一起討論新興國家策略的年輕人，一聽到有機會到海外貢獻所學，眼神就閃閃發亮。

例如在味之素公司的研究所裡，有個二十多歲的女孩，正在參與一項名為「KOKO Plus」的社會事業。這項事業的目的，是在改善迦納國民的營養情況。此外，有位協助在孟加拉設立格萊珉優衣庫的迅銷公司員工，也是二十多歲的女孩。年輕女孩光是要去到這些生活條件嚴峻的國家，都不是件容易的事，而從她們全力投入工作的模樣，讓人感受到她們遠大的抱負和熱情熱血。

有很多像這樣的年輕人，都到了日本的東北去。起初，幾乎每個人都是懷抱著「自己能不能（為地震災後重建）做點什麼」的同情心態前往東北，然而，實際到了當地，創造出新的產業，再看到當地漸漸邁向富庶的光景，能讓他們逐步成長為一個資本家。能自己一手策劃地方上的成長，應該讓他們感覺到更有信心了吧。

這種離鄉背井的挑戰，越是年輕的人越敏銳，態度也越是積極。不少邁入中年的人，都會煩惱著「要趕快回日本去幫自己卡位才行」。然而，年輕人更應該不要只以非營利組織的身分去做這些事，要為了把自己培養成一個真正的創業家而去，在產業的海外紮根工作之中感到喜悅。

四十億人口市場所尋求的「近代化過程」

《金字塔底層大商機》（*The Fortune at the Bottom of the Pyramid: Eradicating Poverty Through Profits*）這本書在2010年成為話題之作。它是在敘述每天花不到2塊美元生活的四十億金字塔底層民眾，未來將成為新的消費市場的一本書。

在金字塔底層裡，有很多人為了「今天要活下去」而尋求協助。然而，若以更長遠的眼光來看，打造一個有足夠產業、獨立自主的國家，讓這些民眾都能自食其力，才是最不可或缺的要務。

對於這些金字塔底層的民眾，**日本應該可以針對「國家發展近代化、追求成長」的這段過程來提供協助**。日本在明治維新之後，雷厲風行地推動近代化，又從第二次世界大戰後燒得面目全非的荒原中重建、成長。日本只用了這麼短的時間，就成功地成長茁壯的過程，應該也有不少值得新興國家參考之處吧。

從成熟再成長：再度挑戰「三位一體」

我在麥肯錫任職時代的師父大前研一先生，於1985年出版了《21世紀企業全球戰略》（トライアド・パワー　三大戰略地域を制す）這本書，書中想傳達的訊息，是「要鎖定在日、美、歐這三大戰略地區，總計六億人口市場上的商機」。

有人說「目前是新興國家的時代，三位一體已經過時了」，但真的是如此嗎？舉例來說，北歐各國是成熟國家，國民過著相當富庶的生活，但他們還是致力於生活品質的精益求精。在成熟國家當中，的確有些國家已停止成長，但也不乏還有其他想更進一步追求「質的成長」的國家。

本書一直強調「提升品質」，而提升品質的這個「道」，是沒有終點的。終極目標甚至可以挑戰比馬斯洛在「需求層次論」裡談到的需求更高階的第六層，也就是「利他主義」的高度。

舉例來說，無印良品的海外品牌MUJI，在歐美及亞洲「3,000美元俱樂部」（人均GDP達3,000美元以上）的各個國家，獲得很高的評價。這應該是因為日本所追求的質感，是一種具有普遍性的東西吧。日本探究當前時代最前衛的價值觀，並將它傳播到世界各地去的努力，和大前先生在1985年所提倡的「三位一體」頗有相通之處。即使是先進國家，在追求「質的成長」方面可做的事，應該是數不盡的。

第三次開國宣言：小國日本的可能性

日本是個小國，而且少子化的問題還日益嚴重。許多人都持悲觀的看法，認為今後日本只會呈現負成長。但換個角度想，其實也可以說它是個後勢相當值得期待的國家。我們不妨試著以其他小國為靈感，來思考日本

的可能。

⊙將國技館塑造成日本溫布頓

　　網球的四大公開賽當中，有一站是在倫敦舉辦的溫布頓網球公開賽。原本它只是個無趣的地區賽事，後來因為大會變更規定，允許海外選手參賽之後，使它成了世界最頂尖的網球賽事。

　　像這樣因為不拘泥「主場優勢」，開放市場之後，而使外部人才加入，讓市場得以持續蓬勃發展的現象，稱為「溫布頓效應」。但英國付出的代價是：此後就幾乎再也沒有在地的英國選手在溫布頓得過冠軍了。

　　第二次世界大戰過後，失去國際競爭力、經濟力持續下滑的英國，在1980年代時，就已將「溫布頓效應」的這套智慧，運用在金融市場上——英國政府鬆綁法規，以吸引外資企業前來投資。

　　結果後來雖使得英國的傳統金融機構幾乎都被外資收購，但這也讓倫敦金融市場浴火重生，成為全球首屈一指的金融市場，並持續發展至今。

　　標題所說的「國技館」，指的是對溫布頓的一種比喻，簡單來說就是日本。我認為日本應**以日本為舞台，打造讓全球人士相互競爭的場域，就像因為開放市場而復甦的英國一樣。**

　　例如京都是iPS細胞[2]的實用化等科學領域，愛知縣則是以安心、舒適為主題的次世代大眾市場，東京有以來自東大的新創公司等為核心、並以深度學習（deep learning）為基礎的機器人開發。這些領域的關鍵，都是

---

[2]　誘導式多能性幹細胞（induced pluripotent stem cell，簡稱iPS細胞），它是採集人類的體細胞（如：皮膚），在其中導入某些基因，經過數週時間培養而成的。iPS細胞不但能增生、分化，還能透過不同的培養條件，生成不同的臟器和組織細胞，是一種新型的萬能細胞。2012年，日本京都大學山中伸彌（Yamanaka Shinya）教授因相關發現，與英國生物學家約翰・戈登爵士（Sir John Bertrand Gurdon）共同獲得諾貝爾生理學或醫學獎。

如何妥善地將軟體或服務加裝在產品上，也是日本該自告奮勇，成為全球震央（epicenter）的領域。

本次進榜的許多日本企業，都已在日本成立了這樣的全球研發中心。例如大金在2015年於淀川製作所（大阪府攝津市）內投入約300億日圓（約新台幣82.2億），成立了「科技創新中心」，透過與全球各大學或研究機構的頂尖研究人員合作，以期能創造出研究開發的新趨勢。大金的副社長同時也是淀川製作所所長──負責領軍化學事業的川村群太郎（Kawamura Guntaro）表示：「我們想從全球各地匯集氟領域相關的研究人員，打造一個氟技術研發的麥加。」透露了大金的抱負。

此外，目前迅銷雖與大和房屋合作，在東京的有明地區興建最先進的物流配送中心，但還想把這裡變成一個數位化的轉運中心。迅銷已宣布第一波將與埃森哲合作，在有明打造一個全球規模最大、結合網購與實體店面的「數位旗艦店」。負責推動迅銷公司數位化的玉置肇（Tamaoki Hajime）資訊長表示：「我們的目標，是希望全球首屈一指的數位人才都集結到有明來。」

在將全球各地的智囊匯集到日本來的同時，對於其他地區最先進的動向，當然也需要好好豎起天線，蒐集資訊。例如迅銷的有明專案，就是隨時與迅銷位在矽谷的數位轉運中心並肩作戰。在這裡，我們也可以看到企業的根部呈塊莖狀擴張，讓每個單位的底蘊相通，成了整個專案的關鍵。

⊙向小國學習

能讓日本從中得到些許靈感的國家，除了英國之外，我關注的還有新加坡、以色列和瑞典等小國。尤其新加坡和以色列，是在戰後才誕生、歷史還不到五十年的國家。

新加坡是由華人所打造的國家。在李光耀的獨裁統治下，花了五十年

的時間，將新加坡塑造成了一個與中國截然不同的出色國家。作為同樣是由華人所建立的國家，它同時也是許多華人嚮往的國度。

李光耀的兒子也就是新加坡現任總理李顯龍，在2014年底宣布了一項「智慧國家」（Smart Nation）計畫。這項計畫的目標，是要系統性地運用IT的進步發展，讓新加坡的居住環境更舒適且更具意義。計畫涵蓋了老人支援及自動駕駛等，都是日本目前著力甚深的領域，因此新加坡後續的動向，值得持續關注。

此外，2015年11月，新加坡政府基金——淡馬錫控股（Temasek Holdings）旗下的盛裕控股集團（Surbana Jurong）宣布要參與「都市」的對外輸出。這個計畫，是想把過去支撐新加坡經濟發展的工業區和住宅等元素，有效率地組合成一套社會基礎建設的建構知識，並整套供應給其他國家，企圖要把新加坡型的都市移植到世界各地。日本政府目前也很積極推動日本基礎建設的對外輸出，但以新加坡本身為藍本的都市開發概念，搶盡了許多新興國家的關注。

以色列也同樣是在戰後的1948年建國，身處於燒不盡的中東戰火中，促使它同步發展國防與科技，成為一個有實力的強國。這次在榜上排名第六名的梯瓦，堪稱是象徵以色列國力的一家企業。

而以**瑞典**為首的北歐各國，看似因為第二次世界大戰而被滅了威風，但依然保有它們對品質的堅持。從日本人的角度來看，當地25%的營業稅率，簡直高得令人難以置信，但也因此打造出一個讓國民終其一生都能得到完善保障，且國民水準高、生活品質也極為精緻的國家。

在這次的排行榜當中，北歐共有諾和諾德、H&M、阿特拉斯、SKF、嘉士伯、山特維克等六家企業進榜。此外，由於公司股票未上市而不列入本次評比的，還有宜家家居和樂高等，跨國成長型企業輩出。

⊙為歷史創造價值

在這些國土雖小，卻極具特色、備受尊崇的國家當中，若要說日本有什麼能發揮價值的地方，我想應該就是「悠久的歷史」了吧。

如果只看戰後的歷史，日本與新加坡、以色列之間，或許該說是同類。然而，日本在二次大戰之前，就擁有悠久的歷史。不管是以海洋國家或農耕國家的身分，都走過了許許多多蓽路藍縷的歷史，而這是新加坡或以色列再怎麼努力都得不到的。

日本因為有著如此悠久的歷史，所以才能一直是個國民生活水準極高的國家。日本應該可以把這些**歷史再次挖掘出來，並將它們重新淬鍊成為暢行世界的價值**。

例如良品計畫透過「發現無印良品」（Found MUJI）這項活動，來發掘日本的傳統生活樣貌與地方名產，再經無印良品策劃之後，以商品的形態，將這些價值介紹給全世界。而「款待文化」所代表的日本精緻服務，也在星野度假村等業者的慧心巧思下重新包裝，準備拓展到海外。

只要我們能像這樣，用各種各樣不同形式重新發現日本的價值，並向全世界傳播，日本應該就能成為一個更受敬重的國家。

日本該尋求的「跳躍」為何？

⊙在看之前便跳！？

《在看之前便跳》（見るまえに跳べ）是諾貝爾文學獎得主大江健三郎（Oe Kenzaburo）著名的短篇小說。它可說是一部象徵「戰後世代的夢」的作品，在學生運動風起雲湧的那個年代裡，成了人人必讀的聖經。我算是比那個世代更「遲到的青年」（這也是大江健三郎名作的標題），但非

常喜歡這本書。在我這個戰後世代的青春裡，這部作品曾在某個時期推了我一把，鼓勵我「上啊！跳吧！」儼然就是勸我「跳躍」（LEAP）的一部作品。

然而，在現今這個已成熟的日本，不能毫無計畫就天真地說「總之就跳吧！」因此，希望各位可以理解，**我所建議的LEAP，是「先看清楚再穩健地跳」**。

以富士軟片為例，它曾面臨「本業即將消失」這種四面楚歌的危機。眼見同業的柯達從破產的懸崖上滾落下去，富士軟片大力澄清自己的優勢本質是在高機能化學技術，而非照片底片這種最終產品，並且死命地努力，最後終於完成了業態改革。

當年帶領富士軟片大刀闊斧地推動革新的古森重隆（Komori Shigetaka）董事長，在他的著作《注入靈魂的經營》（魂の経営）當中，用了「See-Think-Plan-Do-See」（先看清楚，再穩健地跳）來詮釋自己的經營手法。

光是「See-Think」（先看清楚），充其量只不過是評論員或夢想家；「Plan-Do-See」（再穩健地跳）則是只會讓人穩健地做完同一件事。把這兩者串連起來之後，才能做到「**先看清楚（See-Think），再穩健地跳（Plan-Do-See）**」。

⊙大處著眼，小處著手

英文當中有個說法叫「Quantum Leap」，它在物理學上的確是譯為「量子跳躍」，但在管理學的世界裡，這個字會用來表達「非連續性跳躍」的意思。

機會型企業會奮不顧身地撲向非連續性的成長機會，相對地，品質型企業對於這種等同豪賭的跳躍會很謹慎。不斷冒險會提高失敗的可能，但處於非連續性的變化局面下，不冒險將帶來最大的風險。

　　那麼究竟該如何是好？本書所提倡的G企業，並不是以突然變異的形態出現，而是不斷挑戰非連續性的成長機會。此時的關鍵字是「大處著眼，小處著手」。富士軟片的古森董事長所說的「See-Think」就是「**大處著眼**」，而「Plan-Do-See」就是「**小處著手**」。

　　此外，在2000年初期坐鎮指揮，帶領小松V型反轉的坂根正弘前社長（現為顧問），在一篇以〈可靠主管的鐵律〉為題的訪談當中，提過以下的內容：

　　「在圍棋的世界裡有句銘言叫『大處著眼，小處著手』，經營層峰的工作其實也是如此。要先把握現狀，擬訂假說，然後簡單明瞭地呈現出未來的願景（大處著眼）。再以此為基礎，明確地指示要犧牲什麼（小處著手）。然而，經營層峰只負責下第一手棋，後面就應該要交給屬下去發揮他們的自發性。」（《PRESIDENT》雜誌，2011年4月4日號）

　　迅銷集團的柳井董事長，其實也同樣是以「大處著眼」來追求飛躍性的成長。然而，他所祭出的每一步策略都極為穩健。一點一滴地拉大成長的角度，曾幾何時，竟然已達到極高的設定目標──這就是柳井魔法。

⊙烏龜的青蛙跳

　　伊索寓言當中的龜兔賽跑，最後是由烏龜獲勝。如果把敏捷的機會型企業（O企業）看作兔子，穩健的品質型企業（Q企業）看作烏龜的話，這個故事對Q企業而言，就是個聽得大快人心的快樂結局了。

　　然而，置身於變化劇烈，連終點都看不到的時代裡，老是龜速慢走也不是辦法。**就算是烏龜，偶爾也需要像青蛙一樣用後腳蹬地跳躍才行。**

　　烏龜不會在空中奔馳，但也不能只會在地上爬。當別人以為這家企業像烏龜在地上爬行時，企業像青蛙般高高躍起，接著又在新的地平面上開始像隻烏龜般地爬行。Q企業就該如此不斷重複。

　　Q企業學會這招「烏龜的青蛙跳」（Leap Frog）之後，應該就能進化成跨國成長型企業（G企業）了吧。

⊙向前一步！

　　就讓我們試著把本書所介紹的LEAP架構，套用在一般的日本企業上看看。

　　很多日本企業都充分兼具「精實」（Lean）、「稜角」（Edge）、「堅持」（Addictive）、「宗旨」（Purpose）的這四個要素。這些靜態要件，堪稱是日本企業的看家本領。然而，光是具備這些條件，那也只不過是個高水準的Q企業罷了。

　　日本企業最缺乏的是「槓桿」（Leverage）、「挪移」（Extension）、「適應力」（Adaptive）、「跨出一步」（Pivot）這四項。這些都是O企業特有的「動態」要件。若能好好保有Q企業的特性，又能學會O企業式的動作，那麼日本企業應該也可以進化成G企業。

　　為此，**日本企業要把軸心腳穩穩地踩在自己的強項上，同時為跨出另一腳而努力。**

　　能做到「向前一步！」（Move On）的日本企業，無疑已開始穩健地朝G企業的方向進化。

如何在企業應用LEAP模式

　　那麼，該怎麼作才能把這個LEAP模式套用在各位任職的企業上呢？

　　從各種不同企業實際運用這一套LEAP模式的經驗來看，我認為採取以下五個步驟最有效。這裡的關鍵是要從P開始，依序評估A、E、L之後，最後再回到P的這個程序。

⊙步驟一：將大志埋進企業組織

首先要從明確訂出企業的目標開始做起，也就是LEAP當中的「P」的部分。

幾乎每一家日本企業都會標榜諸如「解決社會議題」、「提供顧客價值」等崇高的企業理念。然而，這些企業理念當中，有很多都是可以把主詞換成其他公司，也絲毫不覺彆扭的內容。換句話說，企業並沒有把這些理念塑造成是一套自己獨有的東西。而把理念化為「信念」，並且牢牢地刻在員工心上的企業，更是少之又少。

別把抱負當成冠冕堂皇的場面話，要將它深化成企業本身獨有的信念，並確實灌輸到每位員工的腦海裡。我斗膽用個不怕招來誤解的說法：**當企業把大志細分成如新興宗教般的「信條」（creed）、「信念」時，「LEAP」這一套程序才會開始運轉。**

我所輔導的企業，一開始都要先徹底地討論「我們是誰？我們的目標是什麼？」接著再請員工們深自省思自己的抱負，和企業的大志之間能妥協到什麼地步？又有哪裡不符？然後再深入地評估個人與企業之間的大志若要更廣泛、更深入地磨合，還必須再做些什麼。

⊙步驟二：解讀企業DNA

接下來要做的是解讀企業的DNA，這是LEAP當中的A的部分。

如前所述，企業的DNA分為靜態DNA和動態DNA。前者指的是「堅持」（Addictive），而後者指的是「適應力」（Adaptive）。

許多日本的傑出企業都是以靜態DNA見長，對於企業獨有的價值觀或程序堅持到偏執的地步。相形之下，它們的動態DNA就顯得相當薄弱。這些企業對於新的事物或前景不明的事物雖不致於排斥，但往往都會打定主意先觀望，選擇採取被動的守勢。這一點已可說是Q企業才有的特質。

每一家企業都具備自己固有的DNA。然而，這些DNA可能會隨著時間過去而風化、變質。此時，試著重讀企業的歷史，或重新審視企業成功、失敗的過往，是喚醒DNA很有效的一個方法。此外，身在企業之中的人有很多自己察覺不到的事，因此仔細聽聽客戶、協力廠商，或是在其他公司任職過的員工，甚至是已離開公司的前員工怎麼說，也頗為有效。

不論是哪一家企業，在草創時期應該都是洋溢挑戰精神的。此外，在面對危機時，應該都祭出非連續性的策略來跨越難關。甚至是在偏離本業或總公司的外圍事業、外圍區域，也應該做過幾個不受既有常識囿限的新嘗試才對。試著把企業自己的這些個案拿出來好好重新溫習，是喚醒DNA的第一步。

接著，**再獎勵員工進行小型的「實驗」**。當中不免會出現一些失敗的案例，但從這些失敗當中學到什麼？這些經驗下次可以怎麼運用？這才是關鍵。從這種學習與反學習的過程中獲取新的優勢，我把它稱之為「學習優勢」。詳細內容請參閱拙作《學習優勢的經營——日本企業為何能從內改變》。

⊙步驟三：鍛鍊核心競爭力

接下來則是要找出企業的核心競爭力，也就是LEAP當中的E的部分。

每一家企業都有自己的「絕招」，要是沒有絕招的話，那麼企業應該早已不存在了。而把這個絕招鑽研透徹，就能幫企業磨出「稜角」（Edge）。許多Q企業就是靠著這個「稜角」，在市場上與對手一較高下。

然而，光是只有這一藝專精，無法抵擋環境的變化。**如何「挪移」（Extension）自己的這項絕招，是能否建立起新優勢的關鍵。**

例如在從「製造」轉型「服務」的過程中，市場上要看的是製造商如何切入服務事業。若把「製造」重新以系統工程的方式來詮釋，就可以

拆解出「感受」實物,「分析」實物資訊,「設計」該有的樣貌,再進行「加工」等這些核心競爭力。

不是只注重工廠裡的生產現場,而是要「換個角度」看看顧客在實際運用產品的現場,以掌握使用情形,就可將顧客導向該有的狀態。

小松用KOMTRAX這套系統,實現了一個堪稱物聯網始祖的商業模式。這正是因為小松把製造商的優勢從工廠裡,挪移到客戶使用環境上,才得以獲致成功。

同樣地,在金融或醫療的世界當中,「金融科技」(FinTech)及「醫療科技」(MedTech)等結合資通訊(ICT)所衍生的新商業模式,備受各界矚目。此時金融機構或醫療院所也必須針對自己獨有的「稜角」(Edge)進行仔細的要素分析,並思考這些要素可以如何挪移活用。

⊙步驟四:勾勒商業模式

企業在認清自己的核心競爭力之後,終於來到了勾勒商業模式的階段,也就是LEAP的L的部分。

提到商業模式,就想到藍海、開放式創新、逆向創新、免費增值(Freemium)等新的商業模式接連席捲社會。然而,我認為這所有的商業模式,就只有兩項共通的本質。

那就是「聰明精省」(Smart‧Lean),也就是要用**「低廉的總成本」**(Lean),**提供給顧客「高昂的價值」**(Smart)。

日本企業正如豐田式生產所代表的形象,傳統上向來都是在「精省」軸上得到一定的好評。然而,最近不少日本企業都陷入了高成本結構,紛紛大嘆在成本競爭上根本不是新興國家的對手。另一方面,放眼看看吸塵器及電風扇市場上所吹起的「戴森旋風」等現象,就知道日本企業在「聰明」軸上應該還有很多課題。

　　然而，這裡最重要的，是聰明與精省必須同步實現。為此，是否運用其他企業的智慧或資產來操作槓桿，將成為聰明精省能否同步實現的關鍵。其實這正是各種商業模式的另一項本質。彌漫著「非我所創症候群」（Not Invented Here，意指除了自己公司以外的產品概不信任，簡稱NIH）的Q企業，容易流於閉門造車，也沒有充分運用槓桿的效果。

　　為了幫助企業轉型為槓桿奏效的商業模式，我通常會建議的方法是「資產三片切」。這是將資產分為「共享」、「協作」、「競爭」三類，並重新定義的一種手法。

　　圖7-1裡，位居最下層的**「共享」**，是指宜與其他業者共有的資產。在「規模經濟」決定一切的領域裡，許多有形資產都是屬於這一層。若企業自行持有這一層的資產，那就必須透過提供其他企業共同使用的方式，取得絕對的規模。

圖7-1　**資產的三層結構**

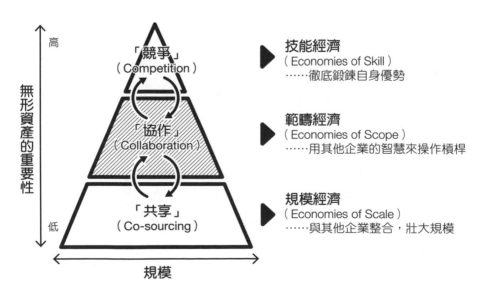

最上層的**「競爭」**層是真槍實彈的殺戮戰場，而武器就是企業獨有的核心競爭力。在「技能經濟」（Economies of Skill）決定一切的領域裡，很多無形資產都是屬於這一層。

最中間的**「協作」**，是結合企業自身資產與其他公司資產，創造出新價值的領域。與異質的市場參與者所擁有的有形、無形資產加乘混合（Cross Coupling），以達到「範疇經濟」的效果。

要達到「聰明」的境界，大前提是必須在最上層的「競爭」領域當中千錘百鍊；要追求「精省」的極致，則需要在最底層的「共享」領域，用其他企業的資產來操作槓桿。

然而，最重要的一層其實是中間的「協作」領域。因為在這個領域當中，與其說是要用其他企業的智慧來操作槓桿，其實更可以催生出既聰明又精省的商業模式。

我在輔導企業時，會先以「聰明精省矩陣」來認清企業該採取的策略型態，再用這個「資產三片切」的架構，與企業徹底地商議該留下什麼、該釋出什麼，以及在哪個領域該與誰如何共謀交叉耦合（Cross Coupling）。

⊙步驟五：跨出一步（Pivot）

LEAP評估程序的最後，是另一個P——軸轉（Povit），也就是跨出一步的意思。

以出發點的P，換言之就是「大志」（Purpose）為軸心腳，用另一隻腳探索新的可能性，就能藉此從Q企業往G企業進化。

許多Q企業都會對「跨出一步」感到遲疑，因為它們擔心若不置身於企業本身「熟悉（familiar）的領域」，就無法達到「高水準的表現」（good quality work）。然而，再遲疑下去，就會被時代所拋棄。

「非熟悉領域」大致可分為兩類：企業不擅長的陌生（unfamiliar）領

域，以及完全未知的不確定（uncertain）領域。

以陌生領域而言，和擅長該領域的企業聯手，會是比較穩當的對策。併購當然也是一個方法，但如前所述，幾乎在大部分的情況下，另一個「A」，也就是所謂的「結盟」會更有效。然而，選擇結盟時，必須仔細認清自己究竟有什麼能提供給對方。

另一方面，對於未知的領域，就只能實驗了。然而，若光靠「嘗試錯誤」，那就只不過是「亂槍打鳥」，會淪為單純靠機率賭輸贏。在談Google的篇章當中也曾向各位介紹過「從實驗中學習」，把這種學習過程埋入企業裡，不亂槍打鳥，在面對未知領域時是很重要的作為。對於學習能力很強的日本企業而言，這其實應該原本就是它們很擅於操作的程序。

有趣的是，不論是「陌生」或「不確定」的領域，只要企業跨出那一步，就會變成「熟悉」的領域了。

不選擇留在原地一直做同質性的學習，而是要在不熟悉的地方累積異質性的學習，就可以讓Q企業的學習能力，進化為G企業的學習能力。

這種拼湊異質方案以促使企業進化的手法，我稱之為方案組合。在前面探討IBM的那個段落當中，也曾簡單地向各位介紹過這個手法，日後我將在下一本預計推出的作品《企業進化論》（暫名）中詳述。我輔導企業時，我都會用這套「方案組合」，來為企業勾勒出在「何處」、「何時」、「如何」跨出一步的進程。

以跨國成長型企業為目標

本書以2000年到2014年這十五年為期，在全球選出了一百家21世紀的成長企業。

至於這一百家企業今後是否也能長治久安，倒也不盡然。如果每年都

評選這個排行榜，想必就會陸續出現跌出百大的企業。

　　不論是湯姆‧彼得斯的《追求卓越》也好，吉姆‧柯林斯的《基業長青》也罷，許多書中提及的企業，後來也沒落了。

　　這次所選出的百大企業，未來應該會有一半以上跌出榜外，只有繼續做對的事的那些企業會留在榜上。而後續新進榜的企業，有可能是像奇異或IBM這種起死回生型的公司，應該也會有像這次的迅銷一樣，突然就攀上世界顛峰的企業。

　　這次擠進百大的日本企業有十家，但就算增加到二十家，也只不過是一小撮表現特別突出的企業群罷了。**對其他眾多日本企業而言，重要的是學習這「百大企業的成功法則」，讓自己進化成為G企業。**

　　不論是新創或老牌企業、中小企業或大企業、一級產業或三級產業，任何企業都一樣，只要隨時錘鍊自己的強項，學會LEAP的精髓，就不乏蛻變成G企業的機會。

　　為此，我針對這一百家企業的經營要義，做了以上這一番解說。只要企業經營者能理解箇中內涵並身體力行，想必日本一定也會不斷出現跨國成長的企業。

　　期盼各位讀者朋友能從本書得到觸發，朝著次世代的跨國成長，跨出一大步。

後記

其實我是懷著「懺悔」的心情，寫下了這本書。

因為這次入選的百大企業當中，我過去任職多年的麥肯錫，主要客戶進榜的家數實在是少得可憐。這次做出這份排行榜，我作為出身麥肯錫的老員工，覺得實在是很尷尬。

在百大榜上當然還是有好幾家麥肯錫的客戶，但它們都沒有讓麥肯錫貼身隨侍在側，反而越是逍遙自在、不受拘束的企業，發展得越好。這是我對這些企業的第一印象。

最佳實務裡沒有「答案」：麥肯錫的極限

為什麼麥肯錫沒有介入太深的企業，反而是在成長呢？

麥肯錫常用「最佳實務」（best practice）這種說法，企圖把過去的成功套用在未來的經營上。

然而實際上，一家公司的成功，究竟適不適合套用在其他企業上如法炮製，誰也不知道。說穿了，那些最佳實務的公司，也不會永遠都是「最佳」。其實「為什麼發展不順利？」才更重要，畢竟最佳實務無法成為解答。

其實我選擇和麥肯錫分道揚鑣的原因，也是出在這裡。

而離開的導火線，則是當時日本分公司的總經理對我說了一句「Don't invent the wheel」，換言之就是「不必做那些像發明新車輪的

事」。他想表達的意思是「世上一定有最佳實務，只要拿它們來好好套用就行了」，而我則反駁了一句「說什麼傻話？」最後便選擇了離職。

　　順帶一提，曾任麥肯錫日本分公司總經理的大前研一先生，從不曾說出這樣的話，他反而還說過「答案不在最佳實務裡」。自己不動腦思考，是不會成功的。

　　追根究柢，那些外國企業的最佳實務，套在日本企業根本不可能適用，但麥肯錫卻從某個時期起，就開始做這種輕鬆敷衍的顧問服務。如此一來，對客戶而言，聽麥肯錫的意見，就像是看著後照鏡開車。換言之，就是一種缺乏前瞻的經營。用這樣的做法，絕對無法找到新的解答。

　　進入21世紀之後，麥肯錫的績效完全不見起色的原因之一，或許就在於企業的經營環境，已不再是20世紀那樣顯而易見的一路看漲。如今時代已經改變，企業經營根本從一開始就沒有所謂的解答，經營者必須「邊跑邊想」。

　　然而，其實企管顧問說穿了就是一些「只想不跑的人」。因此，在現在這樣的時代裡，只動腦不動手的企管顧問，是看不到答案的。用「我是給答案的人，你是去實踐的人」這種心態面對客戶，是行不通的。

　　在如此前景不明的時代裡，若不採取多方接觸嘗試，並從中學習的「學習優勢的經營」，企業就無法向前邁進。企管顧問由於欠缺以當事人身分去「學習的場域」，因此他們那種藉故託詞似地提出建議的方式，早已不合時宜了。

　　21世紀的今天，若要說企管顧問還能有什麼派得上用場的地方，應該就是成為企業在培訓人才或執行策略之際的陪跑員，陪伴企業一起往前跑的這種型態了吧。

　　我在麥肯錫的學弟——並木裕太（Nami Yuta）的著作《企管顧問百年史》（コンサル一〇〇年史）當中，拿波士頓顧問公司和麥肯錫做了一

番比較。因為在我離開麥肯錫，成為波士頓顧問公司的資深顧問之後，才促使我發現了這兩家公司在本質上的差異。

在我看來，麥肯錫如今仍是一家「老師型」、「託詞類」的顧問公司；波士頓顧問公司則是以很會「陪客戶一起跑的公司」而聲名大噪。雖然兩者同樣都是企管顧問，但相較於麥肯錫，波士頓顧問公司可以說是轉變成了一種更符合21世紀型企管顧問的服務方式。

「我說的這個就是答案」這種麥肯錫式做法的時代，已經過去了——這是我現在反省麥肯錫時代的自己之後，懷著自責所產生的想法。

暢銷書《追求卓越》的顛躓

麥肯錫曾有過一個很著名的敗筆，那就是卓越企業論。

湯姆‧彼得斯和羅伯特‧沃特曼這兩位麥肯錫老前輩合著的《追求卓越》，在1982年成了全球的暢銷書。

然而，書中獲選為卓越企業的三十二家企業，到了三十年後的現在，已有九家企業〔阿姆達爾（Amdahl）、阿莫科石油（Amoco）、迪吉多（Digital Equipment）、通用資料（Data General）、柯達、凱瑪（Kmart）、美國國家半導體（National Semiconductor）、瑞侃（Raychem）、王安電腦（Wang）〕消滅了。

此外，在剩下的二十三家企業當中，在本次我所評選的跨國百大排行榜上，進榜的只有七家（3M、開拓重工、迪士尼、嬌生、默克、寶僑、麥當勞），剩下的十六家，雖有像IBM等企業，但如今已遍尋不著當時的風華。或許卓越企業的輪轉交替，原本就是如此快速的吧。

然而追根究底，《追求卓越》這本書的主張，真是正確的嗎？書中舉出了「卓越企業的八大特質」，內容如下。

　　①行動導向
　　②接近顧客
　　③自治和企業精神
　　④靠人提高生產力
　　⑤親自實踐、價值導向
　　⑥堅守本業
　　⑦組織單純、人事精簡
　　⑧寬嚴並濟

　　我覺得說得頗有道理，但同時我也想在此提出：其實這八項條件當中，漏掉了幾個現代的關鍵字。
　　首先第一個問題是：《追求卓越》當中並沒有「生態系統」的概念。換言之就是缺乏了「共創」，也就是沒有一起創造生態系統的概念。
　　第二個問題是價值觀的看待方式。
　　「價值觀」是一個很常見的字彙，但彼得斯等人所謂的價值觀，是一個相對的概念。簡而言之就是「什麼都可以」，既可以是「速度」，也可以是「品質好的東西」。書中只提到「要秉持某種價值觀」，但並沒有提及「該秉持何種價值觀」。這裡並未主張「要有放眼社會性目的意識的價值觀，並且應該將它裝設在企業組織裡」，它只不過是一種無宗教性的、無方向性的價值觀，並沒有深入討論到在企業加裝價值觀、且讓它好好滲透到組織裡等內容。
　　此外，第六項的「堅守本業」也很重要，但「隨時變化」這件事，在書中並沒有太多討論。實際上在這三十二家企業當中，也有好幾家是因為過分堅守本業而沉淪的。失敗組企業幾乎都是因為力行「堅守本業」而落敗的企業。

現代式的做法，應該是要在重視「本業」的同時，進行以本業為主軸、向外踏出一步的「軸轉」，否則企業就會隨著時代變遷而風化。這些內容，堪稱是對「卓越企業論」所做的反省。

「偉大的失敗作品」《基業長青》系列

由出身麥肯錫的人士所撰寫，後來成了全球暢銷書的作品還有一本，那就是《基業長青》這本書。作者柯林斯當年在麥肯錫的工作並非顧問，而是分析師。

在這本書當中，選出了十八家「高瞻遠矚企業」〔3M、美國運通（American Express）、波音（Boeing）、花旗（Citibank）、迪士尼、福特、奇異、惠普、IBM、嬌生、萬豪國際（Marriot International）、默克、摩托羅拉（Motorola）、諾斯壯百貨、飛利浦、寶僑、索尼、沃爾瑪〕。

而當中擠進本次全球百大的企業有三分之一，也就是只有六家企業（3M、迪士尼、嬌生、默克、諾斯壯百貨、寶僑。美國運通和花旗集團因屬於金融業，故未列入評比）而已。除此之外，像摩托羅拉和索尼等公司都已成為夕陽企業，惠普則是在2015年被分拆成兩家公司，但兩家看來都沒有復活的跡象。

柯林斯在撰寫了《基業長青》的七年後，又推出了一本更精闢的作品──《從A到A+》（*Good to Great*）。

柯林斯會撰寫第二部作品的契機，據說是因為麥肯錫的前輩比爾‧米漢（Bill Meehan）在讀過《基業長青》之後，跟他說「你寫的都是理所當然的東西，說偉大的公司很偉大，有什麼意義？」「平凡的公司變偉大，那才是更重要的事」。

順帶一提，在這一本《從A到A+》當中，有十一家企業被譽為是

「卓越企業」〔亞培（Abbott）、電路城（Circuit City）、房利美（Fannie Mae）、吉列（Gillette）、金百利克拉克、克羅格（Kroger）、紐可鋼鐵、飛利浦、必能寶（Pitney Bowes）、沃爾格林（Walgreen Company）、富國銀行（Wells Fargo）〕。

　　而在這次的全球百大金榜當中，這十一家全軍覆沒，無一進榜。也就是說，《從A到A+》的評選方式，應該是有問題的。柯林斯為了想在書中描寫「平凡公司變偉大」，因此選擇了比較「冷門的公司」，而它們當然擠不進本書所列的這種堅實成長企業名單。

　　柯林斯後來又寫了第三部作品，簡直就像是豁了出去似的。這部作品就是《為什麼A+巨人也會倒下》。

　　在這本書當中，柯林斯主張「不管什麼樣的公司都會衰敗」，並解釋在前兩部作品當中獲得青睞的公司會衰敗，都「不是我的錯」，其實是因為「好公司都會衰敗」等說詞，滿口謊言。

　　我很不客氣地說，會有這樣的結果，是因為麥肯錫的人不擅預測、不擅洞察未來所致。要準確預測企業的未來，固然是相當困難的事，但用事後諸葛的方式來討論公司的興衰，也都只是枉然。這份現實，恐怕也是這一系列作品失敗的原因之一。

　　柯林斯在接連三部作品失敗後，仍毫不退縮地在2012年推出了這一系列的第四部作品《十倍勝，絕不單靠運氣》（Great by Choice）。

　　在這本書中他主張「十倍論＝世上有著懷抱十倍成長意志的公司」。柯林斯將這樣的企業稱為「十倍勝公司」（10X Company），並列舉出七家公司〔安進、生邁（Biomet）、英特爾、微軟、前進保險、西南航空、史賽克（Stryker）〕。這本書雖然只是四年前出版的作品，但書中所提到的企業，唯獨安進這一家公司擠進了本書的百大金榜。獲選為十倍勝公司的微軟已經沒落，而當年在書中被柯林斯拿來與微軟比較的蹩腳企業──

蘋果，則登上了全球百大金榜的冠軍寶座。

　　柯林斯的十倍勝模式是否真的有效？

　　「十倍成長」只不過是浮誇的妄想罷了。而將「量的成長」稱為「偉大」這件事本身，讓人不得不說這真是個膚淺至極的經營理論。

　　在他的這一套十倍勝模式當中，位在正中央的是「第五級企圖心」。這就是所謂的「十倍成長」的企圖心。再看到這個模式當中的其他要素，舉凡「狂熱的紀律」、「建設性的偏執」、「以實證為依據的創造力」，都是一些看起來很偉大、很誇張的關鍵字。

　　柯林斯所定義的10X，用我的說法就是「嗑藥（doping）公司」。只要用了禁藥，瞬間的確會有成長，但絕不持久。

　　柯林斯提出的關鍵字之一「偏執」，讓我想起英特爾的創辦人安迪‧葛洛夫曾說過「在矽谷只有偏執狂才能生存」的這句話。然而，英特爾也並未擠進這次的百大名單之列。

　　因此，所謂的「偏執」、「狂熱」、「十倍的企圖心」等等，這些做法都不會為企業帶來持續性的成長。柯林斯的這些主張，我認為在極短期間內或許會成立，但以長期而持續性的經營而言，可說是背道而馳。

　　說得更直接一點：10X是20世紀式的經營模式。實際上，這第四部作品，也並沒有引起太大的話題。

　　柯林斯這套模式的中心是「企圖心」，但企業的中心該有的是「志向」。為成長而追求成長，儼然就是沉淪企業的典型。

從《策略就像一本故事書》得到的啟發

　　前面我提到麥肯錫時代的學長彼得斯、沃特曼，以及同事柯林斯的著作，並以點名批判的方式做了介紹。除此之外，接下來我還想再談談另一

位大師，他是我目前在一橋大學國際企業策略研究所的同事──楠木建教授。

他以《策略就像一本故事書：為什麼策略會議都沒有人在報告策略？》（ストーリーとしての競争戦略）這部作品，成了經營策略理論的第一把交椅。實際上他所探討的內容確實相當有趣，但我有一點要提出來的是：楠木教授所探討的內容，是以「競爭」為主軸來談的，因此仍未跨出波特式競爭論的範疇。

最近他在談一個比「策略故事」更有趣的議題，那就是本書當中也提到的「品質型企業和機會型企業」。從這兩條軸線出發的討論，內容雖然簡單易懂又有趣，但在對立結構下的討論，還是有其侷限。原本該是以創新為題的討論，最後卻以二元對立收場。

歐美企業，尤其是美國企業很擅於把握機會。相形之下，日本企業就顯得動作遲緩，不懂得把握良機。然而，日本企業會好好重視品質，以成為閃爍耀眼的優質企業──這是楠木教授的說法。

拉抬這些講究品質的日本企業，固然是好事，但如果不做其他改變，終究只會停留在利基的小眾市場。「別讓機會和品質相互矛盾，而是要以兩者兼備的經營為目標」這也是本書想傳達的訊息主軸。

一方面講求自己獨有的價值觀，同時巧妙地掌握時局變化──我認為只要沒有同時兼具這兩項特質，企業將無法以21世紀企業之姿，繼續留存在市場上。在本書當中，我將這樣的21世紀企業，定義為兼具機會與品質的「G（跨國成長型）企業」。

相較於《追求卓越》或《基業長青》，楠木教授給了我非常好的啟發。

持續成長的G企業：太平盛世的根本挑戰與機會

這次我以進入21世紀之後的這十五年為期，選出了一百家世界級的成長企業。

觀察這一百家企業，就可以看出它們既有著品質型企業的「深入」、「堅韌」、「不輕言放棄，堅持到底」等元素，又兼具機會型企業的「把握機會」、「動作敏捷」、「反學習」等元素。不論是歐美企業、日本企業，或是新興國家企業，都有這些共通的特質。

這裡我想先澄清一件事。這次選出來的百大企業，我並不認為未來每一家都還會持續成長。我實在是很想公布某些企業，因為百大當中有些企業，在過去這十五年來，靠著遮掩矇混，才好不容易走到今天，後續甚至不知道還能不能再存活下去。未來的事誰都不知道，但我認為這份百大企業名單當中有一半以上，日後都會跌出榜外，換上新血。

即使您願意相信本書中所定義的LEAP架構，願意嘗試，我也無法保證您未來的經營一定會成功。但至少可用LEAP這樣的觀點，透徹思考出一套最適合所屬企業的經營模式，還要向矛盾挑戰、嘗試錯誤，並貫徹到底的公司，應該終將可以繼續堅韌地生存下來吧。

至於為什麼現在要做這些討論，其實是因為我認為進入新世紀之後，根本性的挑戰和機會已然降臨。

在新舊世紀即將變換的1999年到2000年，當時我是麥肯錫的高科技部門主管，負責因應千禧年問題。跨年之際，我還擔心「世紀轉換時應該會出問題」，所以一直待命備戰。

結果世紀順利更替，什麼事情都沒發生。我們還欣喜地歡慶「太好了，什麼事都沒發生！」然而就從這一年起到隔年，IT泡沫崩解，9月在美國發生了多起恐怖攻擊事件，驚天動地的事件紛至沓來。之後，這個好

不容易大病初癒的世界，在2008年又遭逢金融海嘯的襲擊。

　　另一個全球規模的變化，則是「由北向南」的潮流更形加速。「金磚五國」是由高盛的經濟學家吉姆‧歐尼爾（Jim O'Neill）在2001年創造出來的詞彙。後來他又在2005年提出了金鑽十一國這個說法，列舉出下一波有潛力成長為經濟大國的地區。

　　然而，除了印度之外，金磚五國皆以轉趨黯淡；名列金鑽十一國的韓國與奈及利亞等地，也逐漸沒落，時勢來到了該討論下一波成長希望的當口。

　　此時登場的，是普哈拉（C. K. Prahalad）的《金字塔底層大商機》。普哈拉在這本書中提出一項極具震撼的分析，他認為今後由於新興市場的崛起，全球將湧現下一個四十億人（Next 40 Billion）的市場。「金字塔底層」這個字彙，也因為這本書的問世，而逐漸成為固定用法。

　　此外，在2013年到2014年之間，瑞姆‧夏蘭的《大移轉》這本著作，成了風靡全球的暢銷書。普哈拉和夏蘭都是印度人，這兩本著作，彷彿像是在高聲地宣告「我們的世紀終於來到了」。

　　「由北向南」的人口爆炸，將使環境、資源匱乏、糧食不足等問題更形惡化，導致「永續性」躍升為世界經濟最大的待評估課題。1972年，瑞士智庫羅馬俱樂部（Club of Rome）探討了「成長的極限」（Limits to Growth）。如今三十年過後，新興市場的崛起，讓「成長的極限」成了真實的威脅，並再次浮上檯面。

　　就新興國家的角度而言，實在很難輕易贊同溫室氣體減量的議題。先進國家自己到處製造了各種公害之後，竟不准經濟正要起飛的新興國家做同樣的事，這讓新興國家無法認同，讓兩派陣營之間出現了齟齬。在2015年12月所召開的聯合國氣候變化大會（COP21）上，通過了巴黎協議，各國總算達成共識，要致力將全球平均氣溫的上升幅度，控制在2°C

以內，但目前還看不到任何具體的措施。

另一方面，在2008年的金融海嘯過後，先進國家遲遲無法完全擺脫通貨緊縮的糾纏，經濟仍處於掙扎求生的狀態。其中，日本的問題最為嚴重。日本在持續通貨緊縮的同時，還要面對少子高齡化所帶來的人口減少問題，成為全球的「社會議題先進國」，當上了不光彩的領頭羊。市場上多半認為，日本距離「成長」還相當遙遠。

再把焦點從日本轉向歐美。自從金融海嘯過後，民眾對於容易失控暴走的資本主義，開始抱持著相當懷疑的眼光，對唯利是圖的企業抱持著不信任的同時，非營利組織或社會企業受到的關注日漸提升，勢力也逐漸抬頭。此外，正如托瑪・皮凱提的財富分配論所言，「比起創造財富，更重要的是財富分配」的觀念引發討論，熱潮與日俱增。

面對民眾看待資本主義的戒心日益升高，企業則已開始尋求資本主義復權，並試圖超越20世紀型的經營模式。這個動向最典型的例子，就是哈佛商學院的麥可・波特教授所主張的創造共享價值策略。這是一種力求社會價值與經濟價值的創造得以兼顧的經營模式。

以往資本主義向來都是追求經濟價值，而非營利組織和社會事業則是以社會價值為優先。在CSV模式當中，則主張企業應同時肩負起這兩項任務。擁護資本主義立場的一方也從過去的利益至上，轉而開始意識到社會公益，進而提出融合公益與私人的經營模式。

然而，波特的創造共享價值，終究還是以擴大經濟價值為主軸。因此，這個經營策略看來的確讓人頗有刻意以社會價值為題材，「用別人的不幸來賺錢」、「把世上的困頓煩愁當飯吃」的感覺。就這一層涵義上來說，波特這個經營模式，恐怕仍舊尚未完全擺脫20世紀型經營模式的窠臼。

我在現階段所感受到的問題是「我們尚未確立出一個以整個生態系統

的永續為主軸的經營模式」。而本書所闡述的LEAP經營——兼具靜態優勢與面對未來的動態柔韌——我認為會是一個有望的解答。而居於這個LEAP模式中心的是目的意識（Purpose），和以目的意識為基軸、持續追求進化（Pivoting）的企業志向。

　　我再次強調，企業必須先懷抱一種與社會連動的「本質性的使命感」，也就是要理解自己究竟「為何而戰」。然而，空有使命感卻佇足原地，是沒有意義的，企業需要秉持「以使命感為基軸，不斷推動進化」的思維，這才能真正成就我在本書中所提倡的新經營模式「LEAP」，而它今後應該會成為21世紀型成長企業所必備的要件吧。

最後：協助企業進化的「Genesys」

　　我在2010年辭去麥肯錫的工作之後，成了一橋大學研究所的教授。同時，我也成立了Genesys Partners股份有限公司，協助輔導企業進化。

　　Genesis指的是聖經當中的「創世紀」，內容誠如各位所知，講述的是人類乘著諾亞方舟，再度開創新世界的故事。我為公司取了這個名稱，就是希望把自己當作是搭上了諾亞方舟，要創造出21世紀型的新世界觀。

　　這個名稱還有另一層涵義，就是基因系統（Gene System）的簡稱。我認為企業組織若能做基因改造，就可在去無存菁的同時又挑戰新事物，以達到軸轉（Pivoting）的效果。我這家Genesys公司所做的事情，不是要讓企業全盤重來、新創生命的創世紀，而是把主軸放在「保留企業原本的優點，並且讓企業產生變化」的作為上。

　　在Genesys公司，我會協助企業調整成長方向與角度。換句話說，是就企業進化流程的設計與實踐上提供協助，並培養擔綱進化大任的次世代經營人才。我的顧問諮詢服務，不是提供神論式的解答，而是以追求「21

世紀企管顧問該有的樣貌」為目標。截至目前為止，Genesys已為五十家以上的企業客戶提供服務，當中還有好幾家企業名列這次的百大金榜。

　　透過在Genesys的顧問活動，我希望能不斷地打造出跳躍式成長的企業。

　　我實際輔導過的企業，儘管數量還很有限，但在本書當中，我闡述的是一些本質性的著眼點。衷心期盼各位讀者從書中得到一些啟發之後，以您自己的下一次跳躍（LEAP）為目標，踏上一段學習優勢的旅程。

BW0643

LEAP 新商業模式
全球頂尖企業實現量子跳躍式成長的法則

原　書　名／	成長企業の法則──世界トップ100社に見る21世紀型経営のセオリー
作　　　者／	名和高司
譯　　　者／	張嘉芬
編 輯 協 力／	李　晶
責 任 編 輯／	鄭凱達
企 劃 選 書／	鄭凱達
版　　　權／	翁靜如
行 銷 業 務／	周佑潔、石一志

總　編　輯／	陳美靜
總　經　理／	彭之琬
發　行　人／	何飛鵬
法 律 顧 問／	台英國際商務法律事務所　羅明通律師
出　　　版／	商周出版
	臺北市104民生東路二段141號9樓
	電話：(02) 2500-7008　傳真：(02) 2500-7759
	E-mail: bwp.service @ cite.com.tw
發　　　行／	英屬蓋曼群島商家庭傳媒股份有限公司　城邦分公司
	臺北市104民生東路二段141號2樓
	讀者服務專線：0800-020-299　24小時傳真服務：(02) 2517-0999
	讀者服務信箱E-mail: cs@cite.com.tw
	劃撥帳號：19833503　戶名：英屬蓋曼群島商家庭傳媒股份有限公司城邦分公司
訂 購 服 務／	書虫股份有限公司客服專線：(02) 2500-7718；2500-7719
	服務時間：週一至週五上午09:30-12:00；下午13:30-17:00
	24小時傳真專線：(02) 2500-1990；2500-1991
	劃撥帳號：19863813　戶名：書虫股份有限公司
	E-mail: service@readingclub.com.tw
香港發行所／	城邦（香港）出版集團有限公司
	香港灣仔駱克道193號東超商業中心1樓
	E-mail: hkcite@biznetvigator.com
	電話：(852) 25086231　傳真：(852) 25789337
馬新發行所／	城邦（馬新）出版集團
	Cite (M) Sdn. Bhd.
	41, Jalan Radin Anum, Bandar Baru Sri Petaling, 57000 Kuala Lumpur, Malaysia.
	電話：(603) 9057-8822　傳真：(603) 9057-6622　E-mail: cite@cite.com.my

封面設計／	萬勝安
印　　刷／	韋懋實業有限公司
經 銷 商／	聯合發行股份有限公司 電話：(02) 2917-8022　傳真：(02) 2911-0053
	地址：新北市新店區寶橋路235巷6弄6號2樓

■ 2017年8月15日初版1刷　　　　　　　　　　　　　Printed in Taiwan

成長企業の法則　世界トップ100社に見る21世紀型経営のセオリー　名和高司
SEICHOUKIGYOU NO HOUSOKU SEKAI TOP 100SHA NI MIRU 21SEIKIGATA KEIEI NO THEORY by TAKASHI NAWA
Copyright © 2016 by TAKASHI NAWA
Illustrations by: YUJI KOBAYASHI
Original Japanese edition published by Discover 21, Inc., Tokyo, Japan
Complex Chinese edition is published by arrangement with Discover 21, Inc.
Complex Chinese Character translation copyright © 2017 by Business Weekly Publications, a Division of Cité Publishing Ltd.
All rights reserved

定價480元　　　　　　　版權所有‧翻印必究　　　　　城邦讀書花園
ISBN 978-986-477-282-7　　　　　　　　　　　　　　　www.cite.com.tw

國家圖書館出版品預行編目（CIP）資料

LEAP新商業模式：全球頂尖企業實現量子跳躍式成長的法則／名和高司著；張嘉芬譯. -- 初版. -- 臺北市：商周出版：家庭傳媒城邦分公司發行, 2017.08
　面；　公分
譯自：成長企業の法則：世界トップ100社に見る21世紀型経営のセオリー
ISBN 978-986-477-282-7（平裝）

1. 企業管理　2. 策略管理　3. 個案研究

494.1　　　　　　　　　　106011940